Helmuth Späth

Numerik

Eine Einführung
für Mathematiker und Informatiker

Mathematische Grundlagen der Informatik

herausgegeben von
Rolf Möhring, Walter Oberschelp und Dietmar Pfeifer

In den letzten Jahren hat sich die Informatik als Hochschuldisziplin gegenüber der Mathematik soweit verselbständigt, daß auch die Lehrinhalte des Studiums hiervon zunehmend betroffen sind. Eine Umgewichtung und Neubewertung des Mathematik-Anteils in den Studiengängen der Informatik hat dazu geführt, daß zum Teil Vorlesungskonzeptionen direkt auf die spezifischen Bedürfnisse von Informatikern zugeschnitten sind.

Die Reihe soll in zweierlei Hinsicht dieser Entwicklung Rechnung tragen. Zum einen sollen Mathematiker mit besonderem Interesse für die Anwendungen der Informatik ihr spezifisches Fachwissen einbringen. Zum anderen sollen Informatiker ihre Erfahrungen einfließen lassen, die die Darstellung und Auswahl des Stoffes aus der Sicht der Informatik betreffen. Erst durch den Dialog beider Fächer ist der Anspruch, „mathematische Grundlagen der Informatik" kompetent zu vermitteln, einzulösen.

Erschienen sind die folgenden
„Bausteine für das Grundstudium":

Analysis
Eine Einführung für Mathematiker und Informatiker
von Gerald Schmieder

Numerik
Eine Einführung für Mathematiker und Informatiker
von Helmuth Späth

Helmuth Späth

Numerik

Eine Einführung
für Mathematiker und Informatiker

Das in diesem Buch enthaltene Programm-Material ist mit keiner Verpflichtung oder Garantie irgendeiner Art verbunden. Der Autor, die Herausgeber und der Verlag übernehmen infolgedessen keine Verantwortung und werden keine daraus folgende oder sonstige Haftung übernehmen, die auf irgendeine Art aus der Benutzung dieses Programm-Materials oder Teilen davon entsteht.

Der Verlag Vieweg ist ein Unternehmen der Bertelsmann Fachinformation GmbH.

ISBN-13: 978-3-528-05389-5 e-ISBN-13: 978-3-322-89220-1
DOI: 10.1007/ 978-3-322-89220-1

Inhaltsverzeichnis

Vorwort

Numerische Mathematik ist, wie der Name sagt, Mathematik unter Verwendung von Zahlen, genauer von Computerzahlen, also von endlich vielen Zahlen mit endlich vielen Ziffern. Für bereits in einem Modellierungsprozeß formulierte Aufgaben mit stetigem (also nicht diskretem) Charakter sind Algorithmen (schematische Rechenvorschriften) zu entwickeln, die effiziente Näherungswerte für die gesuchte Lösung liefern, und möglichst auch Schranken für deren Genauigkeit. Ein Algorithmus muß in einer Programmiersprache formulierbar sein und letztlich formuliert werden, wenn er einsatzbereit sein soll. Ein berühmter Numeriker hat einmal geschrieben, daß man einen Algorithmus nur dann vollständig und genau verstanden haben könne, wenn man ihn programmiert und auf einen Computer habe laufen lassen. Programmieren ist also nicht Bei- oder Handwerk sondern unverzichtbarer Bestandteil einer numerischen Aufgabe.

In der Ausbildung wird an deutschen Universitäten nach Analysis und Linearer Algebra I und II von angehenden Diplom-Mathematikern bis zum Vordiplom in der Regel eine vierstündige Grundvorlesung etwa mit dem Titel "Einführung in die Numerik" gehört; hier in Oldenburg besteht der größere Teil der Hörer vorwiegend aus Informatikern, die diese Veranstaltung im Hauptstudium als Pflichtveranstaltung wählen können; daneben kommen auch Physiker und Lehramtskandidaten. Die Mathematiker hören nach dem Vordiplom hier, falls sie nicht sofort Stochastik als Schwerpunkt wählen, mindestens noch zwei bzw. drei vierstündige Vorlesungen aus dem Bereich Numerik/Optimierung, z. B. Numerische Lineare Algebra, Numerische Verfahren für große lineare und nichtlineare Gleichungssysteme, Lineare Optimierung, Nichtlineare Optimierung, Numerische Lösung von gewöhnlichen und partiellen Differentialgleichungen, Approximationstheorie, Intervallrechnung, Mathematische Grundlagen des Computer Aided Geometrie Design usw. Die Grundvorlesung muß also einerseits die Basis für die fortführenden Vorlesungen für Mathematiker bilden und andererseits die Tatsache berücksichtigen, daß die Mehrzahl der Hörer keine weitere Numerik-Veranstaltung hört. Dies erfordert eine gewisse Breite und läßt nur an manchen Stellen größere Tiefe zu.

Ganz wesentliches Ziel der Vorlesung ist es, die Konstruktion von Algorithmen und deren computergerechte Umsetzung in Programme zu vermitteln. Entsetzte Blicke gibt es zunächst, wenn die mit einem Programmierkurs in PASCAL, MODULA II, C oder MAPLE ausgestatteten Hörer vernehmen: für Numerik fortan FORTRAN! Aber über 90% aller technisch-wissenschaftlichen Programme sind in FORTRAN implementiert. Die IMSL- und die NAG-Programmbibliothek für Numerik/Statistik wird in FORTRAN angeboten. Ein Ende des Einsatzes von FORTRAN ist nicht abzusehen. Wenn man eine geeignete Teilmenge von FORTRAN benutzt, wie dies in diesem Buch geschehen ist, so kann jeder, der eine andere höhere Programmiersprache gelernt hat, die den Algorithmen entsprechenden FORTRAN-Subroutinen leicht lesen und somit den Algorithmus im Detail verstehen. Mit einem FORTRAN-Manual bewaffnet wird der Einsatz der Subroutinen auf dem Großrechner oder dem PC im Rahmen von Übungsaufgaben leicht möglich sein. Den Hörern wird das entsprechende File, das auch weitere Programme umfaßt, auf dem Großrechner oder auf Diskette zur Verfügung gestellt.

Das Buch beruht auf eigenen Erfahrungen beim Einsatz der Numerik für praktische Probleme seit 1962 und auf einer Vorlesung, die ich seit 1974 hier regelmäßig alle zwei Jahre halte. Die angegebene Literatur hat in irgendeiner Form Einfluß genommen.

Die Abbildungen des Buches (FORTRAN-Programme und -Subroutinen, Beispiele und Zeichnungen) sind größtenteils von den zeitweilig am Fachbereich Mathematik beschäftigten Diplom-Mathematikern Gunnar Duis und Thomas Hillen nach Vorgaben selbständig erstellt worden. Herr Privat-Dozent Dr. Peter Kunkel, ebenfalls am Fachbereich, hat das handschriftliche Manuskript gelesen und zahlreiche Korrekturen bewirkt und Verbesserungsvorschläge gemacht. Die mühsamste Arbeit hat Frau Büßelmann (kurzzeitig unterstützt von Frau Heißenberg) gehabt, nämlich den Text in WinWord zu schreiben. An alle vielen Dank!

Oldenburg, April 1994 Helmuth Späth

1. Rechnen auf dem Computer

Gleitpunktzahlen

Mit beliebigen reellen Zahlen kann man in Computern nicht rechnen. Zwar kann man z. B. die Zahl π auf eine beliebig große, aber endliche Anzahl von Ziffern berechnen, aber π selbst wegen der unendlich vielen Dezimalstellen nicht speichern. Als Ersatz für die Menge der reellen Zahlen dient die Teilmenge der *Gleitpunktzahlen*

$$F^*(\beta,t,m,M)=\{d{:}d=\pm.d_1d_2...d_t\times\beta^e\}, \tag{1.1}$$

wobei

$\beta\in\mathbb{N}$ die *Zahlenbasis* heißt,
die *Ziffern* $d_1...d_t\in\mathbb{N}$ zwischen 0 und $\beta-1$ liegen
($d_1...d_t$ heißt *Mantisse* zur Basis β: man schreibt $(d_1...d_t)_\beta$),
t die *Mantissenlänge* heißt $(1\le t<\infty)$ und
$e\in\mathbb{N}$ ein *Exponent* mit $m\le e\le M$ $(m,M\in\mathbb{N},m<0,M>0)$ ist.

Verlangt man $d_1\ne 0$, so heißt

$$F(\beta,t,m,M)=\{d{:}d\in F^*(\beta,t,m,M),d_1\ne 0\}\cup\{0\} \tag{1.2}$$

die Menge der *normalisierten Gleitpunktzahlen.*

Für eine solche normalisierte Gleitpunktzahl gilt

$$d=\pm\, r\times\beta^e \text{ mit } \frac{1}{\beta}\le r<1. \tag{1.3}$$

Eine Gleitpunktzahl hat vereinbarungsgemäß den Zahlenwert

$$d=\pm\,(d_1\beta^{e-1}+d_2\beta^{e-2}+...+d_t\beta^{e-t})\ . \tag{1.4}$$

Gleitpunktzahlen heißen die Elemente von $F^*(\beta,t,m,M)$ deswegen, weil man wegen

$$d_1 \ldots d_k . d_{k+1} \ldots d_t \times \beta^{e-k} = .d_1 \ldots d_t \times \beta^e$$

o.B.d.A. stets annehmen kann, daß alle Ziffern hinter dem Punkt erscheinen.

Konversion

Im täglichen Leben ist $\beta = 10$. Für eine Dezimalzahl wie z. B. 27.325 hätte man

$$\begin{aligned} 27.325 &= .27325 \times 10^2 = (.27325)_{10} \times 10^2 \\ &= 2 \times 10^1 + 7 \times 10^0 + 3 \times 10^{-1} + 2 \times 10^{-2} + 5 \times 10^{-3}. \end{aligned}$$

Bei Computern sind $\beta = 2$ *(Dualzahlen)* und $\beta = 16$ *(Hexadezimalzahlen)* gebräuchlich. Für $\beta > 10$ führt man für die Ziffern $10, 11, \ldots, \beta - 1$ die Symbole $A, B, C; \ldots$ ein. So ist z. B.

$$\begin{aligned} &(.7AF2C9E)_{16} \times 16^4 \\ &\quad = 16^4 \times (7 \times 16^{-1} + 10 \times 16^2 + 15 \times 16^{-3} \\ &\qquad + 2 \times 16^{-4} + 12 \times 16^{-5} + 9 \times 16^{-6} + 14 \times 16^{-7}) \\ &\quad = (((7)16 + 10)16 + 15)16 + 2 + 16^{-3}(((12)16 + 9)16 + 14) \\ &\quad = 31474 + \frac{3230}{4096} \\ &\quad = 31474.7885742184 = (.314747885742184)_{10} \times 10^5. \end{aligned}$$

Auf diese und ähnliche Weise kann man jede Gleitpunktzahl zur Basis β in eine Dezimalzahl umrechnen. Umgekehrt geht dies natürlich auch; z. B. ergibt sich

$$\frac{1}{10} = (.1)_{10} \times 10^0 = (.0001100110011001\ldots)_2.$$

Wegen der Endlichkeit der Gleitpunktdualzahlen müßte diese Darstellung jedoch abgebrochen werden, was einen sogenannten *Konversionsfehler* ergibt. Im Prinzip läßt sich natürlich die Umwandlung einer Gleitpunktzahl in der Basis β in eine solche in der beliebigen Basis $\beta' \neq \beta$ durchführen.

Anzahl und Verteilung

Die Anzahl der Elemente von $F(\beta,t,m,M)$ berechnet sich wie folgt. Für den Exponenten e gibt es $M-m+1$ Möglichkeiten. Für jeden Exponenten gibt es andererseits β^t mögliche unnormalisierte Mantissen; wollen wir die Anzahl der normalisierten Mantissen wissen, so müssen wir davon die Anzahl β^{t-1} der Mantissen mit $d_1=0$ abziehen. Berücksichtigt man noch die beiden Vorzeichenmöglichkeiten und die Null, so ergibt sich insgesamt

$$|F(\beta,t,m,M)| = 2(\beta^t - \beta^{t-1})(M-m+1)+1. \tag{1.5}$$

Betrachten wir das Beispiel $F(2,3,-1,2)$. Diese Menge hat $2(2^3-2^2)(2+1+1)+1=33$ Elemente. Es sind neben der Null

$$\begin{aligned}&\pm(.100)_2 \times 2^e\\ &\pm(.101)_2 \times 2^e\\ &\pm(.110)_2 \times 2^e\\ &\pm(.111)_2 \times 2^e\ ,\end{aligned}$$

wobei $e=-1,0,1,2$ sein kann. Diese Dualzahlen kann man auf Dezimalzahlen umrechnen. Z. B. ergibt sich

$$(.101)_2 \times 2^1 = \left(\frac{1}{2}+\frac{1}{8}\right)\times 2 = \frac{5}{4}\ .$$

Insgesamt erhält man für die nichtnegativen Elemente von $F(2,3,-1,2)$ in Dezimalbruchschreibweise so

$$0\ \frac{1}{4}\ \frac{5}{16}\ \frac{3}{8}\ \frac{7}{16}\ \frac{1}{2}\ \frac{5}{8}\ \frac{3}{4}\ \frac{7}{8}\ 1\ \frac{5}{4}\ \frac{3}{2}\ \frac{7}{4}\ 2\ \frac{5}{2}\ 3\ \frac{7}{2}\ .$$

Allgemein befinden sich die positiven Elemente $d \in F(\beta,t,m,M), d>0,$ im Intervall

$$\left[(.10\ldots0)_\beta \times \beta^m, (.\bar{\beta}\bar{\beta}\ldots\bar{\beta})_\beta \times \beta^M\right] \ (\bar{\beta} := \beta-1)$$

und sind dort höchst ungleichmäßig verteilt, wie man auch an obigem Beispiel $F(2,3,-1,2)$ in Abbildung Z1 sieht.

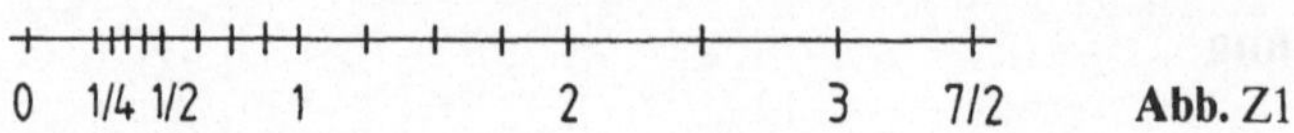

Abb. Z1

In den Intervallen $[\beta^{e-1}, \beta^{e}]$ jedoch sind die positiven Elemente von $F(\beta,t,m,M)$ gleichmäßig mit dem Abstand $\beta^{e-t} (e = m,\dots,M)$ verteilt. (Die rechte Grenze β^{M} des am weitesten rechts liegenden Intervalls gehört nicht zu $F(\beta,t,m,M)$.) In jedem Intervall $[\beta^{e-1}, \beta^{e}]$ ist unabhängig von e die Anzahl der Elemente jeweils $(\beta-1)\beta^{t-1}$. Das Intervall $[0, \beta^{m-1}]$ enthält außer seinen Randpunkten keine einzige Gleitpunktzahl, weshalb man auch von einer *Lücke bei der Null* spricht.

Rundung

Wegen der Endlichkeit von $F(\beta,t,m,M)$ kann nicht jede reelle Zahl $x \in \mathbb{R}$ durch ein Element $d \in F(\beta,t,m,M)$ dargestellt werden: es ist $F(\beta,t,m,M) \subset \mathbb{R}$. Sofern die Größe von x dies überhaupt zuläßt, kann man x durch d nur approximieren. Hierfür bieten sich zwei Methoden an. Wählt man für d diejenige Zahl $fl_R(x) \in F(\beta,t,m,M)$, die x am nächsten liegt, so spricht man von Approximation durch *Runden*, nimmt man die nächstkleinere Zahl $fl_C(x) \in F(\beta,t,m,M)$, so spricht man von Approximation durch *Abschneiden*.

Wir wollen die Fehler bei diesen beiden Approximationen untersuchen. Sei $x \in [\beta^{e-1}, \beta^{e}]$, $m \le e \le M$, $x \ne \beta^{M}$. Wegen des oben genannten Abstandes β^{e-t} von Elementen von $F(\beta,t,m,M)$ in diesem Intervall gilt

$$|fl_R(x) - x| \le \frac{1}{2}\beta^{e-t} \tag{1.6}$$

$$|fl_C(x) - x| < \beta^{e-t} \tag{1.7}$$

für die *absoluten Fehler*. Liegt x in der Mitte von zwei Gleitpunktzahlen des Intervalls, so kann im ersten Fall die obere Schranke angenommen werden; im zweiten dagegen nicht, da sonst x selbst Gleitpunktzahl wäre und mit dem absoluten Fehler Null approximiert werden könnte.

Relative Maschinengenauigkeit

Die obigen absoluten Fehler hängen vom Intervall ab. Bedenkt man $x \ge \beta^{e-1}$, so erhält man für die *relativen Fehler* intervallunabhängige Schranken

$$\frac{|fl_R(x)-x|}{|x|} \le \frac{1}{2}\beta^{1-t} , \tag{1.8}$$

$$\frac{|fl_C(x)-x|}{|x|} < \beta^{1-t}. \tag{1.9}$$

Man nennt

$$\mu = \frac{1}{2}\beta^{1-t} \tag{1.10}$$

die *relative Maschinengenauigkeit*. Sie ist das kleinste positive Element in $F(\beta,t,m,M)$ mit $fl_R(1.0+\mu) \ne 1.0$. Obige Ungleichungen (1.8) und (1.9) können auch in der Form

$$fl_R(x) = x(1+\varepsilon) \text{ mit } |\varepsilon| \le \mu \tag{1.11}$$

$$fl_C(x) = x(1+\varepsilon) \text{ mit } |\varepsilon| < 2\mu \tag{1.12}$$

geschrieben werden.

Gleitpunktoperationen

Hat bei einer Runde-, Abschneide- oder Rechenoperation das Ergebnis einen Exponenten $e > M$, so spricht man von Exponentenüberlauf (*OVERFLOW*), für $e < m$ von einem Exponentenunterlauf (*UNDERFLOW*). Während ein Überlauf in der Regel einen Abbruch eines Programms bedeutet, wird bei einem Unterlauf i. a. $fl_R(x)$ bzw. $fl_C(x)$ durch eine Null ersetzt und weitergerechnet, was unangenehm ist, wenn durch das Ergebnis dividiert werden soll.

Selbst wenn $x,y \in F(\beta,t,m,M)$ gilt, wird das Ergebnis $x \otimes y$ (mit $\otimes = +,-,\cdot,/$) einer *Gleitpunktoperation* i. a. nicht in $F(\beta,t,m,M)$ liegen. In Analogie zu oben wird man auf Computern diese Operationen hardwaremäßig so implementieren, daß für $fl = fl_R$ bzw. $fl = fl_C$ die Gleichung

$$fl(x \otimes y) = (x \otimes y)(1+k\varepsilon) \tag{1.13}$$

gilt, wobei $|\varepsilon| \le \mu$ und k möglichst klein (idealerweise $k = 1$, aber auch $k \le 4$) gilt. Dabei wird k von $\otimes$ aber auch von fl_R bzw. fl_C abhängen.

Es gibt Computer, bei denen in gewissen Zusatzspeichern t temporär erhöht wird, um k möglichst klein zu halten. Wir demonstrieren dies an einem kleinen Test zur näherungsweisen Bestimmung der Maschinengenauigkeit μ bei unbekannten β und t. (Programme, die maschinenunabhängig laufen sollen, bestimmen sich auf diese oder ähnliche Weise eine Näherung für μ selbst.) Dabei benutzen wir die höhere Programmiersprache FORTRAN, auf deren Bedeutung wir im nächsten Kapitel kommen, auf den Computern IBM PS/2 50Z (IBM PC) mit $\beta = 2$ und $t = 24$ und SIEMENS 7890 C mit $\beta = 16$ und $t = 6$.

Folgender Algorithmus führt für $T > 1$ zu einer Näherung EPS für die relative Maschinengenauigkeit μ: Beginnend mit EPS $= 1.0$ wird EPS solange durch T dividiert, bis erstmals $1.0 +$EPS ≤ 1.0 gilt. (Ist β eine Zweierpotenz, so ist $T = 2$ als Startwert empfehlenswert.)

In den Abbildungen P1 und P2 sieht man zwei verschiedene Implementationen für $T = 1.1$. Für $T = 1.001$ liefern die beiden Programme auf

```
      PROGRAM MAEPS1
      REAL EPS,T
      DATA T /1.1/
      OPEN (11,FILE='H2')
      EPS=1.0
   10 IF ((1.0+EPS).GT.1.0) THEN
         EPS=EPS/T
         GOTO 10
      END IF
      WRITE(11,20) T,EPS
   20 FORMAT(2X,'T =',F6.4,'         EPS =',E22.15)
      END
```

Abb. P1 MAEPS1

```
      PROGRAM MAEPS2
      REAL EPS,EPSPL1,T
      DATA T /1.1/, BIG /1.E38/
      OPEN (11,FILE='H2')
      EPS=1.0
      EPSPL1=BIG
   10 IF (EPSPL1.GT.1.0) THEN
         EPS=EPS/T
         EPSPL1=1.0+EPS
         GOTO 10
      END IF
      WRITE(11,20) T,EPS
   20 FORMAT(2X,'T =',F6.4,'         EPS =',E22.15)
      END
```

Abb. P2 MAEPS2

der SIEMENS 7980 C den (richtigen) Wert EPS$\approx .95\times 10^{-6}$; dagegen ergibt auf dem IBM PC MAEPS1 den (falschen) Wert EPS$\approx .54\times 10^{-19}$, während MAEPS2 den (richtigen) Wert EPS$\approx .60\times 10^{-7}$ liefert. Woran liegt dies? Beim IBM PC führt der mathematische Koprozessor alle Gleitpunktoperationen mit $t=64$ (statt mit $t=24$) in besonderen Speichern durch. Im Statement

```
IF((1.0+EPS).GT.1.0)
```

in MAEPS1 wird bei $1.0+$EPS diese erhöhte Genauigkeit benutzt; bei MAEPS2 dagegen wird $1.0+$EPS in den Zwischenspeichern EPSPL1 geschrieben und damit auf $t=24$ Bits abgerundet.

In diesem Beispiel sieht man, daß die Annahme (1.13), die für theoretische Zwecke (insbesondere für $k=1$) sehr hilfreich sein kann, wie wir gleich sehen werden, in der Praxis ganz anders realisiert sein kann. Deshalb vermeidet man bei komplizierten Berechnungen fast immer auf (1.13) basierende *Rundungsfehleranalysen* und vergleicht zum Beispiel Rechenergebnisse bei *alternativer Genauigkeit* $(t,2t,4t)$ oder setzt *Intervallarithmetik* ein, die garantierte Einschließung in Intervalle liefert.

Summation

Wir wollen die *Summation* von nichtnegativen $x_i \geq 0$ $(i=1,\ldots,n)$ analysieren. Dabei unterstellen wir die Gültigkeit von (1.13) für $fl=fl_R$ und $k=1$. Für den Algorithmus

$$s_1 := x_1;\quad s_i := s_{i-1}+x_i\ (i=2,\ldots,n) \tag{1.14}$$

gilt dann auf einem hypothetischen Computer

$$\begin{aligned} \hat{s}_1 &= fl(x_1) = x_1(1+\varepsilon_1) \\ \hat{s}_i &= fl(\hat{s}_{i-1}+x_i) = (\hat{s}_{i-1}+x_i)(1+\varepsilon_i)\ (i=2,\ldots,n) \text{ mit } |\varepsilon_i| \leq \mu\ (i=1,\ldots,n). \end{aligned} \tag{1.15}$$

Setzt man in die Formeln für $\hat{s}_i$ die Formeln $\hat{s}_{i-1} = (\hat{s}_{i-2}+x_{i-1})(1+\varepsilon_{i-1}),\ldots,\hat{s}_1 = x_1(1+\varepsilon_1)$ der Reihe nach ein, so ergibt sich

$$\begin{aligned} \hat{s}_i &= ((\hat{s}_{i-2}+x_{i-1})(1+\varepsilon_{i-1})+x_i)(1+\varepsilon_i) \\ &= (((\hat{s}_{i-3}+x_{i-2})(1+\varepsilon_{i-2})+x_{i-1})(1+\varepsilon_{i-1})+x_i)(1+\varepsilon_i) \\ &= \ldots \end{aligned}$$

und schließlich

$$\begin{aligned}\hat{s}_n &= x_1(1+\varepsilon_1)(1+\varepsilon_2)\cdots(1+\varepsilon_n)+x_2(1+\varepsilon_2)\cdots(1+\varepsilon_n)+\ldots+x_n(1+\varepsilon_n)\\ &\approx x_1(1+\varepsilon_1+\ldots+\varepsilon_n)+x_2(1+\varepsilon_2+\ldots+\varepsilon_n)+\ldots+x_n(1+\varepsilon_n).\end{aligned} \tag{1.16}$$

Dabei wurde benutzt, daß Produkte $\varepsilon_i\varepsilon_j$ klein gegenüber ε_i bzw. ε_j sind.

Bezeichnet $s_n = x_1 + x_2 + \ldots + x_n$ die exakte Summe nach (1.14), so ergibt sich

$$\hat{s}_n - s_n \approx x_1(\varepsilon_1+\ldots+\varepsilon_n)+x_2(\varepsilon_2+\ldots+\varepsilon_n)+\ldots+x_n\varepsilon_n\ . \tag{1.17}$$

Somit kann man den absoluten Rundungsfehler mit

$$|\hat{s}_n - s_n| \le \mu(nx_1+(n-1)x_2+\ldots+x_n) \tag{1.18}$$

nach oben abschätzen. Hieraus könnte man schließen, daß die Summation am genauesten ist, wenn die x_i so sortiert werden, daß x_1 die kleinste, x_2 die zweitkleinste usw. und x_n die größte Zahl ist.

Für das Beispiel $x_i = \frac{1}{i}$ $(i=1,\ldots,n)$, n hinreichend groß, leuchtet dies sofort ein. Summiert man die x_i in der gegebenen Reihenfolge und ist j der kleinste Index mit $fl(\hat{s}_{j-1}+x_1)=\hat{s}_{j-1}$ so gilt $fl(\hat{s}_{j-1}+x_k)=\hat{s}_{j-1}$ für alle $k \ge j$. Ist n wesentlich größer als j, so tragen sehr viele Summanden bei der Gleitpunktaddition nicht zur Summe bei. Summiert man dagegen die x_i für $i=n,\ldots,1$, so tragen alle Summanden zur Summe bei, und diese wird genauer.

Für beliebige $x_i \ge 0$ ist das Summationsverfahren, bei dem die x_i der Größe nach sortiert und mit dem kleinsten x_i beginnend, in der Subroutine SUMME aus Abb. U1 implementiert. Dabei ist das einfachste aller Sortierverfahren benutzt. Hat man negative und nichtnegative x_i gemischt vorliegen, so trennt man die beiden Gruppen und wendet SUMME in jeder Gruppe an. Dies geschieht in der Subroutine PMSUM aus Abb. U2.

Leider ist die auf (1.18) beruhende Argumentation zur Sortierung nicht immer richtig, wie folgendes Beispiel zeigt. Sei $\beta = 10, t = 2$ und $fl = fl_R$. Für

$x_1 = .00051,\ x_2 = .0034,\ x_3 = .061,\ x_4 = .25$

```
      SUBROUTINE SUMME(N,X,S)
      REAL MIN,X(N)
      DATA ZERO/0.0/,BIG/1.0E38/
      S=ZERO
      DO 20 J=1,N
         MIN=BIG
         DO 10 I=1,N
            IF ((X(I).NE.ZERO).AND.(X(I).LT.MIN)) THEN
               MIN=X(I)
               IMIN=I
            ENDIF
10       CONTINUE
         S=S+MIN
         X(IMIN)=ZERO
20    CONTINUE
      RETURN
      END
```

Abb. U1 SUMME

```
      SUBROUTINE PMSUM (N,X,S,Y,Z)
      REAL X(N),Y(N),Z(N),PLUS,MINUS
      M1=0
      M2=0
      DO 10 I=1,N
         IF (X(I).GE.0.0) THEN
            M1=M1+1
            Y(M1)=X(I)
         ELSE
            M2=M2+1
            Z(M2)=-X(I)
         END IF
10    CONTINUE
      CALL SUMME (M1,Y,PLUS)
      CALL SUMME (M2,Z,MINUS)
      S=PLUS-MINUS
      RETURN
      END
```

Abb. U2 PMSUM

gilt dann

$$s^{(1)} = fl\left(fl\left(fl(x_1 + x_2) + x_3\right) + x_4\right) = .32$$
$$s^{(2)} = fl\left(fl\left(fl(x_4 + x_3) + x_2\right) + x_1\right) = .31$$

Da der exakte Wert $\hat{s} = .31491$ ist, gilt

$$\left|\hat{s} - s^{(1)}\right| = .00509, \quad \left|\hat{s} - s^{(2)}\right| = .00491,$$

d. h. wenn man die x_i in der "falschen" Reihenfolge addiert, wird das Ergebnis genauer! Dies liegt natürlich daran, daß in (1.17) die ε_i verschiedene Vorzeichen haben können, was in (1.18) nicht berücksichtigt wird. Auch aus

Gründen des wesentlich höheren Rechenaufwands wird man die Summation mit Sortierung kaum benutzen. Eine praktikable Methode in kritischen Fällen auf FORTRAN-Ebene ist die Statement-Folge

```
      DOUBLE PRECISION SUM
      SUM = 0.D0
      DO 1 I = 1, N
1     SUM = SUM + DBLE (X(I))
      S = SNGL (SUM)
```

Hierbei wird, ohne ein doppelgenaues Feld für X vereinbaren zu müssen, die Gleitpunktaddition jeweils doppelt genau ausgeführt und das Zwischenergebnis doppelt genau gespeichert. Auf einfache Genauigkeit wird erst nach Abschluß aller Additionen gerundet oder abgeschnitten. Analog sollten Skalarprodukte berechnet werden.

Verletzung der Körperaxiome

Viele der beschriebenen Schwierigkeiten hängen damit zusammen, daß $F(\beta,t,m,M)$ im Gegensatz zu den reellen Zahlen $\mathbb{R}$ kein Körper ist. Zwar gelten die Kommutativgesetze bezüglich Addition und Multiplikation, also $fl(a+b)=fl(b+a)$ und $fl(a\cdot b)=fl(b\cdot a)$, aber das Assoziativgesetz $fl(fl(a+b)+c)=fl(a+fl(b+c))$, das Distributivgesetz $fl(fl(a+b)\cdot c)$ $=fl(a\cdot b)$ $+fl(a\cdot c)$ sowie die Kürzungsregel

$$fl(a\cdot b)=fl(a\cdot c),\ a\neq 0 \Rightarrow b=c$$

müssen nicht in jedem Fall gelten. Ein Gegenbeispiel zum Assoziativgesetz ist das folgende. Seien $a,b,c\in F(10,8,-10,10)$ mit

$$a=.23371258\times 10^{-4}$$

$$b=.33678429\times 10^{2}$$

$$c=-.33677811\times 10^{2}$$

Dann ergibt sich für $fl = fl_R$

$$\begin{aligned}
&fl(a+fl(b+c)) \\
&=.23371258\times 10^{-4}+.61800000\times 10^{-3} \\
&=.64137126\times 10^{-3} \\
&fl(fl(a+b)+c) \\
&=.33678452\times 10^{2}-.33677811\times 10^{2} \\
&=.64100000\times 10^{-3}.
\end{aligned} \tag{1.19}$$

Weiter ist $F(\beta,t,m,M)$ wegen der Endlichkeit nicht abgeschlossen. Bei Exponentenüberlauf oder -unterlauf ist eine Operation nicht innerhalb von $F(\beta,t,m,M)$ durchführbar.

Auslöschung

Zieht man zwei Gleitpunktzahlen mit mehreren gleichen führenden Ziffern voneinander ab, so entsteht zwangsläufig ein *Genauigkeitsverlust*. Z. B. ist

$$\begin{aligned}
.7132514\times 10^{-2}-.7132728\times 10^{2} &= -.0000214\times 10^{-2} \\
&= -.2140000\times 10^{-6}.
\end{aligned}$$

Die letzten vier Nullen im Ergebnis sind durch *Auslöschung* entstanden und nicht signifikant. In Algorithmen sind also Ausdrücke zu vermeiden, bei denen Differenzen nahezu gleich großer Zahlen auftreten können. Da dies i. a. durch einen mathematischen Kniff erreicht werden kann, führen wir drei verschiedene Beispiele vor.

Beim Ausdruck

$$f(x) = x - \sin x$$

tritt für $x \to 0$ Auslöschung auf, da für sehr kleine $|x|$ näherungsweise $\sin x \approx x$ gilt. Benutzt man die TAYLOR-Reihe für $\sin x$, so erhält man

$$f(x) = \frac{x^3}{3!} - \frac{x^5}{5!} + \frac{x^7}{7!} - \ldots,$$

die für $|x|$ klein sehr schnell konvergiert und bei der der Auslöschungseffekt nicht mehr auftritt.

Beim zweiten Beispiel

$$f(x) = \ln\left(x + \sqrt{x^2 + 1}\right)$$

wird für große negative Werte von x Auslöschung auftreten. Beachtet man jedoch

$$\begin{aligned} f(-x) &= \ln\left(-x + \sqrt{x^2 + 1}\right) \\ &= \ln\left(\frac{1}{x + \sqrt{x^2 + 1}}\right) \\ &= -f(x), \end{aligned}$$

so kann mit der Festsetzung

$$f(x) = \begin{cases} \ln\left(x + \sqrt{x^2 + 1}\right) & \text{für } x \geq 0 \\ -\ln\left(-x + \sqrt{x^2 + 1}\right) & \text{für } x < 0 \end{cases}$$

die Auslöschung vermieden werden.

Als drittes Beispiel betrachten wir die quadratische Gleichung

$$x^2 - 2px - q = 0$$

mit den Lösungen

$$x_{1/2} = p \pm \sqrt{p^2 + q} \ .$$

Ist $|q|$ klein gegenüber p^2, so kann bei derjenigen Wurzel, bei der das Vorzeichen von $\sqrt{p^2 + q}$ dem negativen Vorzeichen von p entspricht, Auslöschung auftreten. Daher setzt man also

$$\begin{aligned} x_1 &= p + \operatorname{sgn}(p)\sqrt{p^2 + q} \ , \\ x_2 &= -q / x_1 \ . \end{aligned}$$

Numerische Instabilität

Ein Algorithmus heißt *numerisch instabil*, wenn kleine Fehler sich im Verlaufe der Berechnungen in große verwandeln. Wir erläutern dies am Beispiel der Berechnung der bestimmten Integrale

$$y_n = \int_0^1 x^n e^x dx, \; n \geq 1 \; . \tag{1.20}$$

Durch partielle Integration erhält man

$$\begin{aligned} y_1 &= 1\,, \\ y_{n+1} &= e - (n+1)y_n\,, \; n \geq 1. \end{aligned} \tag{1.21}$$

Aus ökonomischen Gründen möchte man natürlich diese Rekursionsformel benutzen, um die y_n sukzessiv zu berechnen. Dies geschieht für $n=20$ im Programm S14A4 aus Abbildung P3. Die zugehörigen Ergebnisse für den IBM PC, die sich von denen der SIEMENS 7890 C kaum unterscheiden, finden wir in Abbildung B1. Diese sind, da wegen $x^{n+1} < x^n$ in $(0,1)$

$$\begin{aligned} &y_1 > y_2 > y_3 > \ldots > 0, \\ &\lim_{n\to\infty} y_n = 0 \end{aligned} \tag{1.22}$$

```
      PROGRAM S14A4
      OPEN(11,FILE='H2')
      E=EXP(1.0)
      P=1.0
      WRITE(11,40) P
      DO 10 I=2,20
        P=E-REAL(I)*P
        WRITE(11,50) I,P
10    CONTINUE
40    FORMAT(2X,'N',9X,'P(N)',//2X,'1',3X,E15.8)
50    FORMAT(I3,3X,E15.8)
      END
```

Abb. P3 S14A4

IBM-PC

N	P(N)
1	0.10000000E+01
2	0.71828175E+00
3	0.56343651E+00
4	0.46453571E+00
5	0.39560318E+00
6	0.34466267E+00
7	0.30564308E+00
8	0.27313709E+00
9	0.26004791E+00
10	0.11780262E+00
11	0.14224529E+01
12	-0.14351153E+02
13	0.18928328E+03
14	-0.26472476E+04
15	0.39711434E+05
16	-0.63538025E+06
17	0.10801467E+08
18	-0.19442640E+09
19	0.36941015E+10
20	-0.73882026E+11

Abb. B1

gilt, verblüffend falsch! Dies kommt daher, daß unvermeidbare kleine Fehler bei den y_n für kleine n in der Rekursionsformel (1.21) jeweils mit dem Vergrößerungsfaktor $n+1$ multipliziert werden. Dieser Effekt schaukelt sich gewaltig auf und sorgt sogar für negative Werte für y_n. Man muß also versuchen, Faktoren, die kleiner als Eins sind, zu erhalten. Löst man in (1.21) nach y_n auf, so ergibt sich die Rekursion

$$y_n = \frac{1}{n+1}(e - y_{n+1}) \,. \tag{1.23}$$

Startet man hier mit einem großen Wert N für n und setzt z. B. $y_N = 0$, so kann man $y_N, y_{N-1}, \ldots, y_1$ der Reihe nach ausrechnen. Für $N = 20$ und $y_N = 100$ (völlig falscher Wert) geschieht dies im Programm S15A5 in Abbildung P4. In Abb. B2 wird so für $n = 1$ der exakte Wert erhalten! Auch y_{10} ist auf alle angegebenen Stellen richtig, wie ein Vergleich mit Ergebnissen für den Startwert $y_{20} = 1/8$ zeigt. Die für große n auftretenden Fehler werden jetzt mit den Verkleinerungsfaktoren $1/(n+1)$ multipliziert. *Instabile Algorithmen* sind auf diese oder ähnliche Weise zu vermeiden.

```
      PROGRAM S15A5
      OPEN(11,FILE='H2')
      E=EXP(1.0)
      P=100.0
      WRITE(11,40) P
      DO 10 I=19,1,-1
         P=(E-P)*(1/REAL(I+1))
         WRITE(11,50) I,P
   10 CONTINUE
   40 FORMAT(2X,'N',9X,'P(N)',//1X,'20',3X,E15.8)
   50 FORMAT(I3,3X,E15.8)
      END
```

Abb. P4 S15A5

```
IBM-PC      P(20)=100

  N          P(N)

 20     0.10000000E+03
 19    -0.48640862E+01
 18     0.39907199E+00
 17     0.12884499E+00
 16     0.15231980E+00
 15     0.16037261E+00
 14     0.17052728E+00
 13     0.18198246E+00
 12     0.19509995E+00
 11     0.21026514E+00
 10     0.22800151E+00
  9     0.24902803E+00
  8     0.27436152E+00
  7     0.30549002E+00
  6     0.34468454E+00
  5     0.39559954E+00
  4     0.46453643E+00
  3     0.56343633E+00
  2     0.71828181E+00
  1     0.10000000E+01
```

Abb. B2

Kondition

Ein numerisches Problem heißt *schlecht konditioniert*, wenn kleinere Änderungen in den Ausgangsdaten große Änderungen in den Ergebnissen bewirken können. (Dies hat nichts mit Computerzahlen oder instabilen Algorithmen zu tun.) Manchmal kann man einen solchen Effekt durch eine *Konditionszahl* messen. Wir werden hierauf bei der numerischen Lösung von linearen Gleichungssystemen ausführlich eingehen und behandeln an dieser Stelle zwei einfachere Beispiele.

Nehmen wir an, wir hätten eine Funktion f im Punkt x zu berechnen. Wir fragen danach, wie stark sich der Funktionswert ändern kann, wenn wir x leicht in $x+h$ verändern. Nach dem Zwischenwertsatz gilt für den absoluten Fehler

$$f(x+h)-f(x)=hf'(\xi)\approx hf'(x),\ x<\xi<x+h, \tag{1.24}$$

d.h. für kleine Werte von $|f'(x)|$ wird sich f absolut gesehen nicht sehr ändern, bei großem Wert kann dies jedoch der Fall sein. Für den interessanteren relativen Fehler ergibt sich aus (1.24)

$$\frac{f(x+h)-f(x)}{f(x)}\approx\frac{hf'(x)}{f(x)}=\left[\frac{xf'(x)}{f(x)}\right]\frac{h}{x}, \tag{1.25}$$

wobei die rechte Seite so umgeformt ist, daß der relative Fehler von $x+h$, nämlich

$$\frac{(x+h)-x}{x}=\frac{h}{x}$$

als Faktor erscheint. Damit ist der Verstärkungsfaktor

$$\frac{xf'(x)}{f(x)} \tag{1.26}$$

eine Konditionszahl beim relativen Fehler.

Betrachten wir als zweites Beispiel die Bestimmung einer einfachen Nullstelle w einer Funktion f. Wir ändern f in $\tilde{f}=f+\varepsilon g$ ab, wobei f und g in einer Umgebung von w wenigstens zweimal stetig differenzierbar sein sollen. Die Frage ist, wo die w entsprechende Nullstelle $w+h$ von $\tilde{f}$ liegt. Die Größe h ist also näherungsweise so zu bestimmen, daß

$$\tilde{f}(w+h) = f(w+h) + \varepsilon g(w+h) = 0 \tag{1.27}$$

gilt. Die TAYLOR-Entwicklung in (1.27) liefert

$$f(w) + hf'(w) + \frac{1}{2}h^2 f''(\xi) + \varepsilon\left[g(w) + hg'(w) + \frac{1}{2}h^2 g''(\eta)\right] = 0, \tag{1.28}$$
$$wo \;\; w < \xi < w+h, w < \eta < w+h.$$

Vernachlässigen wir die mit h^2 behafteten Ausdrücke und beachten $f(w)=0$, so ergibt sich hieraus

$$h \approx -\varepsilon \frac{g(w)}{f'(w) + \varepsilon g'(w)}$$

und schließlich für kleines ε

$$h \approx -\varepsilon \frac{g(w)}{f'(w)} \tag{1.29}$$

Konkretisieren wir f zu einem Polynom mit den Nullstellen $x_i = i\,(i = 1,\ldots,20)$, also zu

$$f(x) = \prod_{i=1}^{20}(x-i) = (x-1)(x-2)(x-3)\cdots(x-20),$$

setzen

$$g(x) = x^{20}$$

und fragen, wie sich die Nullstelle $w = x_{20} = 20$ ändert, wenn statt f die Funktion $\tilde{f} = f + \varepsilon g$ betrachtet wird, so haben wir nach (1.29)

$$h \approx -\varepsilon \frac{g(20)}{f'(20)} = -\varepsilon \frac{20^{20}}{19!} \approx -10^9 \varepsilon.$$

Dies bedeutet, daß eine Änderung des Koeffizienten 1 bei x^{20} um ε eine Änderung der Nullstelle $w = 20$ um $10^9\varepsilon$ bewirken kann. Diese Nullstelle ist somit extrem schlecht konditioniert bezüglich der Änderung des Koeffizienten bei x^{20}.

Nach Möglichkeit muß die *schlechte Kondition* für ein numerisches Problem dem Modellierer mitgeteilt werden, damit dieser über seinen Ansatz kritisch nachdenkt und ihn eventuell verbessern kann.

2. Interpolation mit Polynomen

Potenzreihensatz

Gegeben sei eine Tabelle $(x_k, y_k)(k = 1,\ldots,n)$ mit gegebenen Abszissen x_k und Ordinaten y_k. Gesucht ist ein Polynom p möglichst niedrigen Grades derart, daß dieses die gegebenen Daten interpoliert, daß also

$$p(x_i) = y_i \ (i = 1,\ldots,n) \tag{2.1}$$

gilt. Wählen wir für das Polynom p den *Potenzreihenansatz*

$$p(x) = a_1 + a_2 x + a_3 x^2 + \ldots + a_n x^{n-1} \tag{2.2}$$

so ist die Interpolationsaufgabe gelöst, wenn die n Koeffizienten $a_1,\ldots,a_n$ so bestimmt werden, daß die n Interpolationsbedingungen (2.1), also

$$a_1 + a_2 x_i + a_3 x_i^2 + \ldots + a_n x_i^{n-1} = y_i \ (i = 1,\ldots,n) \ , \tag{2.3}$$

gelten. Dieses lineare Gleichungssystem zur Bestimmung der $a_1,\ldots,a_n$ hat die Koeffizientenmatrix

$$A = \begin{pmatrix} 1 & x_1 & x_1^2 & \ldots & x_1^{n-1} \\ 1 & x_2 & x_2^2 & \ldots & x_2^{n-1} \\ 1 & x_3 & x_3^2 & \ldots & x_3^{n-1} \\ \vdots & \vdots & \vdots & & \vdots \\ 1 & x_n & x_n^2 & \ldots & x_n^{n-1} \end{pmatrix} , \tag{2.4}$$

für deren Determinante, wie in der linearen Algebra gezeigt wird, gilt

$$\begin{aligned} \det A &= \prod_{1 \le j \le k \le n} (x_k - x_j) \\ &= (x_n - x_1)(x_n - x_2)\cdots(x_n - x_{n-1}) \\ &\quad \cdot (x_{n-1} - x_1)(x_{n-1} - x_2)\cdots(x_{n-1} - x_{n-2}) \\ &\quad \ldots \\ &\quad \cdot (x_3 - x_1)(x_3 - x_2) \\ &\quad \cdot (x_2 - x_1) . \end{aligned} \tag{2.3}$$

Werden also die x_i als paarweise verschieden vorausgesetzt, so gilt $\det A \neq 0$, und das lineare Gleichungssystem (2.3) ist dann eindeutig lösbar. Wir haben also den

Satz 1: Wenn die $x_1,\ldots,x_n$ paarweise verschieden sind, dann gibt es zu beliebigen $y_1,\ldots,y_n$ ein eindeutig bestimmtes Polynom p vom Grad $\leq n-1$ mit $p(x_i) = y_i \; (i = 1,\ldots,n)$.

Praktisch wird die obige Lösungsmöglichkeit nicht benutzt, da die Lösung des linearen Gleichungssystems sehr viel aufwendiger als die beiden folgenden Methoden ist und da die Matrix A i. a. eine sehr *schlechte Kondition* hat (s. Kap. 6). Einen Vorteil hat der Ansatz (2.2) allerdings. Die Auswertung von p an Stellen $x = t$ kann sehr effizient erfolgen, wie wir gleich sehen werden.

HORNER-Schema für Polynome in der Potenzreihenform und für deren erste Ableitung

Hätte man die $a_i \; (i = 1,\ldots,n)$ in (2.2) berechnet, so kann eine Auswertung des Polynoms p an einer Stelle t sehr effizient erfolgen, wenn (2.2) in der Form

$$p(t) = a_1 + t(a_2 + t(a_3 + \ldots + (\ldots(t(a_{n-1} + ta_n)\ldots)))) \tag{2.6}$$

geschrieben wird, wo nur insgesamt $n-1$ Additionen und Multiplikationen benötigt werden. Die Schreibweise (2.6) heißt das *HORNER-Schema* zur Auswertung von (2.2) an der Stelle $x = t$.

Zur Vorbereitung auf das NEWTON-Verfahren zur Berechnung von reellen Nullstellen von p befassen wir uns mit der simultanen Berechnung von $p'(t)$. Ist

$$q(x) = b_1 + b_2 x + \ldots + b_{n-1} x^{n-2} \tag{2.7}$$

ein Polynom vom Grad $n-2$, so kann

$$p(x) = (x-t)q(x) + r, \; r \in \mathbb{R} \tag{2.8}$$

geschrieben werden. Die Größen $b_1,\ldots,b_{n-1}$ und r können durch Koeffizientenvergleich gewonnen werden. Ausführlich geschrieben lautet (2.8) nämlich

$$\begin{aligned}
&a_1+a_2x+\ldots+a_nx^{n-1}\\
&=(x-t)\left(b_1+b_2x+\ldots+b_{n-1}x^{n-2}\right)+r\\
&=(r-tb_1)+(b_1-tb_2)x+\ldots+(b_{n-2}-tb_{n-1})x^{n-2}+b_{n-1}x^{n-1},
\end{aligned}$$

woraus sich

$$\begin{aligned}
a_1&=r-tb_1,\\
a_2&=b_1-tb_2,\\
a_3&=b_2-tb_3,\\
&\vdots\\
a_{n-1}&=b_{n-2}-tb_{n-1},\\
a_n&=b_{n-1},
\end{aligned}$$

ergibt. Jetzt kann man nach den gesuchten Größen auflösen und erhält der Reihe nach

$$\begin{aligned}
b_{n-1}&=a_n\\
b_{n-2}&=a_{n-1}+tb_{n-1}\\
&\vdots\\
b_2&=a_3+tb_3\\
b_1&=a_2+tb_2\\
r&=a_1+tb_1
\end{aligned}\tag{2.9}$$

Was nützt das? Wegen (2.8) gilt

$$p'(x)=(x-t)q'(x)+q(x)$$

und somit

$$p'(t)=q(t),\tag{2.10}$$

d. h. zur Berechnung von $p'(t)$ muß man das HORNER-Schema auf $q(t)$ mit den Koeffizienten $b_1,\ldots,b_{n-1}$ nach (2.9) anwenden, also

$$q(t)=b_1+t\left(b_2+t\left(b_3+\ldots(\ldots t(b_{n-2}+tb_{n-1})\ldots)\right)\right)\tag{2.11}$$

berechnen.

Die beiden Vorschriften (2.6) und (2.11) mit (2.9) zur Berechnung von $p(t)$ und $p'(t)$ lassen sich in *eine* Schleife einbauen, was in der Subroutine HORNER aus Abb. U3 geschehen ist. Dort werden für die Koeffizienten A(I)= a_i in (2.2) für eine Stelle T= t die Werte P = $p(t)$ und PP = $p'(t)$ auf die beschriebene Art und Weise berechnet.

```
      SUBROUTINE HORNER (N,A,T,P,PP)
      REAL A(N)
      P=A(N)
      PP=P
      DO 10 I=N-1,2,-1
         P=A(I)+P*T
         PP=P+PP*T
10    CONTINUE
      P=A(1)+P*T
      RETURN
      END
```

Abb. U3 HORNER

Die LAGRANGEsche Form des Interpolationspolynoms

Zunächst konstruieren wir uns n Polynome $L_1,\ldots,L_n$ vom Grad $n-1$ mit der Eigenschaft

$$L_j(x_i)=\delta_{ji}=\begin{cases}0 & i\neq j\\ 1 & i=j\end{cases}, \qquad (2.12)$$

die dann *Kardinalfunktionen* heißen. Betrachten wir z. B. L_1. Da $L_1(x_j)=0$ für $j=2,\ldots,n$ gelten soll, müssen die $x_2,\ldots,x_n$ Nullstellen von L_1 sein, d. h. L_1 ist von der Form

$$L_1(x)=c(x-x_2)(x-x_3)\ldots(x-x_n)\ .$$

Die Bedingung $L_1(x_1)=1$ liefert für die Konstante c die Bestimmungsgleichung

$$c(x_1-x_2)(x_1-x_3)\ldots(x_1-x_n)=1\ ,$$

die nach c auflösbar ist, da die x_i paarweise verschieden sind. Also haben wir

$$L_1(x)=\prod_{i=2}^{n}\left(\frac{x-x_i}{x_1-x_i}\right).$$

Allgemein gilt dann

$$L_j(x)=\prod_{\substack{i=1\\ i\neq j}}^{n}\left(\frac{x-x_i}{x_j-x_i}\right). \tag{2.13}$$

Wegen der Eigenschaft (2.12) von (2.13) kann man nun das gesuchte Interpolationspolynom p sofort explizit angeben:

$$p(x)=\sum_{j=1}^{n} y_j L_j(x)\,. \tag{2.14}$$

Die Interpolationsbedingungen (2.1) sind dann erfüllt, da

$$p(x_i)=\sum_{j=1}^{n} y_j L_j(x_i)=y_i\quad (i=1,\ldots,n)$$

gilt.

Wir halten noch eine wichtige Eigenschaft der L_i fest, nämlich

$$\sum_{j=1}^{n} L_j(x)=1\,, \tag{2.15}$$

die man erhält, wenn man in (2.14) $y_i=1\,(i=1,\ldots,n)$ setzt und $p(x)\equiv 1$ in diesem Fall beachtet.

Das Aufstellen des Interpolationspolynoms mit dem Ansatz (2.14) macht keine Arbeit, aber das Auswerten für $x=t$ ist wegen (2.13) sehr aufwendig. In der Subroutine LAGRAN aus Abb. U4 wird F $=p(t)$ nach (2.13) und (2.14) berechnet.

Weniger aufwendig wird die Auswertung, wenn man beachtet, daß die Produkte

$$a_j=\frac{1}{\prod\limits_{\substack{i=1\\ i\neq j}}^{n}(x_j-x_i)} \tag{2.16}$$

```
      SUBROUTINE LAGRAN (N,X,Y,T,F)
      REAL X(N),Y(N)
      F=0.0
      DO 20 I=1,N
         P=1.0
         DO 10 J=1,N
            IF (J.NE.I) P=P*(T-X(J))/(X(I)-X(J))
10       CONTINUE
         F=F+P*Y(I)
20    CONTINUE
      RETURN
      END
```

Abb. U4 LAGRAN

in (2.13) nicht von t abhängen und somit vor Auswertungen ein für allemal ausgerechnet werden können. Dann wird aus (2.14)

$$p(x)=\sum_{j=1}^{n} a_j y_j \prod_{\substack{i=1\\ i\neq j}}^{n}(x-x_i) \tag{2.17}$$

und aus (2.15) wird

$$\sum_{j=1}^{n} a_j \prod_{\substack{i=1\\ i\neq j}}^{n}(x-x_i)=1 \;. \tag{2.18}$$

Dividiert man nun die rechte Seite von (2.17) durch (2.18) und benutzt

$$\prod_{\substack{i=1\\ i\neq j}}^{n}(x-x_i)=\frac{\prod_{i=1}^{n}(x-x_i)}{x-x_j} \;,$$

so ergibt sich

$$p(x)=\frac{\sum_{j=1}^{n}\frac{a_j}{x-x_j}y_j}{\sum_{j=1}^{n}\frac{a_j}{x-x_j}} \;.$$

Dieser Ausdruck ist für alle $x \neq x_j \; (j = 1,\ldots,n)$ definiert. Mit der Festsetzung

$$p(t) = \begin{cases} y_i & \text{für} \quad t = x_i \;\; (i = 1,\ldots,n) \\ \dfrac{\sum\limits_{j=1}^{n} \dfrac{a_j}{t - x_j} y_j}{\sum\limits_{j=1}^{n} \dfrac{a_j}{t - x_j}} & \text{für} \quad t \neq x_i \end{cases} \tag{2.19}$$

hat man eine sogenannte *baryzentrische Darstellung* von $p(t)$, die besonders effizient und numerisch stabil ausgewertet werden kann. In der Subroutine LAGBA1 aus Abb. U5 werden die Koeffizienten A(I) $= a_i$ nach (2.16) ermittelt. Die Subroutine LAGSOL aus Abb. U6 verwendet diese dann und berechnet F$= p(t)$ für beliebige Werte t dann nach (2.19) mit der Modifikation

$$p(t) = y_i \text{ für } |t - x_i| \leq \varepsilon \tag{2.20}$$

```
      SUBROUTINE LAGBA1 (N,X,A)
      REAL X(N),A(N)
      DO 20 I=1,N
         A(I)=1.0
         DO 10 J=1,N
            IF(J.NE.I) A(I)=A(I)*(X(I)-X(J))
10       CONTINUE
         A(I)=1.0/A(I)
20    CONTINUE
      RETURN
      END
```

Abb. U5 LAGBA1

```
      SUBROUTINE LAGSOL (N,X,Y,A,T,F,EPS)
      REAL X(N),Y(N),A(N)
      DO 10 I=1,N
         IF(ABS(T-X(I)).LE.EPS) THEN
           F=Y(I)
           RETURN
         END IF
10    CONTINUE
      F=0.0
      D=0.0
      DO 20 I=1,N
         Z=A(I)/(T-X(I))
         F=F+Y(I)*Z
         D=D+Z
20    CONTINUE
      F=F/D
      RETURN
      END
```

Abb. U6 LAGSOL

wobei EPS $= \varepsilon \approx 100\mu$ gewählt werden sollte, wenn μ die relative Maschinengenauigkeit bezeichnet.

Während LAGRAN $O(n^2)$ Rechenoperationen benötigt, sind dies bei LAGSOL nur noch $O(n)$, genauer $3n$ Additionen und $2n$ Multiplikationen bzw. Divisionen. Jetzt werden wir eine Methode kennenlernen, wo bei der Auswertung nur $2n$ Additonen und n Multiplikationen benötigt werden. Dies sind zwar n Additionen mehr als bei dem HORNER-Schema für die Potenzreihenform, aber die Berechnung der Koeffizienten im entsprechenden Ansatz wird erheblich einfacher sein.

Die NEWTONsche Form des Interpolationspolynoms

Wir beweisen zunächst die Existenz des Interpolationspolynoms in Satz 1 auf konstruktive Weise durch Induktion. Für den Induktionsanfang $n=1$ setzen wir

$$p_0 \equiv y_1 =: a_1 \,. \tag{2.21}$$

Nehmen wir nun an, wir hätten bereits ein Polynom p_{k-2} vom Grad $k-2(k \geq 3)$ mit $p_{k-2}(x_i) = y_i \; (i = 1,\ldots,k-1)$ konstruiert. Dann setzen wir für p_{k-1}

$$p_{k-1}(x) = p_{k-2}(x) + a_k(x-x_1)\cdots(x-x_{k-1}) \tag{2.22}$$

an. Natürlich hat p_{k-1} den Grad $k-1$ wegen des zweiten Summanden. Dieser ist auch so konstruiert, daß die geforderten Interpolationsbedingungen

$$p_{k-1}(x_i) = p_{k-2}(x_i) = y_i \; (i = 1,\ldots,k-1)$$

erfüllt sind. Es bleibt a_k so zu bestimmen, daß noch

$$p_{k-1}(x_k) = y_k$$

gilt. Dies ergibt

$$a_k = \frac{y_k - p_{k-2}(x_k)}{(x_k - x_1)(x_k - x_2)\cdots(x_k - x_{k-1})} \tag{2.23}$$

und wegen der paarweisen Verschiedenheit der x_i ist der Nenner in (2.23) von Null verschieden. Somit existiert p_{n-1} und hat die Gestalt

$$\begin{aligned} p_{n-1}(x) = a_1 & \\ & + a_2(x - x_1) \\ & + a_3(x - x_1)(x - x_2) \\ & + \ldots \\ & + a_n(x - x_1)(x - x_2)\ldots(x - x_n) \\ & = a_1 + \sum_{i=2}^{n} a_i \prod_{j=1}^{i-1} (x - x_j), \end{aligned} \tag{2.24}$$

die die *NEWTONsche Form des Interpolationspolynoms* heißt.

Zwecks effizienter Auswertung an der Stelle $x = t$ kann $p_{n-1}(t)$ in der Form

$$\begin{aligned} p_{n-1}(t) &= a_1 + (t - x_1)(a_2 + (t - x_2)(a_3 + (t - x_3)(a_4 + \ldots + (x - x_{n-1})a_n)\ldots)) \\ &= (\ldots((a_n(t - x_{n-1}) + a_{n-1})(t - x_{n-2}) + a_{n-2})\ldots)(x - x_1) + a_1 \end{aligned} \tag{2.25}$$

geschrieben werden. Diese dem HORNER-Schema ähnliche Auswertungsvorschrift ist in der Subroutine NEWSOL aus Abb. U7 implementiert und liefert F= $p_{n-1}(t)$. Die Anzahl der Rechenoperationen ist mit n Multiplikationen und $2n$ Additionen nur um n Additionen aufwendiger als das HORNER-Schema. Zum Ausgleich gibt es zur Bestimmung der a_k einen sehr viel effizienteren Algorithmus, als wie er durch (2.23) beschrieben wird, der außerdem sehr viel kompakter, nämlich in nur drei FORTRAN Statements geschrieben werden kann. Wie man nachzählen kann, werden statt $(n-1)$ Divisionen, $\frac{1}{2}(n-1)(3n-2)$ Additionen und $(n-1)(n-2)$ Multiplikationen wie in (2.23) für $k = 2,\ldots,n$ nur $\frac{1}{2}n(n-1)$ Divisionen und $n(n-1)$ Additionen benötigt werden.

```
      SUBROUTINE NEWSOL(N,X,A,T,F)
      DIMENSION X(N),A(N)
      F=A(N)
      DO 10 K=N-1,1,-1
         F=F*(T-X(K))+A(K)
   10 CONTINUE
      RETURN
      END
```

Abb. U7 NEWSOL

Zunächst sehen wir den Vorschriften (2.21) und (2.23) an, daß a_1 durch einen Funktionswert $f(x_1)=y_1$, daß a_2 durch $f(x_1)=y_1$ und $f(x_2)=y_2$ und daß allgemein a_k durch $f(x_1)=y_1,\dots,f(x_k)=y_k$ bestimmt wird. Für diesen Sachverhalt schreiben wir

$$a_k = f[x_1,\dots,x_k]\,. \tag{2.26}$$

<u>Satz 2:</u> Es gilt

$$f[x_1,\dots,x_n]=\frac{f[x_2,x_3,\dots,x_n]-f[x_1,x_2,\dots,x_{n-1}]}{x_n-x_1}\,. \tag{2.27}$$

Beweis: $a_n = f[x_1,\dots,x_n]$ war der Koeffizient bei x^{n-1} im Interpolationspolynom p_{n-1} nach (2.24). Dann ist $f[x_2,x_3,\dots,x_n]$ zu interpretieren als der Koeffizient von x^{n-2} eines Polynoms q vom Grad $\le n-2$, das in den Stützstellen $x_2,x_3,\dots,x_n$ interpoliert, und $a_{n-1}=f[x_1,x_2,\dots,x_{n-1}]$ ist der Koeffizient von x^{n-2} des gemäß (2.22) p_{n-1} vorausgehenden Polynoms p_{n-2} vom Grad $\le n-2$, das in $x_1,\dots,x_{n-1}$ interpoliert. Wir zeigen nun, daß die drei Polynome p_{n-1}, q und p_{n-2} auf folgende Art und Weise zusammenhängen:

$$p_{n-1}(x)=q(x)+\frac{x-x_n}{x_n-x_1}\left[q(x)-p_{n-2}(x)\right]\,. \tag{2.28}$$

Zum Beweis von (2.28) betrachten wir die rechte Seite, die ein Polynom vom Grad $\le n-1$ ist, an den Stellen x_i $(i=1,\dots,n)$. Für x_1 erhalten wir

$$\begin{aligned} &q(x_1)+\frac{x_1-x_n}{x_n-x_1}\left[q(x_1)-p_{n-2}(x_1)\right]\\ &\quad=q(x_1)-\left[q(x_1)-p_{n-2}(x_1)\right]=p_{n-2}(x_1)=y_1\,. \end{aligned}$$

Für die x_i mit $i=2,\dots,n-1$ gilt

$$\begin{aligned} &q(x_i)+\frac{x_i-x_n}{x_n-x_1}\left[q(x_i)-p_{n-2}(x_i)\right]\\ &\quad=y_i+\frac{x_i-x_n}{x_n-x_1}\left[y_i-y_i\right]=y_i\,. \end{aligned}$$

Schließlich wird für x_n

$$q(x_n)+\frac{x_n-x_n}{x_n-x_1}\left[q(x_n)-p_{n-2}(x_n)\right]=q(x_n)=y_n\ .$$

Da somit die rechte Seite von (2.28) an den Stellen $x_i\ (i=1,\ldots,n)$ interpoliert und dies die linke Seite auch tut, müssen wegen der Eindeutigkeit des Interpolationspolynoms die beiden Seiten gleich sein.

Die Aussage (2.27) erhält man nun, wenn man die Koeffizienten von x^{n-1} auf beiden Seiten von (2.28) vergleicht. Der Koeffizient von x^{n-2} bei q ist $f[x_2,x_3,\ldots,x_n]$ und $f[x_1,x_2,\ldots,x_{n-1}]$ ist der bei x^{n-2} bei p_{n-2}. Somit steht bei der höchsten rechts auftretenden Potenz x^{n-1} von $x(q(x)-p_{n-2}(x))$ gerade die rechte Seite von (2.27), und $f[x_1,\ldots,x_n]=a_n$ ist definitionsgemäß der Koeffizient von x^{n-1} bei p_{n-1}. □

Zusatz 1: Die wegen (2.27) so genannten *dividierten Differenzen* $f[x_1,\ldots,x_k]$ $(k=1,\ldots,n)$ ändern sich nicht, wenn die x_i permutiert werden. Dies ist klar, da sich p_{n-1} dadurch nicht ändert. □

Zusatz 2: Satz 2 gilt auch in der Form

$$f\left[x_i,x_{i+1},\ldots,x_{j-1},x_j\right]=\frac{f\left[x_{i+1},\ldots,x_j\right]-f\left[x_i,\ldots,x_{j-1}\right]}{x_j-x_i}\ . \tag{2.29}$$

Dies ergibt sich, wenn man die Stützpunkte $x_1,\ldots,x_n$ in $x_i,\ldots,x_j$ umbenennt. □

Somit erhalten wir z. B. die ersten drei dividierten Differenzen bezüglich x_i,x_{i+1},x_{i+2} zu

$$f[x_i]=y_i\,,$$

$$f[x_i,x_{i+1}]=\frac{f[x_{i+1}]-f[x_i]}{x_{i+1}-x_i},$$

$$f[x_i,x_{i+1},x_{i+2}]=\frac{f[x_{i+1},x_{i+2}]-f[x_i,x_{i+1}]}{x_{i+2}-x_i}.$$

Man sieht, daß zur Berechnung von $f[x_i,x_{i+1}]$ der Wert $f[x_{i+1}]$ und von $f[x_i,x_{i+1},x_{i+2}]$ der Wert von $f[x_{i+1},x_{i+2}]$ erforderlich ist. Deshalb ist zur

Berechnung der a_k $(k=1,\ldots,n)$ nach (2.26), also von $f[x_1], f[x_1,x_2], f[x_1,x_2,x_3]$, $\ldots, f[x_1,\ldots x_n]$ das Aufstellen eines ganzen Dreieckschemas erforderlich:

$$\begin{array}{cccccc} k & 1 & 2 & 3 & 4 & \\ x_1 & y_1 & & & & \\ x_2 & y_2 & f[x_1,x_2] & & & \\ x_3 & y_3 & f[x_2,x_3] & f[x_1,x_2,x_3] & & \\ x_4 & y_4 & f[x_3,x_4] & f[x_2,x_3,x_4] & f[x_1,x_2,x_3,x_4] & \\ \vdots & \vdots & \vdots & \vdots & \vdots & \end{array} \tag{2.30}$$

Die gesuchten a_i stehen dann in der Diagonalen. Benötigt man die Nebendiagonalelemente nicht weiter, was die Regel ist, so kommt man mit einem Feld A(N) aus, wenn geeignet überspeichert wird. Zunächst $(k=1)$ speichert man die y_i, die sicher noch gebraucht werden, auf die a_i $(i=1,\ldots,n)$. Dann kann man entweder für $k=2,\ldots,n$ (k ist Nummer der Spalte) die Spaltenelemente in (2.30) jeweils von unten her berechnen und auf die a_i $(i=n,n-1,\ldots,k)$ speichern oder die Elemente von (2.30) in der Reihenfolge $(n=3)$

$$\begin{array}{l} f[x_3,x_4], f[x_2,x_3], f[x_2,x_3,x_4] \\ \qquad f[x_1,x_2], f[x_1,x_2,x_3] \\ \qquad\qquad f[x_1,x_2,x_3,x_4], \end{array}$$

also im Diagonalverfahren berechnen. Im ersten Fall lautet dies in FORTRAN

```
      DO 10 K = 2, N
      DO 10 I  = N, K, -1
   10 A(I) = (A(I) - A(I - 1))/(X(I) - X(I + 1 - K))
```

und im zweiten Fall

```
      DO 20 K = N, 2, -1
      DO 20 I  = K, N
   20 A(I) = (A(I) - A(I - 1))/(X(I) - X(K - 1))
```

In beiden Fällen kann man also mit jeweils drei FORTRAN Statements die gesuchten Polynomkoeffizienten a_i $(i=1,\ldots,n)$ ausrechnen. (Der Leser mache sich anhand der Statements nochmals das Entstehen der Tabelle (2.30) und den jeweiligen Überspeicherungsmechanismus klar.) Die zweite Variante ist in der Subroutine NEWDIA aus Abb. U8 implementiert. Ein wesentlicher Vorteil des NEWTONschen Interpolationspolynoms ist, daß man beim Hinzufügen einer Abszisse x_{n+1} die vorher gewonnenen Koeffizienten $a_1,\dots,a_n$ übernehmen kann und nur noch a_{n+1} berechnen muß.

```
      SUBROUTINE NEWDIA(N,X,Y,A)
      DIMENSION X(N),Y(N),A(N)
      DO 10 I=1,N
         A(I)=Y(I)
   10 CONTINUE
      DO 30 K=N,2,-1
         DO 20 I=K,N
            A(I)=(A(I)-A(I-1))/(X(I)-X(K-1))
   20    CONTINUE
   30 CONTINUE
      RETURN
      END
```

Abb. U8 NEWDIA

Inverse Interpolation

Darunter versteht man einfach die Vertauschung der Rolle von x_i und y_i. Es wird

$$q_{n-1}(y) = x_1 + \sum_{i=2}^{n} f[y_1,\dots,y_i] \prod_{j=1}^{i-1} (y - y_i)$$

aufgestellt, wobei jetzt natürlich die y_i paarweise verschieden sein müssen. Es ist etwa

$$f[y_1, y_2] = \frac{f[y_2] - f[y_1]}{y_2 - y_1} = \frac{x_2 - x_1}{y_2 - y_1} .$$

Statt Wertepaare $(t, p_{n-1}(t))$ werden Wertepaare $(q_{n-1}(u), u)$ in ein (x, y)-Koordinatensystem eingetragen.

Die *inverse Interpolation* ist z. B. bei numerischen Verfahren zur näherungsweisen Berechnung von Nullstellen einer Gleichung $f(x) = 0$ (siehe Kapitel 8) nützlich. Nehmen wir an, wir hätten im Verlaufe eines Iterationsverfahrens (z. B. beim bekannten NEWTON-Verfahren)

Näherungswerte $x_1 = x^{(t-2)}, x_2 = x^{(t-1)}, x_3 = x^{(t)}$ mit Funktionswerten $y_1 = f\left(x^{(t-2)}\right), y_2 = f\left(x^{(t-1)}\right), y_3 = f\left(x^{(t)}\right)$ erhalten. Hierbei ist t der Iterationsindex. Dann kann man eine Parabel p_2 durch die drei Punkte legen und, sofern sie reell sind, eine der beiden Nullstellen $\tilde{x}_1, \tilde{x}_2$ von p_2 als nächste Näherung nehmen und $x^{(t+1)} = \tilde{x}_1$ oder $x^{(t+1)} = \tilde{x}_2$ setzen. Die beiden Nullstellen könnten aber auch komplex sein, und außerdem muß man sich, wenn sie reell sind, für eine entscheiden. Benutzt man inverse Interpolation, so entfällt die Lösung einer quadratischen Gleichung, und die beschriebenen Schwierigkeiten treten nicht auf. Man stellt einfach

$$q_2(y) = x_1 + \frac{x_2 - x_1}{y_2 - y_1}(y - y_1) + \frac{\dfrac{x_3 - x_2}{y_3 - y_2} - \dfrac{x_2 - x_1}{y_2 - y_1}}{y_3 - y_1}(y - y_1)(y - y_2)$$

auf und ermittelt den eindeutigen Schnittpunkt auf der x-Achse $y = 0$. Damit wird

$$x^{(t+1)} = q_2(0)$$

eine vermutlich bessere Näherung. In FORTRAN sieht dies so aus:

```
U = 0.0
CALL NEWDIA (2, Y, X, A)
CALL NEWSOL (2, Y, A, U, XTP1)
```

Hierbei ist XTP1 = $x^{(t+1)}$. In Abb. B3 ist ein so berechnetes Beispiel angegeben.

```
Inverse Interpolation

N =    5

Stuetzstellen :

      -2.00     -31.00
      -1.00       5.00
       1.00       1.00
       2.00      11.00
       3.00      61.00

Nullstelle : 1.9323877
```

Abb. B3

Fehler bei der Polynominterpolation

Bisher waren die gegebenen Ordinaten y_i $(i=1,\ldots,n)$ irgendwie entstandene, z. B. beobachtete oder gemessene Größen gewesen. Jetzt stellen wir uns vor, daß $y_i = f(x_i)$ $(i=1,\ldots,n)$ gilt, wobei f eine im Intervall $[a,b]$ mit $x_i \in [a,b]$ definierte Funktion ist, die dort n-mal stetig differenzierbar ist. Wir wollen untersuchen, wie das Interpolationspolynom p_{n-1} in $[a,b]$ von f abweicht, also den *Interpolationsfehler*

$$e(t) = f(t) - p_{n-1}(t),\ t \in [a,b] \tag{2.31}$$

bestimmen. Derartige Aufgaben sind Gegenstand der Approximationstheorie. Wir benötigen eine solche Untersuchung in wenigstens rudimentärer Form für die beiden nächsten Kapitel. Es gilt der folgende

Satz 3: Ist p_{n-1} das Polynom vom Grad $\leq n-1$, das $f \in C^n[a,b]$ an paarweise verschiedenen Stützstellen $x_1,\ldots,x_n \in [a,b]$ interpoliert, so gibt es zu jedem $t \in [a,b]$ ein $\xi = \xi(t) \in (a,b)$ mit

$$e(t) = \frac{1}{n!} f^{(n)}(\xi) \prod_{i=1}^{n} (t - x_i)\ . \tag{2.32}$$

Beweis:
Für $t = x_i$ $(i=1,\ldots,n)$ ist nichts zu beweisen, da die rechte Seite in (2.32), aber auch die linke Seite wegen (2.31) verschwindet. Sei also im folgenden stets $t \neq x_i$ $(i=1,\ldots,n)$ fest gewählt. Wir definieren

$$w(x) = \prod_{i=1}^{n} (x - x_i) \qquad \text{(Polynom vom Grad } n \text{ in } x\text{)},$$

$$c = \frac{f(t) - p_{n-1}(t)}{w(t)} \qquad \text{(für festes } t \text{ konstant)},$$

$$g(x) = f(x) - p_{n-1}(x) - c\,w(x) \qquad \text{(Funktion von x)}.$$

Die Konstante c ist wegen $t \neq x_i$ wohldefiniert. Die Funktion $g(x)$ hat wenigstens die $n+1$ Nullstellen $x_1,\ldots,x_n$ und t. Nach dem Satz von ROLLE muß es zwischen je zwei Nullstellen von g eine Nullstelle von g' geben, d. h.

g' hat wenigstens n Nullstellen. Analog geschlossen hat g'' wenigstens $n-1$ Nullstellen usw., und schließlich hat $g^{(n)}$ wenigstens eine Nullstelle ξ. Alle auftretenden Nullstellen lagen in $[a,b]$, also auch $\xi \in [a,b]$. Es gilt

$$0 = g^{(n)}(\xi) = f^{(n)}(\xi) - p_{n-1}^{(n)}(\xi) - cw^{(n)}(\xi) .$$

In dieser Gleichung ist $p_{n-1}^{(n)}(\xi) = 0$, da p_{n-1} ein Polynom vom Grad $\leq n-1$ ist. Weiter ist, da $w(x) = x^n + \ldots$ (Ausdrücke vom Grad $\leq n-1$) gilt, $w^{(n)}(\xi) = n!$, weshalb sich

$$0 = f^{(n)}(\xi) - cn! = f^{(n)}(\xi) - \frac{n!\,[f(t) - p_{n-1}(t)]}{w(t)}$$

ergibt, was die Behauptung liefert, wenn man (2.31) einsetzt. □

Die Aussage (2.32) kann man nun auf verschiedene Art und Weise verwerten. Sollte $f^{(n)}$ wirklich bildbar und mit

$$M := \max_{x \in [a,b]} \left| f^{(n)}(x) \right| \tag{2.33}$$

betragsmäßig nach oben abschätzbar sein, so hat man

$$|e(t)| \leq \frac{1}{n!} M \prod_{i=1}^{n} |t - x_i| . \tag{2.34}$$

Jetzt kann man zu gegebenen $x_1, \ldots, x_n$ den Wert t oder zu gegebenem t die $x_1, \ldots, x_n$ noch so zu bestimmen versuchen, daß $\prod_{i=1}^{n} |t - x_i|$ möglichst klein wird. Eine sehr grobe Abschätzung wird wegen $|t - x_i| \leq b - a$ durch

$$|e(t)| \leq \frac{1}{n!} M (b-a)^n \tag{2.35}$$

geliefert. Für triviale Beispiele wie $f(x) = \cos x$ in $[0,1]$ und etwa $n = 10$ funktioniert die Abschätzung problemlos. Es ist $M = 1$ und $\prod_{i=1}^{n} |t - x_i| \leq 1$ für alle $t \in [0,1]$. Also gilt hier

$$|e(t)| = |\cos t - p_9(t)| \leq \frac{1}{10!} ,$$

was eine sehr gute Approximation durch Interpolation bedeutet. Es gibt aber auch andere Beispiele wie $f(x)=1/(1+25x^2)$, wo für äquidistante x_i $(i=1,\dots,n)$ in $[-1,1]$

$$\lim_{n\to\infty}\max_{t\in[-1,1]}|e(t)|=\infty$$

gilt. Wir verweisen auch auf die Sätze von WEIERSTRASS und FABER, die in der Analysis bzw. Approximationstheorie behandelt werden.

Da man M nach (2.33) i. a. nicht bestimmen kann, wollen wir noch ein pragmatisches Vorgehen zur Bestimmung einer Näherung für $e(t)$ schildern. Nach (2.22) und (2.26) gilt für eine variable Stelle t

$$f(t)=p_{n-1}(t)+f[x_1,\dots,x_n,t](t-x_1)\cdots(t-x_n)\ , \tag{2.36}$$

wobei p_{n-1} an den Stellen $x_1,\dots,x_n$ die Funktion f interpoliert. Somit ist nach (2.31)

$$e(t)=f(t)-p_{n-1}(t)=f[x_1,\dots,x_n,t](t-x_1)\cdots(t-x_n)\ . \tag{2.37}$$

Da t variabel ist, also die dividierte Differenz $f[x_1,\dots,x_n,t]$ nicht explizit bestimmt werden kann, müssen wir diesen Wert approximieren. Dies erreichen wir, in dem wir eine weitere feste Interpolationsstelle x_{n+1} (möglichst nahe bei t) wählen und

$$f[x_1,\dots,x_n,t]\approx f[x_1,\dots,x_n,x_{n+1}] \tag{2.38}$$

als konstant unterstellen. Aus Stetigkeitsgründen ist dies gerechtfertigt, wenn die $(n+1)$-ten dividierten Differenzen nicht sehr stark variieren. Dann gilt wegen (2.37)

$$e(t)\approx f[x_1,\dots,x_n,x_{n+1}](t-x_1)\cdots(t-x_n)\ . \tag{2.39}$$

Es ist die rechte Seite aber gerade derjenige Ausdruck, der zu $p_{n-1}(t)$ addiert werden muß, um $p_n(t)$ zu erhalten. Hierbei interpoliert p_n an den Stellen $x_1,\dots,x_n,x_{n+1}$. Also gilt

$$e(t)\approx p_n(t)-p_{n-1}(t)\ . \tag{2.40}$$

Dies bedeutet, daß man eine Näherung für $e(t)$ erhalten kann, indem man für n Abszissen $x_1,\ldots,x_n$ und $n+1$ Abszissen $x_1,\ldots,x_n,x_{n+1}$ die Interpolationspolynome aufstellt, was der NEWTONschen Form sehr entgegen kommt, und deren Differenz an der Stelle t bildet.

Polynominterpolation in der Ebene bzw. im Raum durch Parametrisierung

Ist die bisherige Voraussetzung, daß die gegebenen Abszissen x_i paarweise verschieden sind, verletzt, so funktioniert die Interpolation durch Polynome in der beschriebenen Form nicht. Wir lassen jetzt Punkte $a_i = (x_i, y_i)$ in der Ebene zu, für die

$$x_i \neq x_{i+1} \text{ oder } y_i \neq y_{i+1} \, (i = 1,\ldots,n-1) \tag{2.41}$$

gilt. Dies schließt nicht aus, daß Punkte mehrfach auftreten. Die Interpolationskurven dürfen sich auch überschneiden. Eine Funktionsdarstellung ist dann nicht mehr möglich, es ist eine sogenannte *parametrische Darstellung* erforderlich. Es werden Parameter

$$u_1 < u_2 < \ldots < u_n \tag{2.42}$$

gewählt und mit den bisherigen Verfahren zwei Interpolationspolynom p_{n-1} und q_{n-1} mit

$$p_{n-1}(u_i) = x_i,\ q_{n-1}(u_i) = y_i \quad (i = 1,\ldots,n) \tag{2.43}$$

bestimmt. Die Kurvenpunkte sind dann durch

$$(p_{n-1}(v),\ q_{n-1}(v)),\ v \in [u_1, u_n] \tag{2.44}$$

bestimmt.

Das Aussehen der Kurve wird entscheidend durch die *Parametrisierung* (2.42) bestimmt. Gewöhnlich wählt man für die u_i die akkumulierte Länge des Polygonzugs von (x_1,y_1) nach (x_i,y_i) über $(x_2,y_2),\ldots(x_{i-1},y_{i-1})$, d. h.

$$u_1 = 0,\ u_{i+1} = u_i + d_i \quad (i = 1,\ldots,n-1)\ , \tag{2.45}$$

wobei

$$d_i = \sqrt{(x_{i+1} - x_i)^2 + (y_{i+1} - y_i)^2}$$

die euklidischen, wegen (2.41) von Null verschiedenen Abstände von a_i und a_{i+1} sind. Besser funktioniert meistens

$$u_1 = 0,\ u_{i+1} = u_i + \sqrt{d_i}\ . \tag{2.46}$$

Für Polynominterpolierende im Raum durch Punkte $a_i = (x_i, y_i, z_i)$ mit

$$x_i \neq x_{i+1} \text{ oder } y_i \neq y_{i+1} \text{ oder } z_i \neq z_{i+1} \tag{2.47}$$

läßt sich das Verfahren einfach übertragen, indem

$$d_i = \sqrt{(x_{i+1} - x_i)^2 + (y_{i+1} - y_i)^2 + (z_{i+1} - z_i)^2}$$

gesetzt und eine dritte Polynominterpolierende r_{n-1} mit $r_{n-1}(u_i) = z_i$ hinzugenommen wird.

Polynomkurven in der Ebene bzw. im Raum mittels Kontrollpunkten

Hier werden nicht zu interpolierende Punkte $a_i \in \mathbb{R}^2$ bzw. $a_i \in \mathbb{R}^3$ sondern sogenannte *Kontrollpunkte* $b_i \in \mathbb{R}^2$ bzw. $b_i \in \mathbb{R}^3\,(i = 0,\ldots,n)$ vorgegeben, die (außer für $i = 0$ und $i = n$) i. a. nicht auf der Kurve liegen, sondern deren Gestalt sozusagen von außerhalb kontrollieren. (Es hat nur formale Gründe, daß wir in diesem Abschnitt von $i = 0,\ldots,n$ statt wie früher und später wieder von $i = 1,\ldots,n$ numerieren.)

Betrachten wir erst den Fall $n = 2$. Wenn wir für $t \in \mathbb{R}$

$$\begin{aligned} b_0^1(t) &= (1-t)b_0 + tb_1 \\ b_1^1(t) &= (1-t)b_1 + tb_2 \end{aligned} \tag{2.48}$$

und anschließend

$$b_0^2(t) = (1-t)b_0^1(t) + tb_1^1(t) \tag{2.49}$$

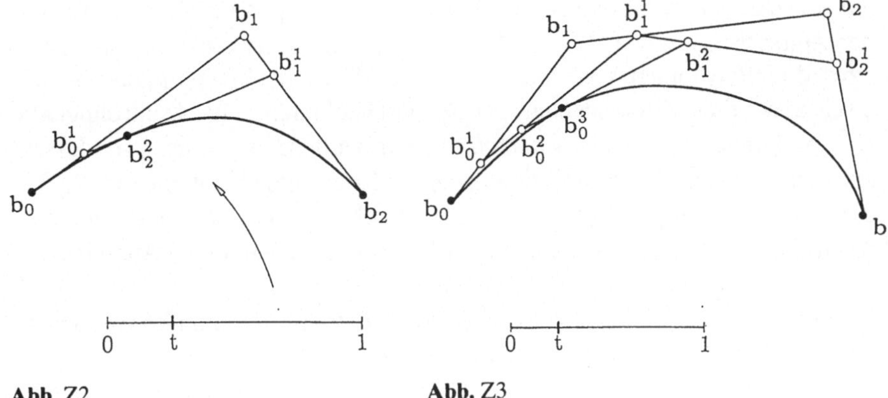

Abb. Z2

Abb. Z3

setzen (siehe Abbildung Z2), so erhalten wir mit

$$b_0^2(t) = (1-t)^2 b_0 + 2t(1-t)b_1 + t^2 b_2 \tag{2.50}$$

offenbar eine Parabel

$$b^2 = b_0^2(t)\ , \tag{2.51}$$

die durch $b_0(t=0)$ und $b_2(t=1)$ verläuft und für $0<t<1$ zwischen diesen beiden Punkten verläuft. Sie liegt sogar innerhalb des von b_0, b_1 und b_2 aufgespannten Dreiecks, da für $0 \le t \le 1$ (2.49) eine Konvexkombination der beiden Konvexkombinationen (2.48) ist.

Für $n>2$ liegen die Punkte $b_0,\ldots,b_n \in \mathbb{R}^3$ nicht wie für $n=2$ oder $b_0,\ldots,b_n \in \mathbb{R}^2$ in einer Ebene. Trotzdem können wir die für $n=2$ beschriebene *iterierte lineare Interpolation* verallgemeinern (siehe Abb. Z3 für $n=3$). Wir setzen

$$b_i^0(t) = b_i\ (i=0,\ldots,n) \tag{2.52}$$

und

$$b_i^r(t) = (1-t)b_i^{r-1}(t) + t b_{i+1}^{r-1}(t)\ (r=1,\ldots,n;\ i=0,\ldots,n-r)\ . \tag{2.53}$$

Dann heißt

$$b^n = b_0^n(t) \tag{2.54}$$

die *BEZIER-Kurve* zu den Kontrollpunkten $b_0,\ldots,b_n$ und (2.52), (2.53) heißt der *Algorithmus von CASTELJAU*. Die BEZIER-Kurve besteht aus zwei bzw. drei Polynomen vom Grad n, der CASTELJAU-Algorithmus ist für zwei bzw. drei Komponenten der b_i durchzuführen. Die Kontrollpunkte $b_0,\ldots,b_n$ können zu einem *Kontrollpolygon* verbunden werden, in dessen konvexer Hülle nach Konstruktion (stets nur Konvexkombinationen in (2.53)) die BEZIER-Kurve liegt. Sie geht durch b_0 und b_n, die anderen Kontrollpunkte liegen i. a. nicht auf der Kurve und steuern deren Aussehen.

Bevor wir uns Beispiele im $\mathbb{R}^2$ ansehen, wollen wir (2.52) und (2.53) effizient implementieren. Für festes t kann z. B. für $n=3$

$$\begin{aligned} b_0^1 &= (1-t)b_0 + tb_1 =: b_0\,, \\ b_1^1 &= (1-t)b_1 + tb_2 =: b_1\,, \\ b_2^1 &= (1-t)b_2 + tb_3 =: b_2\,, \end{aligned}$$

dann

$$\begin{aligned} b_0^2 &= (1-t)b_0^1 + tb_1^1 = (1-t)b_0 + tb_1 =: b_0\,, \\ b_1^2 &= (1-t)b_1^1 + tb_2^1 = (1-t)b_1 + tb_2 =: b_1 \end{aligned}$$

und schließlich

$$b_0^3 = (1-t)b_0^2 + tb_1^2 = (1-t)b_0 + tb_1 =: b_0 = b^3$$

gesetzt werden. Man kann also die Kontrollpunkte überspeichern und kommt so mit je einem Feld für die zwei bzw. drei Komponenten von b^3 aus. Für beliebige n funktioniert dies analog und ist so für irgendeine Komponente B(0:N) von $b_i\,(i=0,\ldots,n)$ in der Subroutine CASTEL aus Abb. U9 implementiert. Nach dem Aufruf enthält C den Wert der gerade bearbeiteten

```
      SUBROUTINE CASTEL (N,B,T,C)
      REAL B(0:N)
      T1=1.0-T
      DO 20 J=1,N
         DO 10 I=0,N-J
            B(I)=B(I)*T1+B(I+1)*T
10       CONTINUE
20    CONTINUE
      C=B(0)
      RETURN
      END
```

Abb. U9 CASTEL

Komponente von b^n an der Stelle $T=t$. Für $b_i \in \mathbb{R}^2$ sehen wir einige Beispiele in den Abbildungen Z4 bis Z7. Man muß die $b_i(i=1,\ldots,n-1)$ so lange variieren, bis die Gesamtkurve den Vorstellungen entspricht.

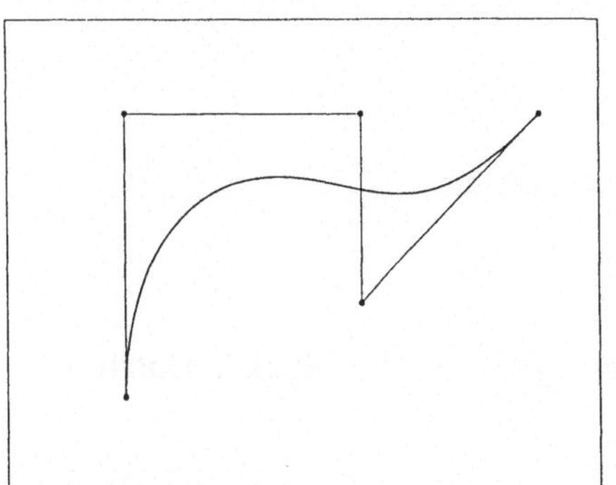

Abb. Z4

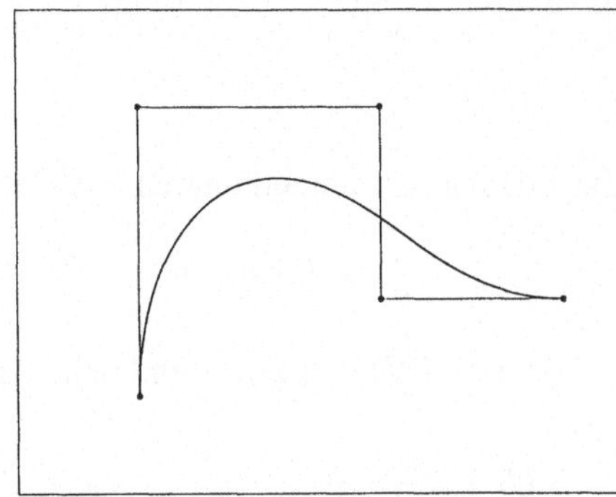

Abb. Z5

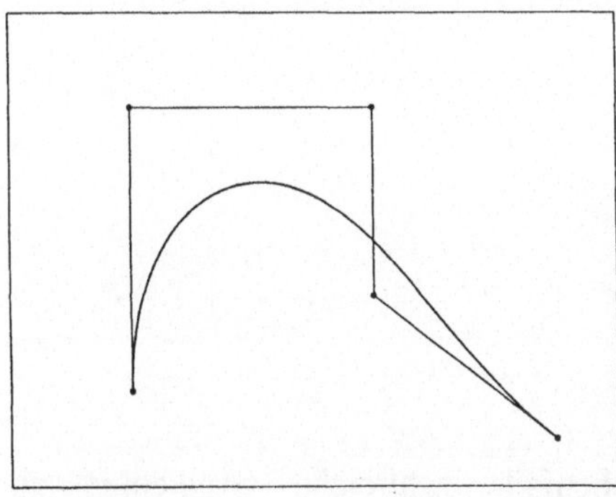

Abb. Z6

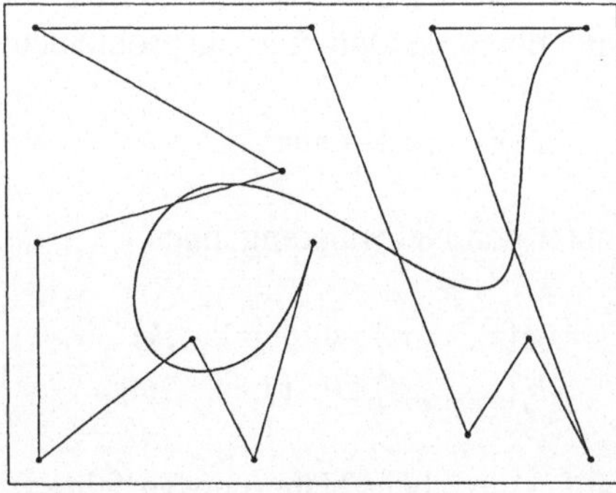

Abb. Z7

3. Numerische Differentiation

Zur Lösung eines nichtlinearen Gleichungssystems

$$f_i(x_1,\ldots,x_n)=0 \quad (i=1,\ldots,n)$$

mit dem *NEWTON-Verfahren* (siehe Kapitel 8) wird die *JACOBI-Matrix*

$$\left(\frac{\partial f_i}{\partial x_j}\right)_{i,j=1,\ldots,n}$$

bei jeder Iteration für neue Argumente benötigt. Im Fall $n=100$ wären $n^2=10000$ partielle Ableitungen zu berechnen. Eine ähnliche Situation tritt bei nichtlinearen Optimierungsproblemen

$$F(x_1,\ldots,x_n)\rightarrow \min$$

unter den Nebenbedingungen

$$\begin{aligned} &g_i(x_1,\ldots,x_n)=0 \quad (i=1,\ldots,k) \\ &h_j(x_1,\ldots,x_n)\leq 0 \quad (j=1,\ldots,m) \end{aligned}$$

auf, wo bei Näherungsverfahren ebenfalls zahlreiche Gradienten zu bestimmen sind. Für größere *n* wird man nicht per Hand differenzieren, sondern entweder ein *Formelmanipulationssystem* wie z. B. *MAPLE* zur analytischen Berechnung der partiellen Ableitungen einsetzen oder diese durch Differenzenquotienten ersetzen. In beiden Fällen werden auch bei der Handrechnung mögliche Differentiationsfehler, die i. a. zur Divergenz eines Iterationsverfahren führen, vermieden.

Bei gewöhnlichen Differentialgleichungen der Form

$$y''=f(x,y,y'),\quad y(a)=\alpha,\quad y'(a)=\beta,$$

die sich nicht geschlossen lösen lassen (siehe Kapitel 10), kann die gesuchte Funktion z. B. an äquidistanten Abszissen $a+(i-1)h$ $(i=1,\ldots,n)$ näherungsweise berechnet werden, indem y'' und y' an diesen Abszissen durch y-Werte approximiert wird und anschließend ein lineares bzw. nichtlineares Gleichungssystem gelöst wird.

Auch wenn für eine Funktion kein analytischer Ausdruck vorliegt oder wenn sie nur an wenigen Stellen bekannt oder (z. B. aus Gründen der Rechenzeit) berechenbar ist, muß bei Bedarf versucht werden, Werte für ihre Ableitungen daraus zu schätzen.

Hilfsmittel TAYLOR-Reihenentwicklung

Im folgenden benötigen wir die *TAYLORsche Formel*, die besagt: Ist eine Funktion f n-mal stetig differenzierbar im geschlossenen Intervall $[a,b]$ und $(n+1)$-mal differenzierbar im offenen Intervall (a,b), dann gibt es für jedes $x_0 \in [a,b]$ und jedes $x \in [a,b]$ ein $\xi = \xi(x)$ mit $x_0 < \xi < x$ bzw. $x < \xi < x_0$ derart, daß gilt:

$$f(x) = \sum_{k=0}^{n} \frac{f^{(k)}(x_0)}{k!}(x-x_0)^k + \frac{f^{(n+1)}(\xi)}{(n+1)!}(x-x_0)^{n+1} . \tag{3.1}$$

Für $n=0$, $x_0=a$ und $x=b$ ergibt sich der Mittelwertsatz: Ist f stetig in $[a,b]$ und differenzierbar in (a,b), so gibt es ein ξ mit

$$f(b) = f(a) + f'(\xi)(b-a) . \tag{3.2}$$

Setzt man $a=x$, $b=x+h$ und wählt in (3.1) für x den Wert $x+h$ und für x_0 den Wert x, so ergibt sich

$$f(x+h) = \sum_{k=0}^{n} \frac{f^{(k)}(x)}{k!} h^k + E_{n+1} \tag{3.3}$$

mit dem *Abbruchfehler*

$$E_{n+1} = \frac{f^{(n+1)}(\xi)}{(n+1)!} h^{n+1} , \tag{3.4}$$

wobei $x < \xi < x+h$ für $h>0$ bzw. $x+h < \xi < x$ für $h<0$. Um auszudrücken, daß E_{n+1} mit derselben Geschwindigkeit wie h^{n+1} für $h \to 0$ gegen Null geht, schreiben wir auch

$$E_{n+1} = O(h^{n+1}),$$

und meinen damit, daß eine Konstante C existiert mit

$$|E_{n+1}| \leq C|h|^{n+1}.$$

Will man die erste Ableitung in einem Wert x schätzen, so kann man, falls die Voraussetzung für f erfüllt ist, die Formel (3.3) für $n=1$ benutzen und erhält

$$f(x+h) = f(x) + hf'(x) + \frac{h^2}{2} f''(\xi)$$

und somit

$$f'(x) = \frac{f(x+h) - f(x)}{h} - \frac{h}{2} f''(\xi) \;. \tag{3.5}$$

Dies ist eine Näherung mit dem Abbruchfehler in der Größenordnung $O(h)$. Eine genauere Formel erhält man, wenn man in (3.3) $n=2$ wählt, die Gültigkeit der Voraussetzungen für f im Intervall $[x-h, x+h]$ unterstellt und (3.3) einmal für h und dann für $-h$ aufschreibt. Es ergibt sich

$$f(x+h) = f(x) + hf'(x) + \frac{h^2}{2} f''(x) + \frac{h^3}{6} f'''(\xi_1),$$
$$f(x-h) = f(x) - hf'(x) + \frac{h^2}{2} f''(x) - \frac{h^3}{6} f'''(\xi_2),$$

mit $x-h < \xi_1, \xi_2 < x+h$. Subtrahiert man die beiden Gleichungen, so fällt der Ausdruck mit $f''(x)$ weg und man hat

$$f'(x) = \frac{f(x+h) - f(x-h)}{2h} - E \tag{3.6}$$

mit

$$E = \frac{h^2}{12}\left(f'''(\xi_1) + f'''(\xi_2)\right). \tag{3.7}$$

Der Abbruchfehler ist jetzt $O(h^2)$. Durch folgende Überlegung kann (3.7) noch vereinfacht werden, falls f''' im abgeschlossenen Intervall $[x-h,x+h]$ gegenüber obigen Voraussetzungen zusätzlich stetig ist. Die dritte Ableitung nimmt im abgeschlossenen Intervall dann ein Maximum M und ein Minimum m an. Die Werte $f'''(\xi_1), f'''(\xi_2)$ und $c := (f'''(\xi_1)+f'''(\xi_2))/2$ liegen im Intervall $[m,M]$. Wegen der Stetigkeit von f''' wird der Wert c nach dem Zwischenwertsatz in einem Punkt $\xi \in [x-h,x+h]$ angenommen, weshalb (3.7) dann in der Form

$$E = \frac{h^2}{6} f'''(\xi) \tag{3.8}$$

geschrieben werden kann.

Für eine Näherung für die zweite Ableitung wählen wir $n=3$ und wieder das Intervall $[x-h,x+h]$. Es ist

$$\begin{aligned} f(x+h) &= f(x)+hf'(x)+\frac{h^2}{2}f''(x)+\frac{h^2}{6}f'''(x)+\frac{h^4}{24}f^{\text{IV}}(\xi_1), \\ f(x-h) &= f(x)-hf'(x)+\frac{h^2}{2}f''(x)-\frac{h^3}{6}f'''(x)+\frac{h^4}{24}f^{\text{IV}}(\xi_2). \end{aligned} \tag{3.9}$$

Addiert man die beiden Gleichungen, so erhält man

$$f''(x) = \frac{f(x+h)-2f(x)+f(x-h)}{h^2} - \frac{h^2}{12}f^{\text{IV}}(\xi) \tag{3.10}$$

mit einem Fehler der Ordnung $O(h^2)$. Für f muß hier die viermalige stetige Differenzierbarkeit in $[x-h,x+h]$ vorausgesetzt werden.

In den Formeln (3.5), (3.6) und (3.10) ist zu beachten, daß für kleinere Werte von h, die für höhere Genauigkeit erforderlich sind, in den Zählern Differenzen von dann nahezu gleichgroßen Zahlen stehen, was dann einen *Auslöschungseffekt* bedeutet. Mit kleiner werdenden h nimmt also der Approximationsfehler ab und der Auslöschungsfehler zu. Für einen möglichst kleinen Gesamtfehler wird man also h nicht zu groß, aber auch nicht zu klein wählen dürfen. Da der Auslöschungsfehler i. a. nicht gesetzmäßig erfaßt werden kann, ist man häufig auf Ausprobieren angewiesen.

Hat man empirische Daten $f(x-h), f(x), f(x+h)$ mit eventuell unterschiedlicher Genauigkeit vorliegen, so ist bei den Formeln (3.6) und (3.10) zu beachten, daß diese für $h \to 0$ mit dem großen Faktor $1/(2h)$ multipliziert und die Fehler damit vergrößert werden.

Hilfsmittel Polynominterpolation

Im allgemeinen wird man mit den Approximationen (3.6) und (3.10) für $f'(x)$ und $f''(x)$ auskommen. Benötigt man hierfür aber Formeln mit kleineren Abbruchfehlern oder will man höhere Ableitungen berechnen, so funktioniert das praktizierte Vorgehen mit verschiedenen TAYLOR-Reihenentwicklungen nicht mehr so evident. Will man z. B. durch Subtraktion der beiden Gleichungen (3.9) die dritte Ableitung schätzen, so ergibt sich

$$f'''(x) = \frac{3}{h^3}\left[f(x+h) - f(x-h) + 2hf'(x) + \frac{h^4}{24}\left(f^{\text{IV}}(\xi_1) - f^{\text{IV}}(\xi_2)\right)\right]$$

Hier tritt einerseits die ebenfalls unbekannte erste Ableitung links auf, und andererseits kann man wegen des negativen Vorzeichens bei $f(\xi_2)$ nicht mehr wie bei (3.8) und (3.10) auf eine Darstellung des Fehlerterms mit einem ξ kommen.

In solchen Fällen kann man die LAGRANGEsche oder die NEWTONsche Form (2.14) oder (2.24) des Interpolationspolynoms p_{n-1} zugrundelegen. Wegen (2.31) und (2.32) gilt

$$f(x) = p_{n-1}(x) + e(x)\,,$$

also mit der Abkürzung

$$w(x) = \prod_{i=1}^{n}(x - x_i) \tag{3.11}$$

entweder

$$f(x) = \sum_{i=1}^{n} f(x_i)L_i(x) + \frac{1}{n!}f^{(n)}(\xi)w(x) \tag{3.12}$$

oder

$$f(x) = a_1 + \sum_{i=2}^{n} a_i \prod_{\ell=1}^{i-1} (x - x_\ell) + \frac{1}{n!} f^{(n)}(\xi) w(x) \tag{3.13}$$

mit

$$a_i = f[x_1, \ldots, x_i] .$$

Im Fall (3.12) wird z. B. für die erste Ableitung

$$f'(x) = \sum_{i=1}^{n} f(x_i) L'_i(x) + \frac{1}{n!} f^{(n)}(\xi(x)) w'(x) + \frac{1}{n!} w(x) \frac{d}{dx} f^{(n)}(\xi(x)) . \tag{3.14}$$

Den dritten Term auf der linken Seite kann man nicht weiter untersuchen, da die Funktion $\xi = \xi(x)$ i. a. nicht bekannt ist. Er verschwindet jedoch für den gerade interessanten Fall $x = x_j$ $(j = 1, \ldots, n)$ wegen (3.11). Bedenkt man

$$w'(x) = \sum_{i=1}^{n} \prod_{\substack{k=1 \\ k \neq i}}^{n} (x - x_k)$$

und somit

$$w'(x_j) = \prod_{\substack{k=1 \\ k \neq j}}^{n} (x_j - x_k) , \tag{3.15}$$

so wird aus (3.14)

$$f'(x_j) = \sum_{i=1}^{n} f(x_i) L'_i(x_j) + \frac{w'(x_j)}{n!} f^{(n)}(\xi) . \tag{3.16}$$

Für ein spezielles $x = x_j$ muß man also die Zahlenwerte $L'_i(x_j)$ $(i = 1, \ldots, n)$ und $w'(x_j)$ nach (3.15) berechnen, um eine Schätzung für $f'(x_j)$ samt Abbruchfehler konkret zu erhalten.

Prinzipiell ähnlich funktioniert dies mit der Darstellung (3.13). Es ist

$$f'(x) = \sum_{i=2}^{n} a_i \sum_{\ell=1}^{i-1} \prod_{\substack{k=1 \\ k \neq \ell}}^{i-1} (x - x_k) + e'(x) ,$$

wobei $e'(x)$ die beiden letzten Terme in (3.14) umfaßt. Für $x = x_j$ $(j = 1,\dots,n)$ ergibt sich somit

$$f'(x_j) = \sum_{i=2}^{n} a_i v_{ij} + \frac{w'(x_j)}{n!} f^{(n)}(\xi) \tag{3.17}$$

mit

$$v_{ij} = \sum_{\ell=1}^{i-1} \prod_{\substack{k=1 \\ k \neq \ell}}^{i-1} (x_j - x_k) = \prod_{\substack{k=1 \\ k \neq j}}^{i-1} (x_j - x_k). \tag{3.18}$$

Stellt man z. B. für $n = 4$ das NEWTONsche Interpolationspolynom für x_1, x_2, x_3, x_4 auf und differenziert dieses, so hat man

$$\begin{aligned} p'_3(x) = {} & f[x_1, x_2] + f[x_1, x_2, x_3](2x - x_1 - x_2) \\ & + f[x_1, x_2, x_3, x_4][(x - x_2)(x - x_3) + (x - x_1)(x - x_3) + (x - x_1)(x - x_2)] \end{aligned} \tag{3.19}$$

Setzt man speziell

$$x_1 = x - h,\ x_2 = x + h,\ x_3 = x - 2h,\ x_4 = x + 2h,$$

so ergibt sich auf diese Weise

$$f'(x) \approx \frac{f(x+h) - f(x-h)}{2h} - \frac{f(x+2h) - 2f(x+h) + 2f(x+h) - f(x-2h)}{12h}, \tag{3.20}$$

wobei aber der Fehlerterm nicht weiter bestimmt werden kann, da $x \neq x_j$ $(j = 1,\dots,4)$ gilt. Man kann sich den zweiten Summanden in (3.20) als Korrekturglied zu (3.6) vorstellen und höhere Genauigkeit erwarten. Will man $f'(x+h)$ approximieren, so ergibt sich nach (3.15)

$$w'(x+h) = (x_2 - x_1)(x_2 - x_3)(x_2 - x_4) = -6h^3$$

und somit die Formel

$$f'(x+h) = p'_3(x+h) - \frac{1}{4} h^3 f^{\text{iv}}(\xi), \tag{3.21}$$

wobei man $p'_3(x+h)$ noch explizit nach (3.19) bestimmen müßte. Der Approximationsfehler ist von der Ordnung $O(h^3)$. Im allgemeinen ist es allerdings sinnvoller, symmetrische Formeln wie (3.20) anzustreben.

RICHARDSON-Extrapolation

Wir kommen nochmals auf die Formel (3.6) zurück und wollen zunächst das dortige E für unendlich oft differenzierbares f untersuchen. Es ist

$$f(x+h)=\sum_{k=0}^{\infty}\frac{1}{k!}h^k f^{(k)}(x),$$
$$f(x-h)=\sum_{k=0}^{\infty}\frac{1}{k!}(-1)^k h^k f^{(k)}(x).$$

Durch Subtraktion dieser beiden Gleichungen und Auflösen nach dem gesuchten $f'(x)$ ergibt sich

$$f'(x)=\frac{f(x+h)-f(x-h)}{2h}-\left[\frac{1}{3!}h^2 f^{(3)}(x)+\frac{1}{5!}h^4 f^{(5)}(x)+\ldots\right]. \tag{3.22}$$

Diese Beziehung hat die Form

$$L=B_1(h)+a_2h^2+a_4h^4+a_6h^6+\ldots \tag{3.23}$$

worin

$$L=f'(x), \tag{3.24}$$
$$B_1(h)=\frac{f(x+h)-f(x-h)}{2h} \tag{3.25}$$

ist und die Koeffizienten a_{2k} von f und x, aber nicht von h abhängen.

Ersetzt man nun in (3.23) h durch $h/2$, so ergibt sich

$$L=B_1\left(\frac{h}{2}\right)+\frac{a_2}{4}h^2+\frac{a_4}{16}h^4+\frac{a_6}{64}h^6+\ldots. \tag{3.26}$$

Multipliziert man (3.26) mit 4, zieht davon die Gleichung (3.23) ab und dividiert das Ergebnis durch 3, so ergibt sich

$$L = \frac{1}{3}\left[4B_1\left(\frac{h}{2}\right) - B_1(h)\right] - \frac{1}{4}a_4h^4 - \frac{5}{16}a_6h^6 - \dots \; . \tag{3.27}$$

Diese Beziehung zeigt, daß man durch eine geeignete Linearkombination von $B_1(h)$ und $B_1\left(\frac{h}{2}\right)$, die beide die Genauigkeit $O(h^2)$ haben, plötzlich einen Ausdruck

$$L = B_2(h) + O(h^4)$$

mit

$$B_2(h) = \frac{1}{3}\left[4B_1\left(\frac{h}{2}\right) - B_1(h)\right].$$

Nun gilt nach (3.27)

$$L = B_2(h) + b_4h^4 + b_6h^6 + \dots,$$

wobei die b_{2k} aus den a_{2k} durch Multiplikation mit k-abhängigen Konstanten hervorgehen. Somit wird

$$L = B_2\left(\frac{h}{2}\right) + \frac{b_4}{16}h^4 + \frac{b_6}{64}h^6 + \dots$$

Multipliziert man die letzte Gleichung mit 16, subtrahiert davon die vorletzte und dividiert durch 15, so ergibt sich

$$L = B_3(h) + O(h^6)$$

mit

$$B_3(h) = \frac{1}{15}\left[16B_2\left(\frac{h}{2}\right) - B_2(h)\right].$$

So kann man endlich oft fortfahren und erhält Zahlen $D(i,i) = B_i(h)$ $(i = 1,\dots,N)$. Dann kann man das Verfahren mit $h/2$ wiederholen und erhält Zahlen

$D(i,i-1)=B_{i-1}\left(\frac{h}{2}\right)$ $(i=2,\ldots,N)$, dann mit $h/4$ mit dem Ergebnis $D(i,i-2)=B_{i-2}\left(\frac{h}{4}\right)$ $(i=3,\ldots,N)$, usw., bis schließlich $D(N,1)=B_1\left(\frac{h}{2^{N-1}}\right)$ vorliegt. Dabei werden zur Berechnung von $B_i\left(\frac{h}{2^{j-1}}\right)$ $(j=1,\ldots,N;\ i=j,\ldots,N)$ stets die Werte $B_{i-1}\left(\frac{h}{2^{j-2}}\right)$ und $B_{i-1}\left(\frac{h}{2^{j-1}}\right)$ benötigt. Es ergibt sich eine Dreiecksmatrix

$$\begin{array}{lllll} D(1,1) & & & & \\ D(2,1) & D(2,2) & & & \\ D(3,1) & D(3,2) & D(3,3) & & \\ \vdots & \vdots & \vdots & \ddots & \\ D(N,1) & D(N,2) & D(N,3) & \cdots & D(N,N) \end{array} \tag{3.28}$$

Im folgenden Algorithmus werden ihre Elemente nicht wie soeben beschrieben diagonal, sondern zeilenweise mit Hilfe einer Rekursionsformel erzeugt.

Zunächst wähle man h und ein geeignetes N und berechne die Zahlen

$$D(i,1)=B_1\left(\frac{h}{2^{i-1}}\right)\ (i=1,\ldots,N) \tag{3.29}$$

der ersten Spalte in (3.28) nach (3.25). Es gilt

$$D(i,1)=L+\sum_{k=1}^{\infty}A(k,1)\left(\frac{h}{2^{i-1}}\right)^{2k} \tag{3.30}$$

mit

$$A(k,1)=-a_{2k} \tag{3.31}$$

aus (3.23). Die Größen $D(i,1)$ ergeben erste Näherungen mit $O(h^2)$ für den gesuchten Wert $f'(x)=\lim_{h\to 0}B_1(h)$. Genauere Größen werden duch die gerade erläuterte *RICHARDSON-Extrapolation* für hinreichend oft differenzierbares f durch

$$D(i,j+1)=\frac{4^j}{4^j-1}D(i,j)-\frac{1}{4^j-1}D(i-1,j)\ (i=2,\ldots,N;\ j=1,\ldots,i-1) \tag{3.32}$$

erhalten. Genauer gilt der

Satz 4: Die mit den Startwerten (3.29) rekursiv gemäß (3.32) definierten Größen $D(i,j)$ genügen einer Entwicklung

$$D(i,j)=L+\sum_{k=j}^{\infty}A(k,j)\left(\frac{h}{2^{i-1}}\right)^{2k} \quad (j=1,\ldots,i)\,, \tag{3.33}$$

was bedeutet, daß L durch $D(i,j)$ mit einem Fehler der Ordnung $O(h^{2j})$ approximiert wird. (Für festes j stehen die $D(i,j)$ in den Spalten von (3.28).) Dabei werden die $A(k,j)$ im Beweis definiert und hängen nicht von h ab. Wegen (3.30) und (3.33) konvergieren alle $D(i,j)$ $(i=1,\ldots,N;\ j=1,\ldots,i)$ für $h\to 0$ gegen $f'(x)$.

Beweis:

Wegen (3.30) ist die Behauptung (3.33) wahr für $j=1$. Nehmen wir an, daß (3.33) für ein festes j gilt und zeigen die Gültigkeit auch für $j+1$. Wegen der Induktionsannahme ist dann nach (3.32)

$$\begin{aligned}D(i,j+1)&=\frac{4^j}{4^j-1}\left[L+\sum_{k=1}^{\infty}A(k,j)\left(\frac{h}{2^{i-1}}\right)^{2k}\right]-\frac{1}{4^j-1}\left[L+\sum_{k=j}^{\infty}A(k,j)\left(\frac{h}{2^{i-2}}\right)^{2k}\right]\\&=L+\sum_{k=j}^{\infty}\frac{4^j-4^k}{4^j-1}A(k,j)\left(\frac{h}{2^{i-1}}\right)^{2k}.\end{aligned} \tag{3.34}$$

Definieren wir also

$$A(k,j+1)=\frac{4^j-4^k}{4^j-1}A(k,j)$$

und beachten

$$A(j,j+1)=0\,,$$

so kann (3.34) in der behaupteten Form

$$D(i,j+1)=L+\sum_{k=j+1}^{\infty}A(k,j+1)\left(\frac{h}{2^{i-1}}\right)^{2k}$$

geschrieben werden. □

Bei der Implementation der RICHARDSON-Extrapolation benutzt man besser die zu (3.32) algebraisch äquivalente Form

$$D(i,j+1) = D(i,j) + \frac{1}{4^j - 1}\left[D(i,j) - D(i-1,j)\right] \; (i = 2,\ldots,N;\; j = 1,\ldots,i-1) \text{ ,(3.35)}$$

da hierin zu den $D(i,j)$ kleine Korrekturen addiert werden. In (3.35) erkennt man im zweiten Term auch die Gefahr eines Auslöschungsfehlers, da $D(i,j)$ und $D(i-1,j)$ beide einen Fehler der Ordnung $0(h^{2j})$ haben und nahezu gleich groß werden können. Deshalb darf die Zahl N nicht zu groß gewählt werden, aber wegen der gewünschten Genauigkeit auch nicht zu klein. N muß zu h in einem vernünftigen Verhältnis gewählt werden. Wie schon früher begründet, muß man verschiedene h und N ausprobieren, was nicht ganz befriedigend ist. Sicher kann man für ein gewähltes N abbrechen, wenn ein i gefunden ist, für das

$$|D(i,i) - D(i-1,i-1)| \leq \varepsilon |D(i,i)| \; (i \geq 1) \tag{3.36}$$

ist, wobei ε=EPS geeignet zu wählen ist. In der Subroutine DERIV aus Abb. U10 ist das Verfahren unter Verwendung von (3.29), (3.25), (3.35) und (3.36) implementiert. Man beachte, daß für I=1 die DO 10 J=1, I-1 Schleife wunschgemäß nicht durchgeführt und somit nur (3.29) erzeugt wird. Ist (3.36) erfüllt, so wird das vorgegebene N durch i ersetzt. Ein Beispiel ist in

```
      SUBROUTINE DERIV(F,X,H,D,NDIM,N,EPS)
      DIMENSION D(NDIM,N)
      DO 20 I=1,N
         D(I,1)=(F(X+H)-F(X-H))/(2.0*H)
         Q=4.0
         I1=I-1
         DO 10 J=1,I1
            D(I,J+1)=D(I,J)+(D(I,J)-D(I1,J))/(Q-1.0)
            Q=4.0*Q
10       CONTINUE
         IF((I.GT.1).AND.
     *      (ABS(D(I,I)-D(I1,I1)).LE.EPS*ABS(D(I,I)))) THEN
            N=I
            RETURN
         END IF
         H=H/2.0
20    CONTINUE
      RETURN
      END
```

Abb. U10 DERIV

Abb. B4 zu finden. Für wenig schönere bzw. nicht so oft differenzierbare Funktionen oder für zu großes N können die Ergebnisse weniger schön aussehen.

```
Funktion: f(x)=sin(x)

auszuwertende Stelle: x=Pi/3.0

Schrittweite: h=1.0

vorgegebene Genauigkeit: EPS=1.E-4

exakter Wert: f'(Pi/3.0)=0.5

Abbruch nach 4 Iterationen


0.4207355E+00

0.4794255E+00 0.4989889E+00

0.4948079E+00 0.4999354E+00 0.4999985E+00

0.4986989E+00 0.4999960E+00 0.5000000E+00 0.5000000E+00
```

Abb. B4

4. Numerische Integration

Wenn zu einer formelmäßig gegebenen - setzen wir voraus - stetigen Funktion f ein unbestimmtes Integral gesucht wird, so ist dies eine Stammfunktion F mit $F' = f$, die mit

$$F = \int f(x)dx$$

bezeichnet wird. Mit F ist auch $F + c$ eine Stammfunktion, wobei c eine beliebige Konstante ist. Hat man eine Stammfunktion, so kann man bestimmte Integrale vermöge

$$\int_a^b f(x)dx = F(b) - F(a)$$

errechnen.

Die Numerik beschäftigt sich mit Fällen, wo eine analytische Stammfunktion nachweislich nicht existiert wie z. B. für $f(x) = e^{-x^2}$, wo

$$F(x) = \sum_{k=0}^{\infty} \frac{(-1)^k}{(2k+1)k!} x^{2k+1}$$

ist, oder die Existenz nicht entschieden werden kann. Ein Formelmanipulationssystem wie z. B. *MAPLE* liefert entweder eine Stammfunktion oder die Information, daß es keine finden kann, was nicht bedeutet, daß es keine gibt.

Um das bestimmte Integral

$$\int_a^b f(x)dx$$

oder den Wert

$$F(x) = \int_a^x f(t)dt$$

einer Stammfunktion für verschiedene x-Werte numerisch zu berechnen, ersetzt man f durch eine leicht zu integrierende Funktion g mit $f \approx g$ und setzt

$$\int_a^b f(x)dx = \int_a^b g(x)dx + E\ ,$$

wobei der Fehler E anzugeben ist. Idealerweise wählt man für g ein leicht zu integrierendes Polynom, das f an geeigneten Stellen $x_1,\ldots,x_n \in [a,b]$ interpoliert.

Vor Anwendung eines solchen oder ähnlichen Verfahrens sind unter Umständen einige Tricks anzuwenden. Hat man unendliche Integrationsgrenzen wie z. B. bei

$$\int_0^\infty e^{-x^2} dx$$

vorliegen, so teilt man auf in

$$\int_0^\infty e^{-x^2} dx = \int_0^c e^{-x^2} dx + \int_c^\infty e^{-x^2} dx$$

und wählt c so, daß der zweite Term rechts genügend klein ist. Manchmal kann man mittels geeigneter Substition unendliche Intervalle auf endliche transformieren, wie sie in der Numerik erforderlich sind. Z. B. ist

$$\int_1^\infty \frac{e^{-x}}{x} dx = \int_0^1 \frac{e^{-1/t}}{t} dt\ ,$$

wenn man $t = \frac{1}{x}$ setzt. Wegen $\lim\limits_{t\to 0} \frac{e^{-1/t}}{t} = 0$ ist der Wert des Integranden rechts an der unteren Integrationsgrenze wohldefiniert. Um die Auswertung an Polstellen zu vermeiden, kann man ebenfalls geeignet substituieren, wie z. B. $x = t^2$, um

$$\int_0^1 \frac{e^x}{\sqrt{x}} dx = 2\int_0^1 e^{t^2} dt$$

zu erhalten. Bei Singularitäten des Integranden kann man versuchen, diesen in eine Summe aus einer Funktion ohne Singularität und einer analytisch integrierbaren zu zerlegen. Ein Beispiel ist

$$\int_0^1 \sin\sqrt{x}dx = \int_0^1 \left(\sin\sqrt{x} - \sqrt{x}\right)dx + \int_0^1 \sqrt{x}dx \quad .$$

Es gilt zwar

$$\frac{d}{dx}\sin\sqrt{x}dx = \frac{\cos\sqrt{x}}{2\sqrt{x}} \to \infty \text{ für } x \to 0 ,$$

aber

$$\frac{d}{dx}\left(\sin\sqrt{x} - \sqrt{x}\right) = \frac{\cos\sqrt{x} - 1}{2\sqrt{x}} \to 0 \text{ für } x \to 0 .$$

Schließlich kann man bei Funktionen mit endlich vielen Unstetigkeitsstellen $c_1,\ldots,c_k$

$$\int_a^b f(x)dx = \int_a^{c_1} f(x)dx + \int_{c_1}^{c_2} f(x)dx + \ldots + \int_{c_k}^b f(x)dx$$

schreiben und die Integrale rechts einzeln abarbeiten.

Hilfsmittel Polynominterpolation

Betrachten wir also die Aufgabe, für die in $[a,b]$ mit $-\infty < a < b < \infty$ wenigstens stetige Funktion f das bestimmte Integral

$$I = \int_a^b f(x)dx \tag{4.1}$$

näherungsweise zu berechnen. (Für Fehlerabschätzungen werden wir Differenzierbarkeitsforderungen an f stellen müssen.) Dazu wählen wir Stützstellen $x_1,\ldots,x_n \in [a,b]$ und nehmen die LAGRANGEsche Form des f darauf interpolierenden Polynoms p_{n-1} vom Grad $\leq n-1$ her, also nach (2.14)

$$p_{n-1}(x) = \sum_{i=1}^{n} f(x_i)L_i(x) ,$$

wobei die $L_i(x)$ nach (2.13) gegeben sind. Dann wird

$$\int_a^b f(x)dx \approx \int_a^b p_{n-1}(x)dx = \sum_{i=1}^n f(x_i)\int_a^b L_i(x)dx .$$

Genauer gilt

$$\int_a^b f(x)dx = \sum_{i=1}^n w_i f(x_i) + E_{n-1}(f) , \tag{4.2}$$

wobei die

$$w_i = \int_a^b L_i(x)dx \tag{4.3}$$

die *Gewichte* und $E_{n-1}(f)$ der *Fehler der Quadraturformel* (4.2) heißen. Nach (2.31) und (2.32) gilt die Darstellung

$$E_{n-1}(f) = \int_a^b f(x)dx - \int_a^b p_{n-1}(x)dx = \frac{1}{n!}\int_a^b f^{(n)}(\xi(x))\prod_{i=1}^n (x-x_i)dx \quad . \tag{4.4}$$

Sind die x_i äquidistant, so heißen die für stetige f anwendbaren Formeln (4.2) die *NEWTON-COTES-Formeln* vom Grad $n-1$. Die Gewichte w_i nach (4.3) auszurechnen ist zwar aufwendig, aber prinzipiell nicht schwierig. Den Fehler $E_{n-1}(f)$ abzuschätzen ist weniger einfach. Zumindest muß $f \in C^n[a,b]$ vorausgesetzt werden. Wir werden uns auf die Fälle $n=2$ (*Trapez-Regel*) und $n=3$ (*SIMPSON-Regel*) beschränken. Hier sind die Fehler $E_1(f)$ und $E_2(f)$ elementar zu ermitteln. Für die Fälle $n>3$ sind in der Literatur Gewichte und Fehlerterme angegeben. Diese sind aber kaum von praktischer Bedeutung, da man bei Intervallunterteilung auch mit $n=2$ und (vorzugsweise) mit $n=3$ auskommt.

Bei der *Trapez-Regel* $(n=2)$ setzen wir $x_1 = a$ und $x_2 = b$. Dann ist

$$L_1(x) = \frac{b-x}{b-a}, \quad L_2(x) = \frac{x-a}{b-a}$$

und somit

$$w_1 = \int_a^b L_1(x)dx = \frac{b-a}{2} = \int_a^b L_2(x)dx = w_2 \ ,$$

d. h. aus (4.2) wird die Formel

$$\int_a^b f(x)dx = \frac{b-a}{2}[f(a)+f(b)]+E_1(f). \tag{4.5}$$

Zur Berechnung von $E_1(f)$ verfahren wir wie folgt. Zunächst setzen wir zur Vereinfachung $a=0$ und $b=h$. Dann gilt nach (2.31) und (2.32)

$$f(x)-p_1(x)=\frac{1}{2}f''(\xi(x))x(x-h) \tag{4.6}$$

mit $\xi \in (0,1)$. Also ist

$$E_1(f)=\int_0^h f(x)dx-\int_0^h p_1(x)dx=\frac{1}{2}\int_0^h f''(\xi(x))x(x-h)dx.$$

Löst man in (4.6) nach $f''(\xi(x))$ auf, so hat man

$$f''(\xi(x))=2\frac{f(x)-p_1(x)}{x(x-h)}.$$

Diese Funktion ist evident stetig in $(0,h)$. Sie ist sogar stetig in $[0,h]$, da nach der *L'HOSPITALschen Regel* für die rechte Seite

$$\lim_{x\to c} 2\frac{f(x)-p_1(x)}{x(x-h)}=2\frac{f'(c)-p'_1(c)}{2c-1}$$

geschrieben werden kann und also für $c=0$ bzw. $c=h$ endlich ist. Weiter wechselt die Funktion $x(x-h)$ in $[0,h]$ das Vorzeichen nicht. Damit sind die Voraussetzungen des Mittelwertsatzes für bestimmte Integrale erfüllt und man erhält

$$\begin{aligned} E_1(f) &= \frac{1}{2}f''(\xi(s))\int_0^h x(x-h)dx \\ &= -\frac{1}{12}h^3 f''(\eta), \end{aligned}$$

wobei $s\in(0,h)$ und $\eta=\xi(s)$ gilt. Setzt man $h=b-a$, so ergibt sich aus (4.5) der

Satz 5: Ist f zweimal stetig differenzierbar in $[a,b]$, so gilt

$$\int_a^b f(x)dx = \frac{b-a}{2}[f(a)+f(b)] - \frac{(b-a)^3}{12} f''(\eta),\ \eta \in [a,b]. \tag{4.7}$$

Teilt man $[a,b]$ in $n-1$ äquidistante Intervalle $[x_i, x_{i+1}]$ mit $x_{i+1} - x_i = h\ (i = 1,\dots,n-1),\ x_1 = a,\ x_n = b$ auf, so kann man (4.7) auf jedes Teilintervall anwenden und erhält dort

$$\int_{x_i}^{x_{i+1}} f(x)dx = \frac{h}{2}[f(x_i)+f(x_{i+1})] - \frac{1}{12}h^3 f''(\eta_i),\ \ x_i \le \eta_i \le x_{i+1}.$$

Dann wird

$$\begin{aligned}\int_a^b f(x)dx &= \sum_{i=1}^{n-1} \int_{x_i}^{x_{i+1}} f(x)dx \\ &= \frac{h}{2}\sum_{i=1}^{n-1}[f(x_i)+f(x_{i+1})] - \frac{1}{12}h^3 \sum_{i=1}^{n-1} f''(\eta_i),\end{aligned}$$

was wegen $h = (b-a)/(n-1)$ und wegen des Zwischenwertsatzes zu

$$\int_a^b f(x)dx = \frac{h}{2}[f(a)+f(b)] + h\sum_{i=2}^{n-1} f(x_i) - \frac{b-a}{12}h^2 f''(\eta),\ \ a < \eta < b \tag{4.8}$$

vereinfacht werden kann.

Wegen (4.7) gilt für Polynome p_1 vom Grad 1 wegen $p_1'' = 0$, daß diese exakt integriert werden. Daher kommt letztlich auch der Name Trapez-Regel, da der erste Teil rechts in (4.7) als Fläche eines Trapezes mit der Grundlinie von a nach b und den Höhen in a und b mit den Längen $f(a)$ und $f(b)$ interpretiert werden kann.

Benutzt man drei statt zwei Stützstellen für die Interpolation, so wird sich erstaunlicherweise ergeben, daß nicht wie zu erwarten Polynome vom Grad ≤ 2, sondern sogar bis zum Grad ≤ 3 exakt integriert werden. Wir wählen also jetzt $n = 3,\ x_1 = a,\ x_3 = b$ und $x_2 = (a+b)/2$. Zur Vereinfachung setzen wir zunächst

$$x_1 = -h,\ x_2 = 0,\ x_3 = h. \tag{4.9}$$

Dann ergibt sich

$$w_1 = \int_{-h}^{h} L_1(x) = \int_{-h}^{h} \frac{x(x-h)}{(-h)\cdot(-2h)}dx = \frac{h}{3},$$

$$w_2 = \int_{-h}^{h} L_2(x) = \int_{-h}^{h} \frac{(x+h)(x-h)}{h\cdot(-h)}dx = \frac{4h}{3},$$

$$w_3 = \int_{-h}^{h} L_3(x) = \int_{-h}^{h} \frac{(x+h)x}{2h\cdot h}dx = \frac{h}{3},$$

d. h. aus (4.2) wird die *SIMPSON-Regel*

$$\int_{-h}^{h} f(x)dx = \frac{h}{3}[f(-h)+4f(0)+f(h)] + E_2(f), \tag{4.10}$$

deren Fehler $E_2(f)$ nun zu bestimmen ist. Aus (4.4) erhalten wir für den Spezialfall (4.9)

$$E_2(f) = \frac{1}{6}\int_{-h}^{h} f'''(\xi(x))x(x^2-h^2)dx.$$

Da $x(x^2-h^2)$ in $x=0$ sein Vorzeichen wechselt, kann der Mittelwertsatz der Integralrechnung nicht wie bei der Trapez-Regel angewandt werden. Man kommt weiter, wenn man das Integrationsintervall $[-h,h]$ in $[-h,0]$ und $[0,h]$ aufspaltet, da $x(x^2-h^2)$ im ersten Intervall negatives und im zweiten positives Vorzeichen hat. Dann ist in jedem Intervall der Mittelwertsatz anwendbar und man erhält

$$\begin{aligned} E_2(f) &= \frac{1}{6}f'''(\xi(s))\int_{-h}^{0} x(x^2-h^2)dx + \frac{1}{6}f'''(\xi(t))\int_{0}^{h} x(x^2-h^2)dx \\ &= \frac{2}{90}h^5[f'''(\xi(s)) - f'''(\xi(t))] \end{aligned} \tag{4.11}$$

Hieran erkennt man die Fehlerordnung $O(h^5)$ und die Tatsache, daß Polynome vom Grad drei, die eine konstante dritte Ableitung haben, exakt integriert werden. Dies legt die Vermutung nahe, daß $E_2(f)$ für viermal stetig differenzierbares f proportional zu $f^{IV}(\xi)$ ist, was wir jetzt zeigen wollen.

Sei $p_2(x)$ das in $(x_1, x_2, x_3) = (-h, 0, h)$ interpolierende Polynom vom Grad zwei. Nehmen wir eine weitere Stützstelle x_4 hinzu, so gilt für das zugehörige Interpolationspolynom p_3 nach (2.22) und (2.26)

$$p_3(x) = p_2(x) + f[-h, 0, h, x_4](x+h)x(x-h) .$$

Da $x(x^2 - h^2)$ eine ungerade Funktion ist, gilt

$$\int_{-h}^{h} x(x^2 - h^2)dx = 0$$

und somit

$$\int_{-h}^{h} p_3(x)dx = \int_{-h}^{h} p_2(x)dx ,$$

d. h. p_3 liefert für beliebige x_4 dieselbe Quadraturformel wie p_2, also auch denselben Fehlerterm

$$E_2(f) = E_3(f) = \int_{-h}^{h} \frac{1}{4!} f^{IV}(\xi(x))x(x^2 - h^2)(x - x_4)dx$$

Beim Grenzübergang $x_4 \to x_1 = 0$ wird aus dem Integranden

$$\frac{1}{24} f^{IV}(\xi(x))x^2(x^2 - h^2)$$

Die Funktion $x^2(x^2 - h^2)$ hat nun im gesamten Intervall $[-h, h]$ dasselbe Vorzeichen, weshalb der Mittelwertsatz problemlos angewandt werden kann. Es ergibt sich

$$E_2(f) = \frac{1}{24} f^{IV}(\xi)\int_{-h}^{h} x^2(x^2 - h^2)dx = -\frac{1}{90} f^{IV}(\xi)h^5, \ \xi \in (-h, h) . \tag{4.12}$$

Betrachten wir statt (4.9) wieder

$$x_1 = a, \ x_2 = \frac{a+b}{2}, \ x_3 = b .$$

Dann ist ganz rechts h in (4.12) durch $(b-a)/2$ zu ersetzen, und (4.9) wird auf die neuen Abszissen vermöge $x := x + \frac{a+b}{2}$ transformiert. Es ergibt sich der

Satz 6: Ist f viermal stetig differenzierbar in $[a,b]$, so gilt

$$\int_a^b f(x)dx = \frac{b-a}{6}\left[f(a)+4f\left(\frac{a+b}{2}\right)+f(b)\right]-\frac{1}{90}\left(\frac{b-a}{2}\right)^5 f^{\text{IV}}(\xi),\ a<\xi<b \quad (4.13)$$

Teilt man das Intervall $[a,b]$ in eine gerade Anzahl von gleichgroßen Teilintervallen auf und setzt $x_i = a+(i-1)h$ $(i=1,\ldots,n+1)$ mit $h=(b-a)/n$, so führt die Benutzung der SIMPSON-Regel (4.13) zu

$$\int_a^b f(x)dx \approx \frac{h}{3}\sum_{i=1}^{n/2}\left[f(x_{2i-1})+4f(x_{2i})+f(x_{2i+1})\right]$$

bzw. computergerecht geschrieben zu

$$\begin{aligned}\int_a^b f(x)dx &= \frac{h}{3}\left[f(x_1)+2\sum_{i=2}^{n/2} f(x_{2i-1})+4\sum_{i=1}^{n/2} f(x_{2i})+f(x_{n+1})\right]\\ &\quad -\frac{1}{180}(b-a)h^4 f^{\text{IV}}(\xi),\ a<\xi<b\,.\end{aligned} \quad (4.14)$$

In den Abbildungen B5 und B6 ist für zwei verschiedene Beispiele das Funktionieren der zusammengesetzten Trapez- und SIMPSON-Regeln (4.8) bzw. (4.14) dargestellt. Dabei bedeutet N die Anzahl der Teilintervalle von $[a,b]$.

```
Vergleich von Trapez- und Simpsonregel:

Funktion: f(x)=exp(x)    Grenzen: a=0  b=1

    N          TRAPEZ           SIMPSN

    2         1.753931         1.718861
    4         1.727222         1.718319
    8         1.720519         1.718284
   16         1.718841         1.718282
   32         1.718422         1.718282
   64         1.718317         1.718282
  128         1.718290         1.718282
  256         1.718284         1.718282
  512         1.718282         1.718281
```

Abb. B5

```
Vergleich von Trapez- und Simpsonregel:

Funktion:  f(x)=exp(sqrt(x))/sqrt(x)
Grenzen:   a=1  b=2

    N          TRAPEZ          SIMPSN

    2         2.796088        2.790319
    4         2.791497        2.789967
    8         2.790329        2.789939
   16         2.790035        2.789937
   32         2.789962        2.789937
   64         2.789943        2.789937
  128         2.789938        2.789937
  256         2.789939        2.789938
  512         2.789937        2.789935
```

Abb. B6

ROMBERG-Integration

Hierbei wird es sich um eine Anwendung der aus dem letzten Kapitel her bekannten RICHARDSON-Extrapolation auf mit der Trapez-Regel berechnete Näherungswerte für I handeln. Nach (4.8) hatten wir bei einer äquidistanten Unterteilung von $[a,b]$ in $n-1$ Intervalle der Länge $h=(b-a)/(n-1)$ den Näherungswert

$$T=\frac{h}{2}[f(a)+f(b)]+h\sum_{k=1}^{n-2}f(a+kh). \tag{4.15}$$

Wir setzen in (4.15) statt $n-1$ den Wert 2^i und die Schrittweite $h=(b-a)/2^i$ ein und erhalten

$$T_{i+1}=\frac{h}{2}[f(a)+f(b)]+h\sum_{k=1}^{2^i-1}f(a+kh),\quad i=0,1,2,\ldots \tag{4.16}$$

Wie sieht T_i aus? Die Schrittweite h ist auf $2h$ zu verdoppeln und i durch $i-1$ zu ersetzen. Das ergibt

$$T_i=h[f(a)+f(b)]+2h\sum_{k=1}^{2^{i-1}-1}f(a+2kh). \tag{4.17}$$

Zum Beispiel ist für $i=2$

$$T_3=\frac{h}{2}[f(a)+f(b)]+h[f(a+h)+f(a+2h)+f(a+3h)],$$
$$T_2=h[f(a)+f(b)]+2hf(a+2h).$$

Es ist evident, daß

$$T_3 = \frac{1}{2} T_2 + h[f(a+h) + f(a+3h)]$$

gilt, daß also T_3 als Funktion von T_2 so dargestellt werden kann, daß in die neue Näherung T_3 nur die gegenüber T_2 neu hinzugekommenen Funktionswerte $f(a+h)$ und $f(a+3h)$ eingehen. Allgemein ergibt sich

$$\begin{aligned} T_{i+1} &= \frac{1}{2} T_i + \left(T_{i+1} - \frac{1}{2} T_i \right) \\ &= \frac{1}{2} T_i + h \left[\sum_{k=1}^{2^i - 1} f(a+kh) - \sum_{k=1}^{2^{i-1}-1} f(a+2kh) \right] \\ &= \frac{1}{2} T_i + h \sum_{k=1}^{2^{i-1}} f(a+(2k-1)h) , \end{aligned} \tag{4.18}$$

und es treten rechts in (4.18) nur die gegenüber T_i neu in T_{i+1} vorkommenden Funktionswerte $f(a+(2k-1)h)$ $(k = 1,\ldots,2^{i-1})$ auf.

Es gilt nun folgender Satz (EULER-MACLAURIN), den wir ohne den sehr technischen und langwierigen Beweis zitieren.

<u>Satz 7:</u> Sei $f \in C^{2m}(a,b)$ und $h = (b-a)/2^{i-1}$. Dann gilt für das gesuchte bestimmte Integral I und T_i nach (4.17)

$$I = T_i + c_2 h^2 + c_4 h^4 + \ldots + c_{2m-2} h^{2m-2} + c_{2m} h^{2m} f^{(2m)}(\xi) \tag{4.19}$$

für ein $\xi \in [a,b]$. Dabei hängen die c_{2j} von den Werten für die Ableitungen $f^{(2j-1)}$ in a und b, aber nicht von h ab.

Vergleicht man mit (3.23), (3.24) und (3.25), so liegt für $m = \infty$ dieselbe Situation wie bei der numerischen Differentiation vor, was nahelegt, die dort entwickelte RICHARDSON-Extrapolation auf die jetzige Situation zu übertragen. Setzt man

$$R(i+1,1) = T_{i+1} , \tag{4.20}$$

so kann man, von

$$R(1,1)=T_1=\frac{h}{2}\left[f(a)+f(b)\right] \tag{4.21}$$

ausgehend, die

$$\begin{aligned}&R(i+1,1)=\frac{1}{2}R(i,1)+h\sum_{k=1}^{2^{i-1}}f\left(a+(2k-1)h\right),\\&h=(b-a)/2^{i-1},\quad i\geq 1\end{aligned} \tag{4.22}$$

nach (4.18) ausrechnen.

Die Extrapolation erfolgt dann analog zu (3.35) mit

$$R(i,j+1)=R(i,j)+\frac{1}{4^j-1}\left[R(i,j)-R(i-1,j)\right]\ (i=2,\ldots,N;\ j=1,\ldots,i-1)\,. \tag{4.23}$$

Da die TRAPEZ-Summen (4.15) von der Form

$$T=\frac{h}{2}\sum_{k=0}^{n-2}f(a+kh)+\frac{h}{2}\sum_{k=1}^{n-1}f(a+kh)$$

sind, also Mittelwerte von Unter- und Obersummen, konvergieren die $R(i,1)$ für $i\to\infty$ gegen I. Dies tun aber auch die $R(i,j+1)$ $(j\geq 1)$ nach (4.23), da dort der rechts stehende Klammerausdruck für $i\to\infty$ gegen Null geht. Also konvergieren die Spalten im Dreiecksfeld (3.28) (R statt D) gegen I.

Das *ROMBERG-Verfahren* mit (4.21), (4.22) und (4.23) ist in der Subroutine ROMBERG aus Abb. U11 implementiert. (Dabei ist j durch $j-1$ ersetzt, weshalb die entsprechende Schleife von $j=2,\ldots,i$ läuft.) Zwei damit durchgerechnete Beispiele finden sich in den Abbildungen B7 und B8.

Wie bei der RICHARDSON-Extrapolation beim Differenzenquotienten $\left[f(x+h)-f(x-h)\right]/(2h)$ ist beim ROMBERG-Verfahren unbefriedigend, daß man zu einem zu wählenden h von vornherein das dazu passende N nicht kennt. Auslöschungsfehler treten hier allerdings nicht auf.

Erwähnen wollen wir noch, daß die RICHARDSON-Extrapolation nicht nur bei Entwicklungen mit geraden Potenzen von h angewandt werden kann.

```
      SUBROUTINE ROMBRG(F,NDIM,N,A,B,R,EPS)
      DIMENSION R(NDIM,N)
      H=B-A
      R(1,1)=0.5*H*(F(A)+F(B))
      L=1
      DO 30 I=2,N
         H=0.5*H
         L=L+L
         SUM=0.0
         DO 10 K=1,L-1,2
            SUM=SUM+F(A+H*REAL(K))
10       CONTINUE
         M=1
         R(I,1)=0.5*R(I-1,1)+H*SUM
         DO 20 J=2,I
            M=4*M
            R(I,J)=R(I,J-1)+(R(I,J-1)-R(I-1,J-1))/REAL(M-1)
20       CONTINUE
         IF(ABS(R(I,I)-R(I-1,I-1)).LE.EPS*ABS(R(I,I))) THEN
           N=I
           RETURN
         END IF
30    CONTINUE
      RETURN
      END
```

Abb. U11 ROMBRG

```
Funktion: f(x)=cos(sin(x))

Grenzen: a=0  b=Pi

vorgegebene Genauigkeit: EPS=1.E-4

kein Abbruch nach 5 Iterationen


0.1000000E+01

0.7701511E+00 0.6935349E+00

0.7651979E+00 0.7635468E+00 0.7682142E+00

0.7651977E+00 0.7651976E+00 0.7653077E+00 0.7652615E+00

0.7651977E+00 0.7651977E+00 0.7651977E+00 0.7651960E+00 0.7651957E+00
```

Abb. B7

```
Funktion: f(x)=exp(sqrt(x))/sqrt(x)

Grenzen: a=1  b=2

vorgegebene Genauigkeit: EPS=1.E-4

Abbruch nach 4 Iterationen


0.2813395E+01

0.2796088E+01 0.2790319E+01

0.2791497E+01 0.2789967E+01 0.2789944E+01

0.2790329E+01 0.2789939E+01 0.2789937E+01 0.2789937E+01
```

Abb. B8

Auch beim Vorliegen von Entwicklungen der Gestalt

$$I = T_i + c_\alpha h^\alpha + c_\beta h^\beta + c_\gamma h^\gamma + \ldots$$

mit

$$0 < \alpha < \beta < \gamma < \ldots$$

sind (4.23) entsprechende Formeln möglich.

Adaptive SIMPSON-Quadratur

Ein weiterer offensichtlicher Nachteil beim ROMBERG-Verfahren ist, daß unabhängig vom Funktionsverlauf stets die gleiche Länge für alle Teilintegrationsintervalle benutzt wird und daß so in bestimmten Abszissenbereichen möglicherweise überflüssig viele Funktionswerte berechnet werden. Also streben wir jetzt eine sich dem Funktionsverlauf anpassende Intervalleinteilung an, bei der, wo es die Genauigkeit erfordert, kleinere und, wo gewünschte Genauigkeit schon erreicht ist, größere Intervalle verwandt werden. Zweckmäßig ist eine sukzessive Intervallhalbierung, wobei Intervalle *adaptiv* nur dann weiter halbiert werden, wenn ein Genauigkeitstest gezeigt hat, daß dies noch notwendig ist. Als Basisintegrationsregel für das Ausgangsintervall und die halbierten Intervalle nehmen wir die SIMPSON-Regel. Die Verwendung der TRAPEZ-Regel oder einer NEWTON-COTES-Formel mit 5 oder 9 Stützstellen wäre genauso möglich gewesen.

Wir gehen von einer zunächst gleichmäßigen Unterteilung von $[a,b]$ in $N = 2^r$ $(r = 0, 1, 2, \ldots)$ Teilintervalle der Länge $h_r = (b-a)/N$ und von insgesamt $4N+1$ äquidistanten Abszissen $a = x_0 < x_1 < x_2 < \ldots < x_{4N} = b$ aus. Die Teilintervalle sind somit $[x_{4i-4}, x_{4i}]$ $(i = 1,\ldots,N)$. Dann gilt

$$I = \int_a^b f(x)dx = \int_{x_0}^{x_4} f(x)dx + \int_{x_4}^{x_8} f(x)dx + \ldots + \int_{x_{4N-4}}^{x_{4N}} f(x)dx = \sum_{i=1}^{n} I_i \tag{4.24}$$

mit

$$I_i = \int_{4i-4}^{4i} f(x)dx \quad (i = 1,\ldots,N). \tag{4.25}$$

Dann können wir zur näherungsweisen Berechnung der I_i einmal die SIMPSON-Regel mit den Abszissen x_{4i-4}, x_{4i-2}, x_{4i} und einmal die zusammengesetzte SIMPSON-Regel (4.14) mit $n = 4$ und mit den Abszissen x_{4i-4}, x_{4i-3}, x_{4i-2}, x_{4i-1}, x_{4i} benutzen und durch Vergleich der Ergebnisse unter einer gewissen Voraussetzung einen Genauigkeitstest entwickeln. Es ist

$$I_i \approx S_i^{(2)} = \frac{h_r}{6}(f_{4i-4} + 4f_{4i-2} + f_{4i}) \tag{4.26}$$

und

$$I_i \approx S_i^{(4)} = \frac{h_r}{12}(f_{4i-4} + 4f_{4i-3} + 2f_{4i-2} + 4f_{4i-1} + f_{4i}). \tag{4.27}$$

Hierbei wurde die Abkürzung $f_k = f(x_k)$ benutzt. Man beachte, daß beim Übergang von (4.26) auf (4.27) nur zwei Funktionswerte, nämlich f_{4i-3} und f_{4i-1} neu berechnet werden müssen. Für die Fehler von $S_i^{(2)}$ und $S_i^{(4)}$ gilt nach (4.13) bzw. (4.14)

$$I_i - S_i^{(2)} = -\frac{1}{90}\left(\frac{h_r}{2}\right)^5 f^{\text{IV}}(\xi), \quad x_{4i-4} < \xi < x_{4i} \tag{4.28}$$

$$I_i - S_i^{(4)} = -\frac{2}{90}\left(\frac{h_r}{4}\right)^5 f^{\text{IV}}(\eta), \quad x_{4i-4} < \eta < x_{4i} \tag{4.29}$$

Nehmen wir nun an, was bei genügend kleinem h_r nicht unvernünftig ist, daß die vierte Ableitung im Intervall $[x_{4i-4}, x_{4i}]$ näherungsweise konstant ist, also

$$f^{IV}(\xi) \approx c, \; f^{IV}(\eta) \approx c \tag{4.30}$$

gilt. Dann ergibt die Subtraktion von (4.29) von (4.28), wenn man in (4.30) sogar Gleichheit unterstellt,

$$S_i^{(4)} - S_i^{(2)} = \frac{1}{90}\left(\frac{h_r}{2}\right)^5 \left[2\left(\frac{1}{2}\right)^5 - 1\right] c$$

oder

$$\frac{1}{15}\left(S_i^{(4)} - S_i^{(2)}\right) = -\frac{2}{90}\left(\frac{h_r}{4}\right)^5 c \; . \tag{4.31}$$

Hier ist nun die rechte Seite gleich der in (4.29), wenn man (4.30) unterstellt. Also gilt näherungsweise

$$\left|I_i - S_i^{(4)}\right| = \frac{1}{15}\left|S_i^{(4)} - S_i^{(2)}\right| , \tag{4.32}$$

d. h. wir können im Intervall $[x_{4i-4}, x_{4i}]$ durch Vergleich der beiden Näherungen $S_i^{(2)}$ und $S_i^{(4)}$ feststellen, wie genau $S_i^{(4)}$ ist. Für

$$S = \sum_{i=1}^{N} S_i^{(4)}$$

gilt wegen (4.32)

$$|I - S| \le \sum_{i=1}^{N} |I_i - S| = \frac{1}{15}\sum_{i=1}^{N}\left|S_i^{(4)} - S_i^{(2)}\right| . \tag{4.33}$$

Wenn wir es also so einrichten, daß für jedes Teilintervall $[x_{4i-4}, x_{4i}]$ $(i = 1, \ldots, N)$

$$\frac{1}{15}\left|S_i^{(4)} - S_i^{(2)}\right| \le \frac{\varepsilon}{N} \tag{4.34}$$

gilt, so gilt

$$|I - S| \le \varepsilon \tag{4.35}$$

für $[a,b]$.

Wir beschreiben nun eine Implementation *adaptiven SIMPSON-Quadratur* mit insgesamt vier FORTRAN-Subroutinen. ASMP ist die vom Anwender aufzurufende Subroutine aus Abb. U14. Wir beginnen jedoch mit der Beschreibung der von dort aus aufgerufenen Subroutine SIMP (Abb. U12). Hier werden für f=FCN und die Genauigkeitsschranke ε=EPSI in (4.34) bzw. (4.35) für r=LEVEL=$0, 1, \ldots,$ LVMAX die Näherungswerte SUM2=$S_i^{(2)}$ und SUM4=$S_i^{(4)}$ gemäß (4.26) und (4.27) für die jeweils untersuchten Intervalle [X(0), X(4)]=$[x_{4i-4}, x_{4i}]$ berechnet. Ist (4.34) erfüllt, so wird SUM4 zum näherungsweisen Gesamtwert S=SUM addiert; andernfalls wird das Niveau r um Eins erhöht, und es werden die Intervalle [X(0), X(2)] und [X(2), X(4)] zur späteren Bearbeitung mittels der Subroutine PUSH

```
      SUBROUTINE SIMP(FCN,A,B,EPSI,LVMAX,AS,BS,LS,IST,AFS,BFS,LFS,
     +                IFS,SUM,IFLAG)
      REAL AS(IST),BS(IST),AFS(IFS),BFS(IFS),X(0:4),F(0:4)
      INTEGER LS(IST),LFS(IFS)
      COMMON /BLK/ ITOP,LEVEL,LMAX
      H=B-A
      H4=H/4.0
      DO 2 I=0,4
        X(I)=A+REAL(I)*H4
        F(I)=FCN(X(I))
2     CONTINUE
      SUM2=H*(F(0)+4.0*F(2)+F(4))/6.0
      SUM4=H*(F(0)+4.0*F(1)+2.0*F(2)+4.0*F(3)+F(4))/12.0
      IF(ABS(SUM4-SUM2).LE.15.0*EPSI/REAL(2**LEVEL)) THEN
        SUM=SUM+SUM4
      ELSE
        IF(LEVEL.LT.LVMAX) THEN
          LEVEL=LEVEL+1
          CALL PUSH(X(2),X(4),LEVEL,AS,BS,LS,IST,ITOP,IFLAG)
          IF(IFLAG.EQ.100) RETURN
          CALL PUSH(X(0),X(2),LEVEL,AS,BS,LS,IST,ITOP,IFLAG)
          IF(IFLAG.EQ.100) RETURN
        ELSE
          CALL PUSH(X(0),X(4),LEVEL,AFS,BFS,LFS,IFS,IFLAG,IFLAG)
          IF(IFLAG.EQ.100) RETURN
          SUM=0.0
        END IF
      END IF
      RETURN
      END
```

Abb. U12 SIMP

```
      SUBROUTINE PUSH(A,B,LEVEL,AS,BS,LS,IST,I,IFLAG)
      REAL AS(IST),BS(IST)
      INTEGER LS(IST)
      IF(I.LT.IST) THEN
        I=I+1
        AS(I)=A
        BS(I)=B
        LS(I)=LEVEL
        RETURN
      ELSE
        IFLAG=100
        RETURN
      END IF
      END
```

Abb. U13 PUSH

```
      SUBROUTINE ASMP(FCN,A,B,EPSI,LVMAX,AS,BS,LS,
     +               IST,AFS,BFS,LFS,IFS,SUM,IFLAG)
      REAL AS(IST),BS(IST),AFS(IFS),BFS(IFS)
      INTEGER LS(IST),LFS(IFS)
      COMMON /BLK/ ITOP,LEVEL,LMAX
      EXTERNAL FCN
      ITOP=0
      LEVEL=0
      IFLAG=0
      SUM=0.0
      LMAX=2**LVMAX
      IF(IST.GE.LVMAX+1 .AND. IFS.GE.LMAX) THEN
        CALL PUSH(A,B,LEVEL,AS,BS,LS,IST,ITOP,IFLAG)
        IF(IFLAG.EQ.100) RETURN
        DO 2 LOOP=1,2*LMAX-1
           IF(ITOP.EQ.0) RETURN
           CALL POP(A,B,LEVEL,AS,BS,LS,IST,ITOP,IFLAG)
           IF(IFLAG.EQ.200) RETURN
           CALL SIMP(FCN,A,B,EPSI,LVMAX,AS,BS,LS,
     +               IST,AFS,BFS,LFS,IFS,SUM,IFLAG)
           IF(IFLAG.EQ.100) RETURN
2       CONTINUE
      ELSE
        IFLAG=300
      END IF
      RETURN
      END
```

Abb. U14 ASMP

(Abb. U13) auf einen Haufen mit noch zu bearbeitenden Intervallen obenauf gelegt oder, falls LVMAX schon erreicht worden ist, in einen zweiten Haufen von Intervallen eingereiht, für die die geforderte Genauigkeit beim maximalen Niveau LVMAX nicht erreicht werden kann. Die "guten" Intervalle werden durch die Felder AS und BS für die Intervallgrenzen und LS für das erreichte Niveau mit maximaler Dimension IST≥LVMAX + 1 und die "schlechten" Intervalle durch AFS, BFS und LFS mit maximaler Dimension $IFS \geq 2^{LVMAX}$

charakterisiert. In ASMP werden zunächst einige Größen initiiert. Falls dann IST und IFS den obigen Bedingungen genügen, wird zunächst das Ausgangsintervall [A, B] mit LEVEL = 0 mittels PUSH auf den ersten Haufen gelegt. Dann werden der Reihe nach nach dem LAST IN-FIRST OUT Prinzip alle

$$M = 1 + 2 + 2^2 + 2^4 + \ldots + 2^{\text{LVMAX}} = 2^{\text{LVMAX}+1} - 1$$

möglichen Intervalle, beginnend mit [A, B], mittels POP (Abb. U15) aktiviert und mit SIMP wie beschrieben behandelt. Für IFLAG=0 enthält SUM den Wert des gesuchten Integrals mit der Eigenschaft (4.35), der - bis auf Rundungsfehler - die gewünschte Genauigkeit hat, falls (4.30) gilt. Ist IFLAG=100, so ist eine Feldgrenze IST oder IFS zu klein gewesen; für IFLAG=200 ist auf einen leeren Haufen zugegriffen worden; für IFLAG≠0 enthält IFLAG i. a. die Anzahl der "schlechten" Intervalle; in allen Fällen mit IFLAG≠0 wird SUM=0.0 gesetzt.

In der Abb. Z8 ist gezeigt, wie eine Intervallunterteilung und -bearbeitung in Abhängigkeit von dem unten im Bild gezeigten Funktionsverlauf verlaufen könnte. Die Abb. B9 und B10 enthalten zwei Beispiele, wo jeweils mit $\varepsilon = 10^{-6}$ und LVMAX gearbeitet wurde. SUM ist in der Zeile mit "Integral=..." zu finden. LVMAX und EPSI müssen in einem passenden, von den Eigenschaften von f abhängigen Verhältnis zueinander stehen.

Die der Literatur entnommene und nur unwesentlich veränderte Subroutine ASMP ist erheblich verbesserungsfähig. Beim Holen der noch nicht bearbeiteten Intervalle mittels POP werden nämlich die Unterteilungspunkte und die benötigten Funktionswerte neu berechnet. Dies läßt sich auf Kosten nicht mehr so übersichtlicher Programmstruktur vermeiden.

```
SUBROUTINE POP(A,B,LEVEL,AS,BS,LS,IST,I,IFLAG)
REAL AS(IST),BS(IST)
INTEGER LS(IST)
IF(I.GT.0) THEN
  A=AS(I)
  B=BS(I)
  LEVEL=LS(I)
  I=I-1
  RETURN
ELSE
  IFLAG=200
  RETURN
END IF
END
```

Abb. U15 POP

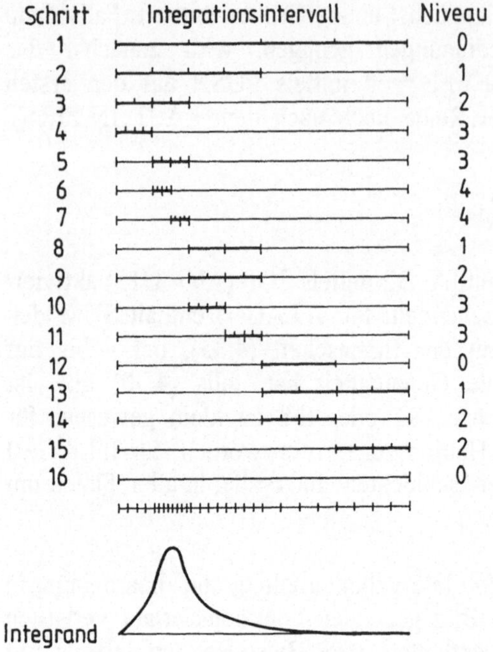

Schritt	Integrationsintervall	Niveau
1		0
2		1
3		2
4		3
5		3
6		4
7		4
8		1
9		2
10		3
11		3
12		0
13		1
14		2
15		2
16		0

Integrand

Abb. Z8

```
Funktion: f(x)=cos(2*x)*exp(-x)           Grenzen: a=0  b=Pi

exaktes Integral = -1/5*exp(-Pi)+1/5 = 0.1913572164


Simpsonregel adaptiv mit EPSI=1.0E-06 und LVMAX=6

Integral =   0.1913572E+00

ohne fehlerhafte Teilintervalle
```

Abb. B9

```
Funktion: f(x)=1.0         fuer x=0       Grenzen: a=0  b=2
               sin(x)/x    fuer x<>0

exaktes Integral = 1.605412977


Simpsonregel adaptiv mit EPSI=1.0E-06 und LVMAX=6

Integral =   0.1605413E+01

ohne fehlerhafte Teilintervalle
```

Abb. B10

GAUSS-Quadratur

Bisher haben wir für vorgegebene, insbesondere für äquidistante Abszissen $x_1,\ldots,x_n \in [a,b]$ Formeln der Gestalt (4.2) betrachtet und die Gewichte A_i so bestimmt, daß E_{n-1} für Polynome vom Grad $\leq n-1$ verschwindet. Die sich natürlich stellende Frage ist, ob man die $x_1,\ldots x_n$ so wählen kann, daß sich die Genauigkeit erhöht. Wir untersuchen dies für eine etwas allgemeinere Fragestellung, nämlich für die Quadraturformel

$$\int_a^b f(x)w(x)dx \approx \sum_{i=1}^n A_i f(x_i), \tag{4.36}$$

wobei w eine Gewichtsfunktion mit $w(x) \geq 0$ in $[a,b]$ und $w(x) > 0$ in (a,b) ist. Beispiele sind

$$\begin{aligned} w(x) &= \sqrt{1-x^2} \quad \text{in} \quad [-1,1], \\ w(x) &= e^{-x^2} \quad \text{in} \quad [-\infty,\infty]. \end{aligned}$$

Bisher war $w(x) \equiv 1$. Analog zu (4.3) ergeben sich die A_i formal zu

$$A_i = \int_a^b L_i(x)w(x)dx \quad (i = 1,\ldots,n) \tag{4.37}$$

Da nun über n Koeffizienten A_i und n Stützstellen x_i frei verfügt werden kann, darf man erwarten, daß man diese $2n$ Unbekannten so bestimmen kann, daß Polynome sogar vom Grad $2n-1$ (mit $2n$ Koeffizienten) exakt integriert werden. In der Tat gibt es einen entsprechenden

<u>Satz 8:</u> Sei $w(x)$ eine wie oben beschriebene Gewichtsfunktion und sei q ein Polynom vom Grad n mit

$$\int_a^b q(x)x^k w(x)dx = 0 \quad (k = 0,1,\ldots,n-1). \tag{4.38}$$

Werden die $x_1,\ldots,x_n$ als die Nullstellen von q gewählt, so ist die Formel (4.36) mit (4.37) exakt für alle Polynome vom Grad $\leq 2n-1$.

Beweis: Sei f ein beliebiges Polynom vom Grad $\leq 2n-1$. Dividiert man f durch q, so ergeben sich ein Quotient p und ein Rest r, beides Polynome vom Grad $\leq n-1$. Es gilt

$$f(x) = q(x)p(x) + r(x) . \tag{4.39}$$

Wegen $q(x_i) = 0$ ist $f(x_i) = r(x_i)$ $(i = 1,\dots,n)$. Da weiter (4.36) für Polynome vom Grad $\leq n-1$, also insbesondere für r exakt ist, erhalten wir unter Verwendung von (4.39) und der Voraussetzung (4.38)

$$\int_a^b f(x)w(x)dx = \int_a^b r(x)w(x)dx = \sum_{i=1}^n A_i r(x_i) = \sum_{i=1}^n A_i f(x_i) ,$$

also die Behauptung. □

Die Frage ist nun, ob die Nullstellen von q reelle einfache Wurzeln sind und auch in $[a,b]$ liegen. Darauf gibt eine vorbereitende Antwort der

Satz 9: Sei $w(x)$ wieder eine Gewichtsfunktion und für $f \in C[a,b]$ mit $f \neq 0$ gelte

$$\int_a^b f(x)x^k w(x)dx = 0 \quad (k = 0,1,\dots,n-1) . \tag{4.40}$$

Dann ändert f in $[a,b]$ sein Vorzeichen mindestens n-mal.

Beweis: Für $k = 0$ gilt nach Voraussetzung (4.40)

$$\int_a^b f(x)w(x)dx = 0$$

und somit ändert f sein Vorzeichen wenigstens einmal. Nehmen wir nun an, daß f sein Vorzeichen nur k-mal mit $k \leq n-1$ ändert. Dann kann man Abszissen t_i mit

$$a = t_1 < t_2 < \dots < t_k < t_{k+1} = b$$

wählen derart, daß f in jedem Intervall (t_i, t_{i+1}) $(i = 1,\dots,k)$ das Vorzeichen nicht wechselt. Das Polynom

$$p(x) = (x - t_2)(x - t_3)\cdots(x - t_k)$$

vom Grad $k - 1$ hat in den genannten Intervallen dieselbe Vorzeicheneigenschaft wie f. Also gilt

$$\int_a^b f(x)p(x)w(x)dx > 0\,,$$

was einen Widerspruch zu (4.40) ergibt. Also ist $k \geq n$ und f ändert sein Vorzeichen mindestens n-mal. □

Setzt man $f = q$, wobei q ein Polynom vom Grad $\leq n$ mit (4.38) ist, so hat hiernach q also n reelle und einfache Nullstellen in $[a,b]$. Wir zeigen noch eine Eigenschaft der Gewichte (4.37). Es gilt der

Satz 10: In einer für Polynome vom Grad $\leq 2n - 1$ exakten Quadraturformel (4.36) gilt $A_i > 0$ $(i = 1,\dots,n)$ und

$$\sum_{i=1}^{N} A_i = \int_a^b w(x)dx\,. \tag{4.41}$$

Beweis: Sei q ein Polynom vom festen Grad n mit der Eigenschaft (4.38). Die Nullstellen $x_1,\dots,x_n$ von q sind die Stützstellen in (4.36) und bestimmen die A_i nach (4.37). Für ein festes j sei

$$p(x) = \frac{q(x)}{x - x_j}\,.$$

Dieses Polynom vom Grad $n - 1$ hat die Nullstellen x_i $(i = 1,\dots,n, i \neq j)$. Das Polynom p^2 ist vom Grad $2n - 2$. Somit ist (4.36) für p^2 exakt. Also gilt

$$0 < \int_a^b p^2(x)w(x)dx = \sum_{i=1}^{n} A_i p^2(x_i) = A_j p^2(x_j)$$

und somit $A_j > 0$. Da (4.36) insbesondere für $f \equiv 1$ exakt ist, gilt (4.41). □

Man kann eine sehr allgemeine Theorie zur Bestimmung der x_i und A_i $(i=1,\dots,n)$ in Abhängigkeit von $w(x)$ bei der *GAUSS-Quadratur* entwickeln. Wir wollen hier nur an einem Beispiel das prinzipielle Vorgehen konstruktiv erläutern. Sei $[a,b]=[-1,1]$, $n=3$ und $w(x)\equiv 1$. Das in Satz 8 geforderte Polynom q hat die Gestalt

$$q(x)=a_0+a_1x+a_2x^2+a_3x^3 \ ,$$

und es muß

$$\int_{-1}^{1} q(x)dx = \int_{-1}^{1} q(x)xdx = \int_{-1}^{1} q(x)x^2dx = 0$$

gelten. Setzen wir q als ungerade Funktion

$$q(x)=a_1x+a_3x^3$$

an, so gelten die erste und die dritte Bedingung von selbst. Die zweite Bedingung lautet

$$\int_{-1}^{1} (a_1x+a_3x^3)xdx = 0 \ ,$$

was

$$\frac{1}{3}a_1+\frac{1}{5}a_3=0$$

ergibt. Normiert man q so, daß $q(1)=1$ gilt, fordert also zusätzlich

$$a_1+a_3=1$$

so ergibt sich

$$a_1=-\frac{3}{2},\ a_3=\frac{5}{2} \ ,$$

und q lautet

$$q(x)=\frac{5}{2}x^3-\frac{3}{2}x \ .$$

Die Nullstellen von q sind

$$-\sqrt{\frac{3}{5}},\ 0,\ \sqrt{\frac{3}{5}}\ .$$

Um die Gewichte A_1, A_2 und A_3 zu erhalten, könnte man (4.37) benutzen. Bedenkt man aber, daß

$$\int_{-1}^{1} f(x)dx = A_1 f\left(-\sqrt{\frac{3}{5}}\right) + A_2 f(0) + A_3 f\left(\sqrt{\frac{3}{5}}\right) \tag{4.42}$$

exakt gelten soll für Polynome vom Grad ≤ 2, so erhält man diese einfacher, indem man in (4.42) für f der Reihe nach 1, x und x^2 einsetzt. So ergeben sich der Reihe nach die Bedingungen

$$\begin{aligned}
\int_{-1}^{1} dx &= 2 = A_1 + A_2 + A_3, \\
\int_{-1}^{1} x dx &= 0 = -\sqrt{\frac{3}{5}} A_1 + \sqrt{\frac{3}{5}} A_3, \\
\int_{-1}^{1} x^2 dx &= \frac{2}{3} = \frac{3}{5} A_1 + \frac{3}{5} A_3.
\end{aligned}$$

Dieses lineare Gleichungssystem hat die Lösung

$$A_1 = A_3 = \frac{5}{9},\ A_2 = \frac{8}{9},$$

d. h. die Quadraturformel

$$\int_{-1}^{1} f(x)dx = \frac{5}{9} f\left(-\sqrt{\frac{3}{5}}\right) + \frac{8}{9} f(0) + \frac{5}{9} f\left(\sqrt{\frac{3}{5}}\right) \tag{4.43}$$

ist exakt für Polynome vom Grad ≤ 5. Man darf einen Fehlerterm, der proportional zu $f^{(6)}(\xi)$, $\xi \in (a,b)$ ist, erwarten. Benutzt man (4.43) in jedem von N gleichgroßen Teilintervallen von $[a,b]$, so erhält man für das Beispiel in Abb. B6 schon für $N = 2$ den Wert 2.789937.

Allgemein gilt für diesen Fehler E für beliebige n

$$E = \frac{f^{(2n)}(\xi)}{2n!} \int_a^b q^2(x) w(x) dx \tag{4.44}$$

mit $\xi \in (a,b)$ und

$$q(x) = \prod_{i=1}^{n-1} (x - x_i) \,,$$

was wir hier ohne Beweis wiedergeben.

Bei GAUSS-Quadraturformeln erweist sich neben der hohen Genauigkeit manchmal als Vorteil, daß, wie wir am Beispiel gesehen haben, die Intervallendpunkte a und b keine Stützstellen sind. Ein Nachteil ist, daß die Wurzeln von q mit einer von der Mantissenlänge abhängigen Genauigkeit angegeben werden müssen. Außerdem lassen sie sich leider nicht effizient adaptiv einsetzen, da beim Übergang auf die halbe Intervallänge die Nullstellen so transformiert werden, daß z. B. bei Verwendung von (4.43) sechs zusätzliche Funktionswerte gegenüber nur zwei bei der adaptiven SIMPSON-Regel benötigt würden.

5. Lineare Gleichungssysteme

Die Lösung linearer Gleichungssysteme ist wichtiger Bestandteil anderer Grundaufgaben der Numerik, wie wir später sehen werden. In diesem Kapitel gehen wir von nahezu voll mit Nichtnullelementen besetzten Koeffizientenmatrizen aus, die eine Kantenlänge n der Größenordnung maximal $n \approx 1000$ haben. Hierfür wird die aus der Linearen Algebra her bekannte GAUSS-Elimination mit einigen sehr wichtigen numerischen Verfeinerungen eingesetzt. In einem späteren Kapitel wollen wir auch Iterationsverfahren besprechen, die in der Regel bei sehr viel größeren Koeffizientenmatrizen, die allerdings nur relativ wenige von Null verschiedene Elemente enthalten, eingesetzt werden.

Naive GAUSS-Elimination

Gegeben sei ein lineares Gleichungssystem mit n linearen Gleichungen und n Unbekannten $x_1,\dots,x_n$ in der Form

$$\begin{array}{ccccccc} a_{11}x_1 & + & a_{12}x_2 & +\dots+ & a_{1n}x_n & = & b_1 \\ a_{21}x_1 & + & a_{22}x_2 & +\dots+ & a_{2n}x_n & = & b_2 \\ \vdots & & & & & & \\ a_{i1}x_1 & + & a_{i2}x_2 & +\dots+ & a_{im}x_n & = & b_i \\ \vdots & & & & & & \\ a_{n1}x_1 & + & a_{n2}x_2 & +\dots+ & a_{mn}x_n & = & b_n, \end{array} \tag{5.1}$$

das wir kompakter auch in der Form

$$\sum_{j=1}^{n} a_{ij}x_j = b_i \quad (i = 1,\dots,n)$$

oder mit $A = (a_{ij})_{i,j=1,\dots,n}$, $b = (b_1,\dots,b_n)^T$, $x = (x_1,\dots,x_n)^T$ noch kompakter als

$$Ax = b \tag{5.2}$$

schreiben können.

Von der Linearen Algebra her weiß man, daß sich die Lösungsmenge von (5.1) nicht ändert, wenn man zu einer Gleichung eine Linearkombination der anderen Gleichungen addiert. Dies wird bei der *naiven* Form der *GAUSS-Elimination* so ausgenutzt, daß zunächst *Multiplikatoren* $m_{i1} = -a_{i1} / a_{11}$ so bestimmt werden, daß an den Plätzen $(i,1)$ $(i = 2,\dots,n)$ der Koeffizientenmatrix Nullen entstehen, wenn man die mit m_{i1} multiplizierte erste Zeile zu den Zeilen mit der Nummer i addiert. Dadurch verändern sich alle Matrixelemente ab der zweiten Zeile. Man erhält

$$\left.\begin{array}{l} m_{i1} = -a_{i1} / a_{11}\,, \\[2ex] a_{ij}^{(2)} = a_{ij} + m_{i1} a_{1j}\,, \quad (j = 2,\dots,n)\,, \\[2ex] b_i^{(2)} = b_i + m_{i1} b_1\,. \end{array}\right\} (i = 2,\dots,n)$$

Das Gleichungssystem (5.1) lautet jetzt

$$A^{(2)} x = b^{(2)}$$

mit

$$A^{(2)} = \begin{pmatrix} a_{11}^{(1)} & a_{12}^{(1)} & \cdots & a_{1n}^{(1)} \\ 0 & a_{22}^{(2)} & \cdots & a_{2n}^{(2)} \\ \vdots & \vdots & & \vdots \\ 0 & a_{n2}^{(2)} & \cdots & a_{nn}^{(2)} \end{pmatrix}, \quad b^{(2)} = \begin{pmatrix} b_1^{(1)} \\ b_2^{(2)} \\ \\ b_n^{(2)} \end{pmatrix},$$

wobei wir $a_{1j}^{(1)}$ statt a_{1j} $(j = 1,\dots,n)$ und $b_1^{(1)}$ statt b_1 geschrieben haben.

Beim zweiten Eliminationsschritt werden in $A^{(2)}$ die Elemente an den Stellen $(i,2)$ $(i = 3,\dots,n)$ annulliert, was durch

$$\left.\begin{array}{l} m_{i2} = -a_{i2}^{(2)} / a_{22}^{(2)} \\[2ex] a_{ij}^{(3)} = a_{ij}^{(2)} + m_{i2} a_{2j}^{(2)}, \quad (j = 3,\dots,n) \\[2ex] b_i^{(3)} = b_i^{(2)} + m_{i2} b_2^{(2)} \end{array}\right\} (i = 3,\dots,n)$$

erfolgt.

Im k-ten Schritt $(k = 1,\ldots,n-1)$ liegt zunächst ein Gleichungssystem $A^{(k)}x = b^{(k)}$ mit

$$
{}^{(k)} = \begin{pmatrix}
a_{11}^{(1)} & a_{12}^{(2)} & a_{13}^{(1)} & \cdots & a_{1k}^{(1)} & \cdots & a_{1n}^{(1)} \\
0 & a_{22}^{(2)} & a_{23}^{(2)} & \cdots & a_{2k}^{(2)} & \cdots & a_{2n}^{(2)} \\
0 & 0 & a_{33}^{(3)} & \cdots & a_{3k}^{(3)} & \cdots & a_{3n}^{(3)} \\
0 & 0 & 0 & & \vdots & & \vdots \\
\vdots & \vdots & \vdots & \ddots & \vdots & & \vdots \\
0 & 0 & 0 & \ldots 0 & a_{kk}^{(k)} & \cdots & a_{kn}^{(k)} \\
\vdots & \vdots & & & \vdots & & \vdots \\
0 & 0 & 0 & \ldots 0 & a_{nk}^{(k)} & \cdots & a_{nn}^{(k)}
\end{pmatrix} \tag{5.3}
$$

und

$$
b^{(k)} = \left(b_1^{(1)}, b_2^{(2)}, \ldots, b_k^{(k)}, \ldots, b_n^{(k)}\right)^T
$$

vor. Die Produktion der Nullen in der k-ten Spalte unterhalb von $a_{kk}^{(k)}$ erfolgt gemäß

$$
\left.\begin{aligned}
m_{ik} &= -a_{ik}^{(k)} / a_{kk}^{(k)} , && (5.4)\\
a_{ij}^{(k+1)} &= a_{ij}^{(k)} + m_{ik} a_{kj}^{(k)} , \quad (j = k+1,\ldots,n) , && (5.5)\\
b_i^{(k+1)} &= b_i^{(k)} + m_{ik} b_k^{(k)} . && (5.6)
\end{aligned}\right\} (i = k+1,\ldots,n)
$$

Da im k-ten Schritt die Elemente

$$
a_{ik}^{(k+1)} = 0 \quad (i = k+1,\ldots,n)
$$

werden und genauso viele Multiplikatoren m_{ik} entstehen, kann man diese auf die Plätze der $a_{ik}^{(k+1)}$ $(i = k+1,\ldots,n)$ speichern; ebenso können die $a_{ij}^{(k)}$ mit den $a_{ij}^{(k+1)}$ $(j = k+1,\ldots,n;\ i = k+1,\ldots,n)$ und die $b_i^{(k)}$ mit den $b_i^{(k+1)}$ $(i = k+1,\ldots,n)$ überschrieben werden. Dies ergibt folgenden kompakten Algorithmus:

Für $k = 1,\ldots,n-1$ setze man

$$\left.\begin{aligned} & a_{ik} := -a_{ik} / a_{kk} && (5.7) \\ & a_{ij} := a_{ij} + a_{ik}a_{kj}\ , \quad (j = k+1,\ldots,n) && (5.8) \\ & b_i := b_i + a_{ik}b_k\ . && (5.9) \end{aligned}\right\} (i = k+1,\ldots,n)$$

Nach dieser sogenannten *Vorwärtselimination* liegt ein Gleichungssystem der Gestalt

$$\begin{array}{lllll} a_{11}^{(1)}x_1 + & a_{12}^{(1)}x_2 & +\ldots+ & a_{1,n-1}^{(1)}x_{n-1} + & a_{1,n}^{(1)}x_n & = b_1^{(1)} \\ & a_{22}^{(2)}x_2 & +\ldots+ & a_{2,n-1}^{(2)}x_{n-1} + & a_{2,n}^{(2)}x_n & = b_2^{(2)} \\ & & & & \vdots & \\ & & & a_{n-1,n-1}^{(n-1)}x_{n-1} + & a_{n-1,n}^{(n-1)}x_n & = b_{n-1}^{(n-1)} \\ & & & & a_{nn}^{(n)}x_n & = b_n^{(n-1)} \end{array}$$

mit der Koeffizientenmatrix $A^{(n)}$ nach (5.3) vor, das bei der Überspeicherungstechnik (5.8) bis (5.9)

$$\begin{array}{lllll} a_{11}x_1 + & a_{12}x_2 + & \ldots+ & a_{1,n-1}x_{n-1} + & a_{1,n}x_n & = b_1 \\ & a_{22}x_2 + & \ldots+ & a_{2,n-1}x_{n-1} + & a_{2,n}x_n & = b_2 \\ & & & & \vdots & \\ & & & a_{n-1,n-1}x_{n-1} + & a_{n-1,n}x_n & = b_{n-1} \\ & & & & a_{nn}x_n & = b_n \end{array} \qquad (5.10)$$

lautet.

Dieses Gleichungssystem hat obere Dreiecksgestalt und kann nun durch *Rückwärtseinsetzung* einfach gelöst werden. Aus der letzten Gleichung ergibt sich

$$x_n = b_n / a_{nn}\ , \qquad (5.11)$$

aus der vorletzten

$$x_{n-1} = \left(b_{n-1} - a_{n-1,n}x_n\right) / a_{n-1,n-1}$$

und schließlich allgemein

$$x_i = \left(b_i - \sum_{j=i+1}^{n} a_{ij} x_j \right) / a_{ii} \quad (i = n-1, n-2, \ldots, 1). \tag{5.12}$$

Im Computer kann man die Speicherplätze für den Vektor x sparen, wenn man den Vektor b in (5.10) gemäß

$$b_n := b_n / a_{nn} \tag{5.13}$$

$$b_i := \left(b_i - \sum_{j=i+1}^{n} a_{ij} b_j \right) / a_{ii} \quad (i = n-1, \ldots, 1) \tag{5.14}$$

überschreibt.

Das gesamte Verfahren - und deshalb der Name "naive" GAUSS-Elimination - funktioniert nur, falls in (5.4) bei der Vorwärtselimination stets

$$a_{kk}^{(k)} \neq 0 \quad (k = 1, \ldots, n-1) \tag{5.15}$$

gilt und wegen der Rückwärtselimination auch

$$a_{nn}^{(n)} \neq 0 \tag{5.16}$$

ist.

Die Bedingungen (5.15) und (5.16) sind selbst bei nichtsingulärer Matrix A nicht immer gewährleistet; so kann z. B. schon $a_{11} = 0$ sein. Trotzdem wollen wir uns mit der Implementation der beschriebenen Algorithmen befassen, um spätere Modifikationen vorzubereiten.

Die Vorwärtselimination (5.7) und (5.8) ist in der Subroutine NGAUSS aus Abb. U16 realisiert. NDIM ist die im NGAUSS rufenden Hauptprogramm

```
      SUBROUTINE NGAUSS(N,A,NDIM)
      DIMENSION A(NDIM,N)
      NM1=N-1
      DO 30 K=1,NM1
         KP1=K+1
         DO 20 I=KP1,N
            A(I,K)=-A(I,K)/A(K,K)
            DO 10 J=KP1,N
               A(I,J)=A(I,J)+A(I,K)*A(K,J)
10          CONTINUE
20       CONTINUE
30    CONTINUE
      RETURN
      END
```

Abb. U16 NGAUSS

festzulegende maximale erste Dimension des Feldes A. NGAUSS kann dann Matrizen der Kantenlänge N mit 1≤N≤NDIM verarbeiten.

Nun werden in FORTRAN die Elemente eines Feldes A(NDIM,N) spaltenweise hintereinander abgelagert. Das Element A(I,J) steht an der Position I+NDIM∗(J-1) eines eindimensionalen Feldes. Somit ist es sinnvoll, mit Matrizen arbeitende Algorithmen nach Möglichkeit so einzurichten, daß auf aufeinanderfolgend gespeicherte Matrixelemente nacheinander zugegriffen wird. Dies geschieht in (5.8) gerade nicht! Dort werden für ein festes k und für ein festes $i \in \{k+1,\dots,n\}$ die Zeilenelemente a_{ij} $(j = k+1,\dots,n)$ verändert. Rechnet man jedoch zunächst alle Multiplikatoren für ein festes k aus und verändert mit ihnen für ein festes $j \in \{k+1,\dots,n\}$ die Elemente a_{ij} $(i = k+1,\dots,n)$, so hat man die gewünschte spaltenweise Bearbeitung. Algorithmisch ergibt sich statt (5.7) und (5.8) die FORTRAN-gerechte Version der Vorwärtselimination, wie im folgenden gezeigt.

Für $k = 1,\dots,n-1$ setze man

$$a_{ik} := -a_{ik} / a_{kk} \quad (i = k+1,\dots,n) \ , \tag{5.17}$$

$$\left(a_{ij} := a_{ij} + a_{ik}a_{kj},\ (i = k+1,\dots,n)\right),\ (j = k+1,\dots,n) \ . \tag{5.18}$$

Diese ist in der Subroutine SGAUSS aus Abb. U17 implementiert. Ist N so groß, daß der FORTRAN-Compiler zweidimensionale Felder eventuell aus dem Zentralspeicher in einen Hintergrundspeicher auslagert und beim Bedarf eines Elements a_{ij} die gesamte j-te Spalte in den Zentralspeicher hereinholt,

```
      SUBROUTINE SGAUSS(NDIM,N,A)
      REAL A(NDIM,N)
      NM1=N-1
      DO 40 K=1,NM1
         KP1=K+1
         DO 10 I=KP1,N
            A(I,K)=-A(I,K)/A(K,K)
10       CONTINUE
         DO 30 J=KP1,N
            DO 20 I=KP1,N
               A(I,J)=A(I,J)+A(I,K)*A(K,J)
20          CONTINUE
30       CONTINUE
40    CONTINUE
      RETURN
      END
```

Abb. U17 SGAUSS

so wird mit SGAUSS gegenüber NGAUSS erheblich Computerzeit gespart, obwohl nicht mehr gerechnet wird.

Bisher haben wir die Bearbeitung der rechten Seite nach (5.9) und das Rückwärtseinsetzen nach (5.13) und (5.14) nicht beachtet. Dies hatte seinen guten Grund! Das Gleichungssystem (5.1) könnte nämlich für mehrere rechte Seiten zu lösen sein, von denen welche zum Zeitpunkt der Vorwärtselimination noch gar nicht bekannt sind. Daher wird man das Verändern einer rechten Seite durch die Vorwärtselimination und die Rückwärtseinsetzung unabhängig von SGAUSS implementieren. Da die Multiplikatoren von NGAUSS oder besser SGAUSS her in den Plätzen ((A(I,K),I=K+1,...,N), K=1,...,N-1) gespeichert werden, läßt sich (5.9) nachholen.

In der Subroutine NSOLVE geschieht dies in der DO 20 Schleife. Bedenkt man die spaltenweise lineare Speicherung von A, so wird man auch die Rückwärtseinsetzung nicht wie in (5.14) vornehmen. Setzt man dagegen $b_n(=x_n)$ nach (5.13) gleich in alle Gleichungen $(i=1,\dots,n-1)$ ein, berechnet $b_{n-1}(=x_{n-1})$ und setzt dies in die ersten $n-2$ Gleichungen ein usw., so wird A tatsächlich spaltenweise benutzt. Der zugehörige Algorithmus lautet:

Für $k=n,n-1,\dots,2$ setze

$$b_k:=b_k/a_{kk},\ b_i:=b_i-a_{ik}b_k\quad (i=1,\dots,k) \tag{5.19}$$

```
      SUBROUTINE NSOLVE(NDIM,N,A,B)
      REAL A(NDIM,N),B(N)
      IF(N.EQ.1) GOTO 50
      NM1=N-1
      DO 20 K=1,NM1
         KP1=K+1
         DO 10 I=KP1,N
            B(I)=B(I)+A(I,K)*B(K)
10       CONTINUE
20    CONTINUE
      DO 40 KB=1,NM1
         KM1=N-KB
         K=KM1+1
         B(K)=B(K)/A(K,K)
         T=-B(K)
         DO 30 I=1,KM1
            B(I)=B(I)+A(I,K)*T
30       CONTINUE
40    CONTINUE
50    B(1)=B(1)/A(1,1)
      RETURN
      END
```

Abb. U18 NSOLVE

und schließlich für $k = 1$

$$b_1 := b_1 / a_{11} \,. \tag{5.20}$$

Diese Vorschrift ist in der DO 40 Schleife in NSOLVE implementiert.

Das Lösen eines einzigen linearen Gleichungssystems geschieht jetzt mittels der beiden Statements

```
CALL SGAUSS(NDIM, N, A)
CALL NSOLVE(NDIM, N, A, B)
```

Anfangs enthält A die gegebene Koeffizientenmatrix und B die gegebene rechte Seite; nachher sind A und B zerstört, A enthält unterhalb der Hauptdiagonalen die Multiplikatoren m_{ik} und oberhalb die Dreiecksmatrix $A^{(n-1)}$, und B enthält die gesuchte Lösung, natürlich nur, falls (5.15) und (5.16) erfüllt waren. Ein Fehlerausgang ist bisher nicht vorgesehen.

Bevor wir auf offensichtlich notwendige Verbesserungen bei der naiven GAUSS-Elimination eingehen, wollen wir noch die Gesamtanzahl der benötigten Multiplikationen und Divisionen abzählen, die sich auch bei den geplanten Modifikationen nicht ändern wird. Additionen, Subtraktionen und Indexberechnungen werden vernachlässigt. Bei der Vorwärtselimination werden, wie man an NGAUSS oder SGAUSS ablesen kann, für die Berechnung der Multiplikatoren m_{ik}

$$(n-1)+(n-2)+\ldots+2+1 = \frac{n(n-1)}{2}$$

Divisionen und für die Veränderung der Matrixelemente

$$(n-1)^2+(n-2)^2+\ldots+2^2+1 = \frac{1}{6}(n-1)n(2n-1)$$

Multiplikationen, also zusammen $O\left(\frac{n^3}{3}\right)$ solcher Operationen benötigt.

NSOLVE benötigt zum Nachholen der Vorwärtselimination für die rechte Seite $n(n-1)/2$ Multiplikationen und für die Rückwärtseinsetzung n Divisionen und wieder $n(n-1)/2$ Multiplikationen, das sind zusammen $O(n^2)$ solcher Operationen.

Pivotisierung und Skalierung

Die naive GAUSS-Elimination läßt sich auch bei nichtsingulärer Koeffizientenmatrix A nicht immer durchführen. Z. B. muß man für $a_{11} = 0$ die erste Zeile mit einer i -ten Zeile mit $a_{i1} \neq 0$ vertauschen. Wir werden an einem Beispiel zeigen, daß es aus numerischen Gründen sinnvoll ist, bei festem k den Zeilenindex i so zu wählen, daß $\left|a_{ik}^{(k)}\right|$ $(i = k,\ldots,n)$ maximal wird, was $|m_{ik}| \leq 1$ bewirkt, und die k-te Zeile mit der i-ten zu vertauschen, bevor die Produktion der Nullen in den Positionen (i,k) $(i = k+1,\ldots,n)$ beginnt.

Wir gehen von dem Gleichungssystem

$$\begin{pmatrix} 10 & -7 & 0 \\ -3 & 2 & 6 \\ 5 & -1 & 5 \end{pmatrix} \begin{pmatrix} x_1 \\ x_2 \\ x_3 \end{pmatrix} = \begin{pmatrix} 7 \\ 4 \\ 6 \end{pmatrix}$$

mit der (ganzzahligen) Lösung

$$x_1 = 0,\ x_2 = -1,\ x_3 = 1$$

aus. Die gesamte Vorwärtselimination (einschließlich der Bearbeitung von b) verläuft wie folgt:

$$\begin{array}{ccc|c} 10 & -7 & 0 & 7 \\ 0 & -.1 & 6 & 6.1 \\ 0 & 2.5 & 5 & 2.5 \end{array}$$

$$\begin{array}{ccc|c} 10 & -7 & 0 & 7 \\ 0 & -.1 & 6 & 6.1 \\ 0 & 0 & 155 & 155 \end{array}$$

Dabei waren die Multiplikatoren

$$m_{21} = .3,\ m_{31} = -.5,\ m_{32} = 25\ .$$

Durch Rückwärtseinsetzen erhält man die oben angegebene Lösung.

Nun betrachten wir ein zweites Gleichungssystem, bei dem die zweite Gleichung an zwei Stellen leicht abgeändert wird, das jedoch dieselbe Lösung wie das erste Gleichungssystem besitzt, nämlich

$$\begin{pmatrix} 10 & -7 & 0 \\ -3 & 2.099 & 6 \\ 5 & -1 & 5 \end{pmatrix} \begin{pmatrix} x_1 \\ x_2 \\ x_3 \end{pmatrix} = \begin{pmatrix} 7 \\ 3.901 \\ 6 \end{pmatrix}.$$

Hier ergibt sich bei der Vorwärtselimination

$$\begin{array}{rrr|r} 10 & -7 & 0 & 7 \\ 0 & -.001 & 6 & 6.001 \\ 0 & 2.5 & 5 & 2.5 \end{array}$$

$$\begin{array}{rrr|r} 10 & -7 & 0 & 7 \\ 0 & -.001 & 6 & 6.001 \\ 0 & 0 & 1.5005 \times 10^4 & 1.50025 \times 10^4 + 2.5 = b_3^{(3)} \end{array}.$$

Dabei waren die Multiplikatoren

$$m_{21} = .3,\ m_{31} = -.5,\ m_{32} = 2500\ .$$

Hier sind m_{21} und m_{31} gegenüber vorher unverändert, m_{32} ist mit dem Faktor 100 multipliziert worden. Bei exakter Rechnung stört dies weiter nicht: durch Rückwärtseinsetzen ergibt sich wieder die exakte Lösung. Nehmen wir nun aber an, daß wir einen Computer mit $t = 5$ Dezimalstellen benutzen, bei dem entweder abgeschnitten (fl_C) oder gerundet (fl_R) wird. Dann ergibt sich im ersten Fall

$$\begin{aligned} b_3^{(3)} &= fl_C\left(fl_C\left(1.50025 \times 10^4\right) + 2.5\right) \\ &= fl_C\left(1.5002 + 2.5\right) \\ &= fl_C\left(1.50045\right) \\ &= 1.5004 \end{aligned}$$

und somit

$$x_3 = .99993\ .$$

Aus der zweiten umgeformten Gleichung ist x_2 aus

$$-.001x_2 + 6 \times .99993 = 6.001$$

zu errechnen. Nun wird

$$fl_C(6 \times .99993) = fl_C(5.99958) = 5.9995$$

und somit

$$x_2 = \frac{.0015}{-.001} = -1.5000, \quad x_1 = -.35000\,.$$

Erstaunlicherweise werden die Ergebnisse bei Rundung noch schlechter. Es wird

$$\begin{aligned} b_3^{(3)} &= fl_R\left(fl_R\left(1.50025 \times 10^4\right) + 2.5\right) \\ &= fl_R\left(1.5003 \times 10^4 + 2.5\right) \\ &= fl_R\left(1.50055 \times 10^4\right) \\ &= 1.5006 \end{aligned}$$

und es ergibt sich der Reihe nach

$$x_3 = 1.0007, \quad x_2 = 3.2000, \quad x_1 = 2.94000\,.$$

In beiden Fällen sorgt offenbar der sehr große Multiplikator m_{23} für die numerische Katastrophe. Sorgen wir für fehlerreduzierende Multiplikatoren mit einem Betrag ≤ 1, indem wir die Reihenfolge der Gleichungen geeignet abändern, so tritt ein solcher Effekt nicht ein. Vertauschen wir oben beim zweiten Eliminationsschritt $(k = 2)$ die zweite und dritte Zeile, so haben wir

$$\begin{array}{rrr|r} 10 & -7 & 0 & 7 \\ 0 & 2.5 & 5 & 2.5 \\ 0 & -.001 & 6 & 6.001 \end{array}$$

vorliegen, und mit dem Multiplikator $m_{32} = \dfrac{-.001}{2.5} = -.40000 \times 10^{-4}$ ergibt sich

$$\begin{array}{rrr|r} 10 & -7 & 0 & 7 \\ 0 & 2.5 & 5 & 2.5 \\ 0 & 0 & 6.0000 & 6.0010 \end{array}$$

Für fl_C ergibt sich dann der Reihe nach

$$x_3 = 1.0001,\ x_2 = -1.0002,\ x_3 = -.00014$$

und für fl_R

$$x_3 = 1.0002,\ x_2 = -1.0004,\ x_3 = -.00028\ .$$

Das sind in beiden Fällen Resultate, die sehr nahe am exakten Ergebnis sind, obwohl mit Gleitpunktarithmetik bei einer Stellenanzahl gerechnet wurde, die Rundungsfehler erzwingt.

Allgemein wird beim k-ten Eliminationsschritt in der k-ten Spalte $(k = 1,\ldots,n-1)$ so verfahren, daß unter den Elementen $a_{kk}^{(k)},\ldots,a_{nk}^{(k)}$, die aber in früheren Eliminationsschritten schon mehrfach vertauscht worden sein können, ein betragsgrößtes (o. B. d. A. das erste betragsgrößte) Element $a_{mk}^{(k)}$ herausgesucht wird, der Index m in ein Indexfeld p gespeichert, also $p_k = m$ gesetzt wird, und die k-te mit der m-ten Zeile vertauscht wird. Das Element $a_{mk}^{(k)}$ heißt *Pivotelement*. Da dieses in einer Restspalte gesucht wird, spricht man von *Spaltenpivotsuche*. In dieser Form ist das Verfahren in der Subroutine PSGAUSS aus Abb. U19 implementiert. Es ist IPVT(K)=p_k. Zu beachten ist, daß die Multiplikatoren m_{ik} nicht mitvertauscht werden. So ergeben sich z. B. für $n = 3$, $p_1 = 1$ und $p_2 = 3$ im Feld A(NDIM,N) der Reihe nach folgende Speicherinhalte. Für $k = 1$ haben wir

$$\begin{pmatrix} a_{11} & a_{12} & a_{13} \\ -m_{21} & a_{22}^{(2)} & a_{23}^{(2)} \\ -m_{31} & a_{32}^{(2)} & a_{33}^{(2)} \end{pmatrix}$$

Dabei sind die veränderten Elemente wie folgt berechnet worden:

$$m_{21} = -\frac{a_{21}}{a_{11}},\ a_{22}^{(2)} = a_{22} + m_{21}a_{12},\ a_{23}^{(2)} = a_{23} + m_{21}a_{13}\ , \tag{5.21}$$

$$m_{31} = -\frac{a_{31}}{a_{11}},\ a_{32}^{(2)} = a_{32} + m_{31}a_{12},\ a_{33}^{(2)} = a_{33} + m_{31}a_{13}\ . \tag{5.22}$$

Wegen $p_2 = 3$ war $\left|a_{32}^{(2)}\right| > \left|a_{22}^{(2)}\right|$ gewesen, und im Speicher steht die Matrix

$$\begin{pmatrix} a_{11} & a_{12} & a_{13} \\ m_{21} & a_{32}^{(2)} & a_{33}^{(2)} \\ m_{31} & a_{22}^{(2)} & a_{23}^{(2)} \end{pmatrix}$$

```
      SUBROUTINE PSGAUSS(NDIM,N,A,IPVT)
      REAL A(NDIM,N)
      INTEGER IPVT(N)
      IPVT(N)=1
      NM1=N-1
      DO 35 K=1,NM1
         KP1=K+1
         M=K
         DO 15 I=KP1,N
            IF(ABS(A(I,K)).GT.ABS(A(M,K))) M=I
15       CONTINUE
         IPVT(K)=M
         IF(M.NE.K) IPVT(N)=-IPVT(N)
         T=A(M,K)
         A(M,K)=A(K,K)
         A(K,K)=T
         IF(T.EQ.0.0) GOTO 35
         DO 20 I=KP1,N
            A(I,K)=-A(I,K)/T
20       CONTINUE
         DO 30 J=KP1,N
            T=A(M,J)
            A(M,J)=A(K,J)
            A(K,J)=T
            IF(T.EQ.0.0) GOTO 30
            DO 25 I=KP1,N
               A(I,J)=A(I,J)+A(I,K)*T
25          CONTINUE
30       CONTINUE
35    CONTINUE
      RETURN
      END
```

Abb. U19 PSGAUSS

Jetzt wird

$$m_{32} = -\frac{a_{22}^{(2)}}{a_{32}^{(2)}} \tag{5.23}$$

und es ergibt sich

$$\begin{pmatrix} a_{11} & a_{12} & a_{13} \\ m_{21} & a_{32}^{(2)} & a_{33}^{(2)} \\ m_{31} & m_{32} & a_{23}^{(3)} \end{pmatrix} \tag{5.24}$$

mit

$$a_{23}^{(3)} = a_{23}^{(2)} + m_{32} a_{33}^{(2)} \; . \tag{5.25}$$

Würde man (5.24) mit dem Indexfeld p schreiben, so lautete dies mit $p_3 = 2$

$$\begin{pmatrix} a_{p_1,1} & a_{p_1,2} & a_{p_1,3} \\ m_{21} & a^{(2)}_{p_2,2} & a^{(2)}_{p_2,3} \\ m_{31} & m_{32} & a^{(3)}_{p_3,3} \end{pmatrix} . \tag{5.26}$$

Da mit p_k $(k = 1,\dots,n-1)$ die erfolgte Permutation schon eindeutig festgelegt ist, kann man p_n dazu verwenden, um (z. B. für die Berechnung der Determinante von A) festzuhalten, ob eine geradzahlige oder ungeradzahlige Anzahl von Vertauschungen stattgefunden hat: man setzt anfangs $p_n := 1$ und weiter $p_n := -p_n$ bei jeder Vertauschung. Auch dies geschieht in PSGAUSS. Die Determinante $\det A$ ergäbe sich so als Produkt von p_n(=IPVT(N)) und den Diagonalelementen A(I,I) im Feld A(NDIM,N) nach dem Aufruf von PSGAUSS. Ist daher $\det A \neq 0$, so kann in der oberen Dreiecksmatrix (5.26) auch für größere n kein Diagonalelement verschwinden, weshalb alle Multiplikatoren definiert sind. Passiert dieses aus Rundungsfehlergründen trotzdem, so wird in PSGAUSS der entsprechende Eliminationsschritt einfach übersprungen. Besser wäre es in solch einem Fall allerdings, PSGAUSS mit einer Fehlermeldung zu verlassen, da in der Subroutine SOLVE aus Abb. U20 zur Rückwärtseinsetzung solch ein Fall nicht getestet und damit durch

```
      SUBROUTINE SOLVE(NDIM,N,A,B,IPVT)
      REAL A(NDIM,N),B(N)
      INTEGER IPVT(N)
      IF(N.EQ.1) GOTO 50
      NM1=N-1
      DO 20 K=1,NM1
         KP1=K+1
         M=IPVT(K)
         T=B(M)
         B(M)=B(K)
         B(K)=T
         DO 10 I=KP1,N
            B(I)=B(I)+A(I,K)*T
10       CONTINUE
20    CONTINUE
      DO 40 KB=1,NM1
         KM1=N-KB
         K=KM1+1
         B(K)=B(K)/A(K,K)
         T=-B(K)
         DO 30 I=1,KM1
            B(I)=B(I)+A(I,K)*T
30       CONTINUE
40    CONTINUE
50    B(1)=B(1)/A(1,1)
      RETURN
      END
```

Abb. U20 SOLVE

Null dividiert würde. SOLVE funktioniert prinzipiell wie NSOLVE, nur daß bei der nachzuholenden Vorwärtselimination die in PSGAUSS vorgenommenen Spaltenvertauschungen auch durchgeführt werden müssen. Im obigen Beispiel ist wegen IPVT(1) = 1 das Feldelement unverändert, weshalb für K = 1

B(2)=B(2)+A(2,1)×B(1)
B(3)=B(3)+A(3,1)×B(1)

ausgeführt wird. Für K = 2 ist IPVT(2) = 3, und es passiert

T=B(3)
B(3)=B(2)
B(2)=T
B(3)=B(3)+A(3,2)×B(3)

d. h. in Wirklichkeit

B(2)=B(2)+A(3,2)×B(2)

wie es sein muß. Beim Rückwärtseinsetzen werden die dann schon korrekt vertauschten Feldelemente von B mit den schon in PSGAUSS vertauschten Zeilen der Matrix so wie in SOLVE verarbeitet.

Statt Spaltenpivotsuche ließe sich die wesentlich aufwendigere *vollständige Pivotsuche* einsetzen. Hierbei würde im k-ten Schritt in der Restmatrix $A^{(k)}$ nicht nur in der k-ten Spalte und den Zeilen $k,\dots,n$, sondern in der gesamten Matrix $A^{(k)}$ ein betragsgrößtes Element gesucht. Steht dieses in der Position (m,ℓ) $(k \le m \le n,\ k \le \ell \le n)$, so wird die m-te Zeile mit der k-ten Zeile und die ℓ-te Spalte mit der k-ten Spalte vertauscht. Schwierige Rundungsfehleranalysen zeigen, daß die vollständige Pivotsuche bessere Abschätzungen liefert. Praktische Erfahrungen bestätigen weniger Rundungsfehler i. a. allerdings nicht, so daß auch in kommerziellen Softwareprodukten nur die Spaltenpivotsuche benutzt wird.

Die Spaltenpivotsuche bestimmt die Reihenfolge, in welcher aus welchen Gleichungen die Unbekannten der Reihe nach eliminiert werden. Es gibt folgenden Vorschlag zur vorangehenden *Skalierung* der Gleichungen. In jeder Zeile von A wird das betragsgrößte Element bestimmt und diese Zeile und die entsprechende Komponente der rechten Seite dadurch dividiert.

Leider ist nicht entschieden, in welchen Fällen dies zu numerisch besseren Resultaten führt bzw. nicht führt. Es gibt Beispiele und Gegenbeispiele. Deshalb sehen wir von einer Implementation ab und empfehlen, die Koeffizienten von A und b sowie die Unbekannten in den bezüglich der Anwendung "natürlichen" Einheiten zu messen.

Matrixschreibweise der GAUSS-Elimination

Wir betrachten die GAUSS-Elimination zunächst wieder ohne Spaltenpivotsuche. Zur Erläuterung wählen wir $n = 3$. Definieren wir die drei Matrizen M_{21}, M_{31} und M_{32} gemäß

$$M_{21} = \begin{pmatrix} 1 & 0 & 0 \\ m_{21} & 1 & 0 \\ 0 & 0 & 1 \end{pmatrix}, \; M_{31} = \begin{pmatrix} 1 & 0 & 0 \\ 0 & 1 & 0 \\ m_{31} & 0 & 1 \end{pmatrix}, \; M_{32} = \begin{pmatrix} 1 & 0 & 0 \\ 0 & 1 & 0 \\ 0 & m_{32} & 1 \end{pmatrix},$$

wobei m_{21}, m_{31} und m_{32} die Multiplikatoren gemäß (5.4) sind, so ergibt sich

$$M_{21}A = \begin{pmatrix} a_{11} & a_{12} & a_{13} \\ 0 & a_{22} + m_{21}a_{12} & a_{23} + m_{21}a_{13} \\ a_{31} & a_{32} & a_{33} \end{pmatrix} = \begin{pmatrix} a_{11} & a_{12} & a_{13} \\ 0 & a_{22}^{(2)} & a_{23}^{(2)} \\ a_{31} & a_{32} & a_{33} \end{pmatrix},$$

$$M_{31}M_{21}A = \begin{pmatrix} a_{11} & a_{12} & a_{13} \\ 0 & a_{22} + m_{21}a_{12} & a_{23} + m_{21}a_{13} \\ 0 & a_{32} + m_{31}a_{12} & a_{33} + m_{31}a_{13} \end{pmatrix} = A^{(2)}, \tag{5.26}$$

$$M_{32}M_{31}M_{21}A = \begin{pmatrix} a_{11} & a_{12} & a_{13} \\ 0 & a_{22}^{(2)} & a_{23}^{(2)} \\ 0 & 0 & a_{33}^{(3)} \end{pmatrix} = A^{(3)},$$

d. h. die Produktion einer Null unterhalb der Hauptdiagonale von A kann also als Multiplikation von A mit einer geeigneten, sehr speziellen Matrix gedeutet werden. Diese Matrizen M_{ik} haben sehr einfache Inverse: es ist einfach m_{ik}

durch $-m_{ik}$ zu ersetzen, wie man leicht nachrechnet. Weiter gilt

$$\left(M_{32}M_{31}M_{21}\right)^{-1} = M_{21}^{-1}M_{31}^{-1}M_{32}^{-1}$$

$$= \begin{pmatrix} 1 & 0 & 0 \\ -m_{21} & 1 & 0 \\ 0 & 0 & 1 \end{pmatrix} \begin{pmatrix} 1 & 0 & 0 \\ 0 & 1 & 0 \\ -m_{31} & 0 & 1 \end{pmatrix} \begin{pmatrix} 1 & 0 & 0 \\ 0 & 1 & 0 \\ 0 & -m_{32} & 1 \end{pmatrix}$$

$$= \begin{pmatrix} 1 & & \\ -m_{21} & 1 & \\ -m_{31} & -m_{32} & 1 \end{pmatrix},$$

also gilt wegen (5.26)

$$A = \begin{pmatrix} 1 & & \\ -m_{21} & 1 & \\ -m_{31} & -m_{32} & 1 \end{pmatrix} \begin{pmatrix} a_{11} & a_{12} & a_{13} \\ & a_{22}^{(2)} & a_{23}^{(2)} \\ & & a_{33}^{(3)} \end{pmatrix}, \tag{5.27}$$

wobei wir die auftretenden Nullelemente nicht geschrieben haben. Setzt man im Allgemeinfall

$$M_{ik} = \begin{pmatrix} 1 & & & & & \\ & \ddots & & & & \\ & & 1 & & & \\ & & \vdots & \ddots & & \\ & & m_{ik} & \dots & 1 & \\ & & & & & \ddots & \\ & & & & & & 1 \end{pmatrix}, \tag{5.28}$$

wobei der Multiplikator m_{ik} in der i -ten Zeile und k-ten Spalte steht, in der Hauptdiagonalen lauter Einsen und sonst Nullen eingetragen sind, so gilt

$$M_{ik}^{-1} = \begin{pmatrix} 1 & & & & & \\ & \ddots & & & & \\ & & 1 & & & \\ & & \vdots & \ddots & & \\ & & -m_{ik} & \dots & 1 & \\ & & & & & \ddots & \\ & & & & & & 1 \end{pmatrix}. \tag{5.29}$$

Statt (5.26) haben wir

$$M_{n,n-1}G_{n-2}G_{n-3}\cdots G_2G_1A = A^{(n)}\ ,\quad G_k = \prod_{i=k+1}^{n-1} M_{ik}\quad (k=1,\ldots,n-2) \tag{5.30}$$

und statt (5.27) ergibt sich

$$A = LU\ , \tag{5.31}$$

wobei $U = A^{(n)}$ eine obere Dreiecksmatrix und L mit

$$L = \begin{pmatrix} 1 & & & & & \\ -m_{21} & 1 & & & & \\ -m_{31} & -m_{32} & 1 & & & \\ \vdots & \vdots & & \ddots & & \\ \vdots & \vdots & & & \ddots & \\ -m_{n1} & -m_{n2} & -m_{n3} & \cdots & -m_{n,n-1} & 1 \end{pmatrix} \tag{5.32}$$

eine untere Dreiecksmatrix mit Einsen in der Hauptdiagonale ist. Da für das Bilden von $A^{(n)}$ gemäß (5.3) nur (5.15) erforderlich war und da dann (5.16) mit

$$0 \neq \det A = \det L \cdot \det U = \det U = \det A^{(n)} \tag{5.33}$$

gleichwertig ist, haben wir den

Satz 11: Ist A nichtsingulär und ist keine Spaltenpivotsuche bei der GAUSS-Elimination erforderlich, so wird dadurch eine sogenannte *LU-Zerlegung* (5.31) von A erhalten, wobei die obere Dreiecksmatrix U das Endprodukt der Vorwärtselimination ist und L eine untere Dreiecksmatrix mit Einsen in der Diagonale und den negativen Multiplikatoren gemäß (5.4) unterhalb der Hauptdiagonalen ist.

Zusatz: Falls eine LU-Zerlegung von A existiert, so ist sie eindeutig.

Beweis: Es gelte $A = L_1U_1 = L_2U_2$. Die Matrizen L_1, L_2, U_1, U_2 sind alle nichtsingulär. Also gilt $L_2^{-1}L_1 = U_2U_1^{-1}$. Da aber $L_2^{-1}L_1$ eine untere und $U_2U_1^{-1}$ eine obere Dreiecksmatrix ist, was wegen (5.30) und (5.32) für $L_2^{-1}L_1$ und analog für $U_2U_1^{-1}$ leicht zu verifizieren ist, und außerdem $diag(L_2^{-1}L_1) = I$, also die

Diagonale von $L_2^{-1}L_1$ gleich der Einheitsmatrix ist, muß $L_2^{-1}L_1 = I = U_2U_1^{-1}$ gelten, was $L_1 = L_2$ und $U_1 = U_2$ impliziert. □

Die Lösung des Gleichungssystems (5.2) kann mit Hilfe der LU-Zerlegung wie folgt interpretiert werden. Es ist

$$Ax = LUx = b \tag{5.34}$$

Setzt man $Ux = y$, so entspricht der Lösung von (5.2) die Lösung von zwei gestaffelten linearen Gleichungssystemen

$$Ly = b\,, \tag{5.35}$$
$$Ux = y \tag{5.36}$$

Da in beiden Fällen die Koeffizientenmatrizen Dreiecksgestalt haben, kann (5.35) durch Vorwärts- und (5.36) durch Rückwärtseinsetzen gelöst werden.

Diese Betrachtungsweise hilft z. B. auch bei Lösung von Gleichungssystemen

$$A^T u = c\,, \tag{5.37}$$

wie sie etwa zusammen mit (5.2) in der Linearen Optimierung und bei der Schätzung der Konditionszahl auftreten. Es ist

$$A^T u = (LU)^T u = U^T L^T u = c\,.$$

Setzt man also $L^T u = v$, so sind

$$U^T v = c\,, \tag{5.38}$$
$$L^T u = v \tag{5.39}$$

zu lösen, was wegen der Dreiecksgestalt wieder einfach ist.

Ist der Aufruf von NGAUSS erfolgt, so findet man die LU-Zerlegung ganz einfach. U ist in den Plätzen A(I,K) (K≥I) zu finden und die Elemente von L unterhalb der Hauptdiagonalen, die mit (nicht gespeicherten) Einsen besetzt ist, sind mit negativen Vorzeichen in den Plätzen A(I,K) (K<I). Schwieriger ist dies bei PSGAUSS, wie wir sehen werden.

Wird nämlich pivotisiert, so wird in (5.30) vor der Multiplikation mit G_k eine *Vertauschungsmatrix* Q_k eingeschaltet, die zwei Zeilen mit den Nummern k und $m = m(k)$ $(k \le m \le n)$ der bereits erarbeiteten Matrix vertauscht. Die Matrix Q_k hat die Gestalt

$$Q_k = \begin{pmatrix} 1 & & & & & & & & & \\ & \ddots & & & & & & & & \\ & & 1 & & & & & & & \\ & & & 0 & \cdots & \cdots & \cdots & 1 & & \\ & & & \vdots & 1 & & & \vdots & & \\ & & & \vdots & & \ddots & & \vdots & & \\ & & & \vdots & & & 1 & \vdots & & \\ & & & 1 & \cdots & \cdots & \cdots & 0 & & \\ & & & & & & & & 1 & \\ & & & & & & & & & \ddots \\ & & & & & & & & & & 1 \end{pmatrix} \begin{matrix} \\ \\ \\ k-\text{te Zeile} \\ \\ \\ \\ m-\text{te Zeile} \\ \\ \\ \\ \end{matrix} \tag{5.40}$$

und ist eine spezielle Permutationsmatrix mit $Q_k = Q_k^T = Q_k^{-1}$. In unserem Beispiel für $n = 3$ gilt $Q_1 = I$ und

$$Q_2 = \begin{pmatrix} 1 & 0 & 0 \\ 0 & 0 & 1 \\ 0 & 1 & 0 \end{pmatrix}$$

und somit

$$M_{32}Q_2M_{31}M_{21}Q_1A = \begin{pmatrix} a_{11} & a_{12} & a_{13} \\ & a_{32}^{(2)} & a_{33}^{(2)} \\ & & a_{32}^{(3)} \end{pmatrix} . \tag{5.41}$$

Im Allgemeinfall gilt statt (5.30)

$$\tilde{L}^{-1}A = A^{(k)} = U \tag{5.42}$$

mit

$$\tilde{L}^{-1} = M_{n,n-1}Q_{n-1}G_{n-2}Q_{n-2}\cdots G_1Q_1 \tag{5.43}$$

und es folgt

$$A = \tilde{L}U\,, \tag{5.44}$$

wobei U wieder eine obere Dreiecksmatrix ist, aber $\tilde{L}$ im allgemeinen nicht die Form (5.32) hat, wie man an unserem Beispiel sieht. Es ist nämlich

$$\begin{aligned}
\tilde{L} &= (M_{32}Q_2M_{31}M_{21}Q_1)^{-1} \\
&= Q_1M_{21}^{-1}M_{31}^{-1}Q_2M_{32}^{-1} \\
&= \begin{pmatrix} 1 & 0 & 0 \\ -m_{21} & 1 & 0 \\ 0 & 0 & 1 \end{pmatrix}\begin{pmatrix} 1 & 0 & 0 \\ 0 & 1 & 0 \\ -m_{31} & 0 & 1 \end{pmatrix}\begin{pmatrix} 1 & 0 & 0 \\ 0 & 0 & 1 \\ 0 & 1 & 0 \end{pmatrix}\begin{pmatrix} 1 & 0 & 0 \\ 0 & 1 & 0 \\ 0 & -m_{32} & 1 \end{pmatrix} \\
&= \begin{pmatrix} 1 & 0 & 0 \\ -m_{21} & 1 & 0 \\ -m_{31} & 0 & 1 \end{pmatrix}\begin{pmatrix} 1 & 0 & 0 \\ 0 & -m_{32} & 1 \\ 0 & 1 & 0 \end{pmatrix} \\
&= \begin{pmatrix} 1 & 0 & 0 \\ -m_{21} & -m_{32} & 1 \\ -m_{31} & 1 & 0 \end{pmatrix}
\end{aligned}$$

Wir werden aber zeigen, daß es eine *Permutationsmatrix* P (i. a. keine spezielle Vertauschungsmatrix, nur im Beispiel ist $P = Q_2$) gibt derart, daß $L = P^{-1}\tilde{L}$ die geforderte Gestalt (5.32) hat. Dann gilt wegen (5.44) wie gewünscht $PA = LU$.

<u>Satz 12:</u> Ist $A \in \mathbb{R}^{n\times n}$ nichtsingulär, so gibt es eine Permutationsmatrix P mit

$$PA = LU\,, \tag{5.45}$$

wobei L und U die in Satz 11 beschriebenen Eigenschaften haben.

Beweis: Da A nichtsingulär ist, existiert in der ersten Spalte wenigstens ein Matrixelement mit einem Wert $a \neq 0$. Ferner gibt es eine Permutationsmatrix P_1 mit

$$P_1A = \begin{pmatrix} a & d^T \\ c & B_1 \end{pmatrix},$$

wobei $c, d \in \mathbb{R}^{n-1}$, $B_1 \in \mathbb{R}^{(n-1)\times(n-1)}$. Nun kann $P_1 A$ in der Form

$$P_1 A = \begin{pmatrix} 1 & 0 \\ c/a & I \end{pmatrix} \begin{pmatrix} a & d^T \\ 0 & B_2 \end{pmatrix} = L_1 U_1$$

zerlegt werden, wobei

$$B_2 = B_1 - \frac{1}{a} c d^T$$

gesetzt ist. Der Term cd^T ist ein *dyadisches Produkt*, also eine spezielle $(n-1)\times(n-1)$ Matrix. L_1 ist eine untere Dreiecksmatrix, U_1 jedoch keine obere Dreiecksmatrix. Wegen

$$0 \neq \det A = \pm \det(P_1 A) = \pm \det L_1 \cdot \det U_1 = \pm a \cdot \det B_2$$

ist $\det B_2 \neq 0$, also B_2 nichtsingulär, und somit kann B_2 wie vorher A behandelt werden. Es existiert ein $\tilde{P}_2$ mit

$$\tilde{P}_2 B_2 = \tilde{L}_2 \tilde{U}_2 \, ,$$

wobei $\tilde{L}_2$ und $\tilde{U}_2$ von derselben Gestalt wie oben L_1 und U_1 sind, nur um eine Kantenlänge kleiner. Setzen wir

$$P_2 = \begin{pmatrix} 1 & 0 \\ 0 & \tilde{P}_2 \end{pmatrix},$$

so wird

$$\begin{aligned} P_2 P_1 A &= \begin{pmatrix} 1 & 0 \\ 0 & \tilde{P}_2 \end{pmatrix} \begin{pmatrix} 1 & 0 \\ (1/a)c & I \end{pmatrix} \begin{pmatrix} a & d^T \\ 0 & B_2 \end{pmatrix} \\ &= \begin{pmatrix} a & d^T \\ \tilde{P}_2 c & (1/a)\tilde{P}_2 c d^T + \tilde{L}_2 \tilde{U}_2 \end{pmatrix} \\ &= \begin{pmatrix} 1 & 0 \\ (1/a)\tilde{P}_2 c & \tilde{L}_2 \end{pmatrix} \begin{pmatrix} a & d^T \\ 0 & \tilde{U}_2 \end{pmatrix} \\ &= L_2 U_2 \, . \end{aligned}$$

Fährt man so fort, dann ist $\tilde{U}_{n-1}$ von der Gestalt $\begin{pmatrix} \alpha & \beta \\ 0 & \gamma \end{pmatrix}$, weshalb U_n eine obere Dreiecksmatrix ist. Die Matrix L_{n-1} hat untere Dreiecksgestalt und hat Einsen in der Diagonale. Es gilt

$$P_{n-1}P_{n-2}\cdots P_2P_1A = L_nU_n$$

Setzt man $P = P_{n-1}\cdots P_1$, $L = L_n$ und $U = U_n$, so ist also die Existenz von P nachgewiesen. □

Ähnlich wie bei der Zerlegung $A = LU$ geht jetzt bei der Zerlegung $PA = LU$ das Lösen der Systeme $Ax = b$ und $A^Ty = c$ in gestaffelter Form. Es ist

$$PAx = Pb = LUx \ ,$$

weshalb

$$Ly = Pb \ , \quad (5.46)$$
$$Ux = y \quad (5.47)$$

geschrieben werden kann, und es ist

$$A^Ty = A^TP^TPy = (PA)^TPy = (LU)^TPy = U^TL^TPy = c \ ,$$

weshalb sich

$$U^Tv = c \ , \quad (5.48)$$
$$L^Tw = v \ , \quad (5.49)$$
$$y = P^Tw \quad (5.50)$$

ergibt. In (5.46) muß die rechte Seite mit P permutiert, in (5.50) die Zwischenlösung w mit der inversen Permutation $P^T = P^{-1}$ nachbehandelt werden. Ersteres passiert in SOLVE, letzteres in der Subroutine TOLVE aus Abb. U21, auf die wir gleich zurückkommen. Vorher wollen wir klären, wie man mit den Ergebnissen von PSGAUSS die LU-Zerlegung von PA, d. h. auch P, rekonstruieren könnte, falls hierfür eine Notwendigkeit bestehen sollte.

```
      SUBROUTINE TOLVE (NDIM,N,A,B,IPVT)
      REAL A(NDIM,N),B(N)
      INTEGER IPVT(N)
      NM1=N-1
      DO 30 K=1,N
         T=0.0
         IF(K.EQ.1) GOTO 20
         KM1=K-1
         DO 10 I=1,KM1
            T=T+A(I,K)*B(I)
10       CONTINUE
20       B(K)=(B(K)-T)/A(K,K)
30    CONTINUE
      DO 50 KB=1,NM1
         K=N-KB
         T=0.0
         KP1=K+1
         DO 40 I=KP1,N
            T=T+A(I,K)*B(I)
40       CONTINUE
         B(K)=B(K)+T
         M=IPVT(K)
         IF(M.EQ.K) GOTO 50
         T=B(M)
         B(M)=B(K)
         B(K)=T
50    CONTINUE
      RETURN
      END
```

Abb. U21 TOLVE

Im Beispiel mit $n=3$ ist $P=Q_2$, U gleich der rechten Seite von (5.41) und

$$L=\begin{pmatrix} 1 & 0 & 0 \\ -m_{31} & 1 & 0 \\ -m_{21} & -m_{32} & 1 \end{pmatrix}, \tag{5.51}$$

wie man mit Hilfe der Definition von $m_{21}, m_{31}, m_{32} = a_{22}^{(2)} / a_{32}^{(2)}, a_{22}^{(2)}, a_{23}^{(2)}, a_{32}^{(2)}, a_{33}^{(2)}, a_{23}^{(3)}$ nachrechnet. Die obere Dreiecksmatrix des Feldes A, wie es nach einem Aufruf von PSGAUSS vorliegt, enthält U, aber in den unteren Teil wurde

$$\tilde{L}=\begin{pmatrix} \cdot & \cdot & \cdot \\ m_{21} & \cdot & \cdot \\ m_{31} & m_{32} & \cdot \end{pmatrix} \tag{5.52}$$

gespeichert. $\tilde{L}$ unterscheidet sich von L nicht nur durch das Vorzeichen der Multiplikatoren, sondern auch durch deren Anordnung. Da SOLVE und TOLVE mit $\tilde{L}$ statt L arbeiten, laufen die Verfahren nicht direkt mit (5.46),

(5.47) bzw. (5.48), (5.49), (5.50) ab. Die Statement-Folge zur Lösung von $A^T y = c$ lautet

```
CALL PSGAUSS(NDIM, N, A, IPVT)
CALL TOLVE(NDIM, N, A, C, IPVT)
```

In C steht dann die gesuchte Lösung. Sind die beiden Systeme $Ax = b$ und $A^T y = c$ wie in der linearen Optimierung hintereinander zu lösen, so genügt ein Aufruf von PSGAUSS!

GAUSS-Elimination bei streng diagonal dominanten Matrizen

Es gibt gewisse Klassen von Matrizen, wo man von vornherein weiß, daß Spaltenpivotsuche oder auch vollständige Pivotsuche überflüssig sind. Wohl die wichtigste Klasse von Matrizen, da sie bei der Diskretisierung von gewöhnlichen und partiellen Differentialgleichungen auftreten, sind die sogenannten streng diagonal dominanten Matrizen. Eine Matrix $A \in \mathbb{R}^{n\times n}$ heißt *streng diagonal dominant*, wenn gilt

$$|a_{ii}| > \sum_{\substack{j=1\\ j\neq i}}^{n} |a_{ij}| \quad (i = 1,\ldots,n) , \tag{5.53}$$

wenn also in jeder Zeile der Betrag des Diagonalelementes größer als die Summe der Beträge der Nebendiagonalelemente ist. Hierfür gilt der

Satz 13: Die naive GAUSS-Elimination (also ohne Pivotsuche) erhält bei jedem Schritt die strenge diagonale Dominanz für die Matrizen $A^{(k)}$ gemäß (5.3).

Beweis: Es genügt dies für den ersten Eliminationsschritt zu zeigen, da in den folgenden Schritten prinzipiell wieder der erste Eliminationsschritt auf jeweils kleinere Matrizen angewandt wird. Da $a_{i1}^{(2)} = 0$ $(i = 2,\ldots,n)$ erzeugt und die erste Zeile nicht geändert wird, muß wegen (5.53) also

$$|a_{ii}^{(2)}| > \sum_{\substack{j=2\\ j\neq i}}^{n} |a_{ij}^{(2)}| \quad (i = 2,\ldots,n)$$

nachgewiesen werden. Wegen (5.5) bedeutet dies für die Elemente von A, daß

$$\left|a_{ii} - \frac{a_{i1}}{a_{11}} a_{1i}\right| > \sum_{\substack{j=2 \\ j \neq i}}^{n} \left|a_{ij} - \frac{a_{i1}}{a_{11}} a_{1j}\right| \quad (i = 2, \ldots, n)$$

zu zeigen ist. Dazu genügt es, die wegen $|\alpha| - |\beta| \leq |\alpha - \beta| \leq |\alpha| + |\beta|$ strengeren Ungleichungen

$$|a_{ii}| - \left|\frac{a_{i1}}{a_{11}} a_{1i}\right| > \sum_{\substack{j=2 \\ j \neq i}} \left(|a_{ij}| + \left|\frac{a_{i1}}{a_{11}} a_{1j}\right|\right) \quad (i = 2, \ldots, n)$$

zu beweisen. Äquivalent hierzu ist

$$|a_{ii}| - \sum_{\substack{j=2 \\ j \neq i}}^{n} |a_{ij}| > \sum_{j=2}^{n} \left|\frac{a_{i1}}{a_{11}} a_{1j}\right| \quad (i = 2, \ldots, n).$$

Nun wissen wir wegen (5.53), daß

$$|a_{ii}| - \sum_{\substack{j=2 \\ j \neq i}}^{n} |a_{ij}| > |a_{i1}| \quad (i = 2, \ldots, n).$$

Deshalb genügt es wiederum

$$|a_{i1}| \geq \sum_{j=2}^{n} \left|\frac{a_{i1}}{a_{11}} a_{1j}\right| = |a_{i1}| \sum_{j=2}^{n} \left|\frac{a_{1j}}{a_{11}}\right| \quad (i = 2, \ldots, n)$$

nachzuweisen. Dies ist aber klar, da aus

$$|a_{11}| > \sum_{j=2}^{n} |a_{1j}|$$

die Gleichung

$$\sum \left|\frac{a_{1j}}{a_{11}}\right| < 1$$

folgt. □

Satz 14: Jede streng diagonal dominante Matrix ist nichtsingulär und besitzt eine LU-Zerlegung (ohne Permutationsmatrix P).

Beweis: Nach Satz 13 ist die naive GAUSS-Elimination durchführbar, da $|a_{kk}^{(k)}| > 0$ bleibt. Damit ist $U = A^{(n)}$ nichtsingulär, ebenso wie L mit Einsen in der Diagonale. Also ist

$$0 \neq 1 \cdot \det U = \det L \cdot \det U = \det LU = \det A\,. \qquad \square$$

In der Praxis treten auch Matrizen A auf, bei denen (5.53) nur mit dem $\geq$ Zeichen gilt. Gilt dann wenigstens (5.53) für ein $i \in \{1,\ldots,n\}$ und ist die Matrix *irreduzibel*, so gelten die obigen Sätze in leicht modifizierter Form. Am Beispiel der *tridiagonalen Matrizen* werden wir den Begriff der Irreduzibilität noch konkretisieren.

GAUSS-Elimination bei positiv definiten Matrizen

Eine zweite richtige Klasse von Matrizen, bei der die naive GAUSS-Elimination ausreicht und sich außerdem vereinfacht, sind die positiv definiten Matrizen. Eine Matrix $A \in \mathbb{R}^{n \times n}$ heißt *positiv definit*, falls

$$\begin{aligned} &A = A^T\,, \\ &x^T A x > 0 \text{ für alle } x \neq 0 \end{aligned} \tag{5.54}$$

gilt. Zunächst beweisen wir den

Satz 15: Zu positiv definiter Matrix A existiert A^{-1} und ist wieder positiv definit. Ebenso sind alle *Hauptuntermatrizen*

$$\tilde{A} = \begin{pmatrix} a_{i_1 i_1} & \cdots & a_{i_1 i_k} \\ \vdots & & \vdots \\ a_{i_k i_1} & \cdots & a_{i_k i_k} \end{pmatrix}, \tag{5.55}$$

wo $\{i_1,\ldots,i_k\} \subset \{1,\ldots,n\}$, positiv definit und es gilt

$$\det \tilde{A} > 0\,. \tag{5.56}$$

Beweis: Wäre A singulär, so gäbe es ein $x \neq 0$ mit $Ax = 0$ und somit $x^T Ax = 0$, was einen Widerspruch zu (5.54) ergibt. A^{-1} existiert also. Wegen $\left(A^{-1}\right)^T = \left(A^T\right)^{-1} = A^{-1}$ ist A^{-1} symmetrisch. Da für $y \neq 0$ auch $x := A^{-1}y \neq 0$ gilt, wird $y^T A^{-1} y = x^T A^T A^{-1} Ax = x^T Ax > 0$. Für Matrizen $\tilde{A}$ der Gestalt (5.55) gilt natürlich $\tilde{A} = \tilde{A}^T$. Jedes $\tilde{x} = (\tilde{x}_1, \ldots, \tilde{x}_k)^T \in \mathbb{R}^k$, $\tilde{x} \neq 0$, läßt sich zu einem Vektor $x \in \mathbb{R}^n$, $x \neq 0$, vermöge $x_l = \tilde{x}_j$, falls $l = i_j$ $(j = 1, \ldots, k)$, und $x_l = 0$ sonst, erweitern und es gilt $\tilde{x}^T \tilde{A} \tilde{x} = x^T Ax > 0$. Um (5.56) zu beweisen, genügt es nun, $\det A > 0$ für positiv definite Matrizen zu zeigen. Dies geschieht durch Induktion über die Kantenlänge n. Für $n = 1$ gilt dies wegen (5.54). Es gelte nun die Behauptung für positiv definite $(n-1) \times (n-1)$ Matrizen. Nach dem *LAPLACE-Entwicklungssatz* gilt für das Element α_{11} der Inversen $A^{-1} = \left(\alpha_{ij}\right)_{i,j=1,\ldots,n}$

$$0 < \alpha_{11} = \frac{\det\begin{pmatrix} a_{22} & \cdots & a_{2n} \\ \vdots & & \vdots \\ a_{n2} & \cdots & a_{nn} \end{pmatrix}}{\det A},$$

woraus $\det A > 0$ folgt. □

Für $k = 1$ ergibt sich übrigens, daß die Diagonalelemente einer positiv definiten Matrix positiv sind. Symmetrische und streng diagonal dominante Matrizen mit positiven Diagonalelementen sind positiv definit.

Wir zeigen jetzt, daß für positiv definite Matrizen A statt einer LU-Zerlegung eine symmetrische LL^T-Zerlegung, die sogenannte *CHOLESKY-Zerlegung*, existiert. Den Beweis führen wir über einen kleinen Umweg, der zu einem günstigeren Algorithmus führt.

Satz 16: Zu jeder positiv definiten Matrix $A \in \mathbb{R}^{n \times n}$ gibt es genau eine untere Dreiecksmatrix $\tilde{L} \in \mathbb{R}^{n \times n}$ mit $\tilde{l}_{ii} = 1$ $(i = 1, \ldots, n)$ und eine Diagonalmatrix $D = diag(d_1, \ldots, d_n)$ mit $d_i > 0$ derart, daß

$$A = \tilde{L} D \tilde{L}^T \tag{5.57}$$

gilt.

Beweis: Für $n=1$ ist $\tilde{l}_{11}=1$ und $d_1=a_{11}>0$. Sei also die Behauptung richtig für positiv definite Matrizen A_{n-1} der Kantenlänge $n-1$ $(n>2)$. Die Matrix A kann man gemäß

$$A=\begin{pmatrix} A_{n-1} & b \\ b^T & a_{nn} \end{pmatrix} \tag{5.58}$$

aufteilen, wobei A_{n-1} nach Satz 15 positiv definit ist. Nach Induktionsannahme gilt

$$A_{n-1}=\tilde{L}_{n-1}D_{n-1}\tilde{L}_{n-1}^T ,$$

wobei $\tilde{L}_{n-1}$ und D_{n-1} die Eigenschaften von $\tilde{L}$ und D haben. Wir versuchen $\tilde{L}$ und $\tilde{D}$ durch einen Ansatz

$$\begin{pmatrix} \tilde{L}_{n-1} & 0 \\ c^T & 1 \end{pmatrix}\begin{pmatrix} D_{n-1} & 0 \\ 0 & d^2 \end{pmatrix}\begin{pmatrix} \tilde{L}_{n-1}^T & c \\ 0 & 1 \end{pmatrix}=A \tag{5.59}$$

zu gewinnen. Multipliziert man links aus und vergleicht mit (5.58), so muß

$$\tilde{L}_{n-1}D_{n-1}c=b ,$$

$$c^T D_{n-1}c+d^2=a_{nn}$$

gelten. Das ergibt zunächst

$$c=D_{n-1}^{-1}\tilde{L}_{n-1}^{-1}b .$$

Bildet man in (5.59) links und rechts die Determinante, so wird

$$1\cdot d^2\cdot \det D_{n-1}\cdot 1=\det A>0 ,$$

also ist

$$d^2=a_{nn}-c^T D_{n-1}c>0 .$$ □

Die behauptete LL^T-Zerlegung erhält man dann mit $L=\tilde{L}D^{1/2}$, wo $D^{1/2}=diag\left(\sqrt{d_1},\ldots,\sqrt{d_n}\right)$ ist. Rechentechnisch ist die $\tilde{L}D\tilde{L}^T$-Zerlegung günstiger, da Quadratwurzeln vermieden werden können. Liegt $A=\tilde{L}D\tilde{L}^T$ vor, so kann ein Gleichungssystem $Ax=\tilde{L}D\tilde{L}^T x=b$ wieder gestaffelt über

$$\begin{aligned} &\tilde{L}y=b\,, \\ &\tilde{L}^T x=D^{-1}y \end{aligned} \tag{5.60}$$

gelöst werden.

Der folgende Algorithmus beruht implizit auf dem Beweis von Satz 16, ist aber konstruktiv, da sämtliche Elemente von $\tilde{L}$ und D rekursiv berechnet werden. Die Formeln ergeben sich durch elementweisen Vergleich der Matrizen in (5.57). Wir führen dies zunächst für $n=3$ vor. Es soll

$$\begin{pmatrix} a_{11} & \bullet & \bullet \\ a_{21} & a_{22} & \bullet \\ a_{31} & a_{32} & a_{33} \end{pmatrix} = \begin{pmatrix} 1 & & \\ \tilde{l}_{21} & 1 & \\ \tilde{l}_{31} & \tilde{l}_{32} & 1 \end{pmatrix} \begin{pmatrix} d_1 & & \\ & d_2 & \\ & & d_3 \end{pmatrix} \begin{pmatrix} 1 & \tilde{l}_{21} & \tilde{l}_{31} \\ & 1 & \tilde{l}_{32} \\ & & 1 \end{pmatrix}$$

$$= \begin{pmatrix} 1 & & \\ \tilde{l}_{21} & 1 & \\ \tilde{l}_{31} & \tilde{l}_{32} & 1 \end{pmatrix} \begin{pmatrix} d_1 & d_1\tilde{l}_{21} & d_1\tilde{l}_{31} \\ & d_2 & d_2\tilde{l}_{32} \\ & & d_3 \end{pmatrix}$$

$$= \begin{pmatrix} d_1 & \bullet & \bullet \\ d_1\tilde{l}_{21} & d_1\tilde{l}_{21}^2+d_2 & \bullet \\ d_1\tilde{l}_{31} & d_1\tilde{l}_{31}\tilde{l}_{21}+d_2 l_{32} & d_1\tilde{l}_{31}^2+d_2\tilde{l}_{32}^2+d_3 \end{pmatrix}$$

gelten, wobei die Punkte die Symmetrie andeuten sollen und Leerstellen Nullen bedeuten. Hieraus folgt der Reihe nach

$$\begin{aligned} &d_1=a_{11}\,, \\ &\tilde{l}_{21}=a_{21}/d_1\,, \\ &\tilde{l}_{31}=a_{31}/d_1\,, \\ &d_2=a_{22}-d_1\tilde{l}_{21}^2\,, \\ &\tilde{l}_{32}=\left(a_{23}-d_1\tilde{l}_{31}\tilde{l}_{21}\right)/d_2\,, \\ &d_3=a_{33}-d_1\tilde{l}_{31}^2-d_2\tilde{l}_{32}^2\,. \end{aligned}$$

Für den Allgemeinfall nehmen wir an, daß alle $\tilde{l}_{ij}$ und d_j für $j=1,\ldots,k-1$ bereits bekannt seien. Dann liefert der Elementvergleich

$$
\begin{aligned}
a_{kk} &= d_1\tilde{l}_{k1}^2 + d_2\tilde{l}_{k2}^2 + \ldots + d_{k-1}\tilde{l}_{k,k-1}^2 + d_k \quad (k=2,\ldots,n)\,, \\
a_{ik} &= d_1\tilde{l}_{k1}\tilde{l}_{i1} + d_2\tilde{l}_{k2}\tilde{l}_{i2} + \ldots + d_{k-1}\tilde{l}_{k,k-1}\tilde{l}_{i,k-1} + d_k\tilde{l}_{ik} \quad (k=2,\ldots,n;\ i=k+1,\ldots,n)\,,
\end{aligned}
\tag{5.61}
$$

wobei für $k=1$

$$
\begin{aligned}
a_{11} &= d_1\,, \\
a_{i1} &= d_1\tilde{l}_{i1} \quad (i=2,\ldots,n)
\end{aligned}
\tag{5.62}
$$

zu setzen ist.

Wie oben für $n=3$ kann man dann mit (5.62) starten und nach (5.61) der Reihe nach für $k=2,\ldots,n$ den Wert d_k und die Elemente $\tilde{l}_{ik}$ $(i=k+1,\ldots,n)$ ausrechnen, da die Elemente $\tilde{l}_{ik}$ $(i=1,\ldots,k-1)$ schon verfügbar sind. Implementiert ist dies in der Subroutine LDLT2 aus Abb. U22, wobei bei Durchführbarkeit mit IFLAG=0 geendet wird. Sollte jedoch d_k<EPS werden, z. B. aus Rundungsfehlergründen oder weil A nicht positiv definit gewesen ist, so wird mit IFLAG=4 abgebrochen. Beim Aufruf wird die symmetrische Matrix A im linken unteren Dreieck des entsprechenden Feldes erwartet.

```
      SUBROUTINE LDLT2 (N,NDIM,A,EPS,IFLAG)
      REAL A(NDIM,N)
      IFLAG=0
      DO 20 I=1,N
         DO 20 J=I,N
            H=A(I,J)
            DO 10 K=1,I-1
               H=H-A(K,K)*A(J,K)*A(I,K)
10          CONTINUE
            IF(I.EQ.J) THEN
              IF(H.LT.EPS) THEN
                IFLAG=4
                RETURN
              END IF
              A(I,I)=H
            ELSE
              A(J,I)=H/A(I,I)
            END IF
20    CONTINUE
      RETURN
      END
```

Abb. U22 LDLT2

Nach erfolgreichem Aufruf gilt A(K,K)=d_k $(k=1,\ldots,n)$ und A(J,I)=$\tilde{l}_{ji}$ $(i=1,\ldots,n-1;\ j=i+1,\ldots,n)$.

Nach einem Aufruf von LDLT2 läßt sich ein lineares Gleichungssystem $Ax=b$ mit positiv definiter Koeffizientenmatrix durch Implementation von (5.60) lösen.

Wie man in LDLT2 nachzählen kann, beträgt der Rechenaufwand $O\left(\frac{n^3}{6}\right)$ Multiplikationen und Divisionen gegenüber $O\left(\frac{n^3}{3}\right)$ bei der LU-Zerlegung, ist also etwa halb so groß.

GAUSS-Elimination bei Bandmatrizen

Bei der Diskretisierung von gewöhnlichen und partiellen Differentialgleichungen treten sehr große Matrizen auf, die aber nur sehr wenige von Null verschiedene Elemente, z. B. ca. 1%, enthalten. Bei partiellen Differentialgleichungen ergeben sich Matrizen mit Blockstrukturen und mit von Null verschiedenen Elementen nur in Hauptdiagonalen und mehr oder weniger weit entfernten Nebendiagonalen. Meistens werden lineare Gleichungssysteme mit solchen Matrizen nicht mit GAUSS-Elimination, sondern iterativ gelöst (siehe Kapitel 8). Würde man GAUSS-Elimination benutzen, so würden Block- und Bandstruktur zerstört werden und in L und U sehr viel mehr von Null verschiedene Elemente als in A auftreten. GAUSS-Elimination bei solchen *Bandmatrizen* verwendet man i. a. nur, wenn nicht pivotisiert werden muß und nur die unmittelbar neben der Hauptdiagonalen liegenden Nebendiagonalen von Null verschiedene Elemente haben. Wir behandeln jetzt die GAUSS-Elimination bei symmetrischen, streng diagonal dominanten, *tridiagonalen* und *pentadiagonalen Koeffizientenmatrizen*, wie sie im nächsten Kapitel für die kubische Spline-Interpolation und in Kapitel 7 für den Ausgleich mit kubischen Spline-Funktionen benötigt wird.

Seien also die Gleichungssysteme

$$\begin{pmatrix} b_1 & c_1 & & & & \\ c_1 & b_2 & c_2 & & & \\ & c_2 & b_3 & c_3 & & \\ & & \ddots & \ddots & \ddots & \\ & & & c_{n-2} & b_{n-1} & c_{n-1} \\ & & & & c_{n-1} & b_n \end{pmatrix} \begin{pmatrix} x_1 \\ x_2 \\ x_3 \\ \vdots \\ x_{n-1} \\ x_n \end{pmatrix} = \begin{pmatrix} d_1 \\ d_2 \\ d_3 \\ \vdots \\ d_{n-1} \\ d_n \end{pmatrix} \tag{5.63}$$

bzw.

$$\begin{pmatrix} a_1 & b_1 & c_1 & & & & \\ b_1 & a_2 & b_2 & c_2 & & & \\ c_1 & b_1 & a_3 & b_3 & c_3 & & \\ & \ddots & \ddots & \ddots & \ddots & \ddots & \\ & & \ddots & \ddots & \ddots & \ddots & c_{n-2} \\ & & & \ddots & \ddots & a_{n-1} & b_{n-1} \\ & & & & c_{n-2} & b_{n-1} & a_n \end{pmatrix} \begin{pmatrix} x_1 \\ x_2 \\ x_3 \\ \vdots \\ x_{n-2} \\ x_{n-1} \\ x_n \end{pmatrix} = \begin{pmatrix} f_1 \\ f_2 \\ f_3 \\ \vdots \\ f_{n-2} \\ f_{n-1} \\ f_n \end{pmatrix} \tag{5.64}$$

gegeben.

Da bei (5.63) in jeder Spalte der Koeffizientenmatrix nur ein Element zu anullieren ist, vereinfacht sich die naive GAUSS-Elimination (5.4) bis (5.6) bzw. mit Überspeicherungstechnik (5.7) bis (5.9) bei der Vorwärtselimination wie folgt. Für $k = 2,\ldots,n$ setze man

$$\begin{aligned} m &:= c_{k-1} / b_{k-1} , \\ b_k &:= b_k - mc_{k-1} , \\ d_k &:= d_k - md_{k-1} . \end{aligned} \tag{5.65}$$

Die Rückwärtseinsetzung verläuft gemäß (5.13) und (5.14) gemäß

$$\begin{aligned} d_n &:= d_n / b_n , \\ d_k &:= (d_k - c_k d_{k+1}) / b_k \quad (k = n-1,\ldots,1) . \end{aligned} \tag{5.66}$$

Für die gesuchte Lösung gilt dann $x_k = d_k \;\; (k = 1,\ldots,n)$. Insgesamt werden hier nur $O(n)$ Rechenoperationen gebraucht.

Spaltenpivotsuche können wir nach Satz 13 vermeiden, wenn wir von der Koeffizientenmatrix in (5.63) strenge diagonale Dominanz verlangen, d. h. nach (5.53)

$$\begin{aligned} & |b_1| > |c_1| , \\ & |b_k| > |c_{k-1}| + |c_k| \;\; (k = 2,\ldots,n-1) , \\ & |b_n| > |c_{n-1}| . \end{aligned} \tag{5.67}$$

Die Subroutine TRIDIS aus Abb. U23 setzt prinzipiell (5.67) voraus, bricht jedoch mit IFLAG=2 ab, falls in (5.65) für ein k einmal $|b_k| < \mathrm{EPS}$ wird. Damit werden eventuelle Rundungsfehlereffekte abgefangen oder (ohne Pivotsuche) abgebrochen, falls (5.67) nicht erfüllbar war.

Häufig treten auch Tridiagonalmatrizen auf, bei denen statt (5.67) nur

$$|b_1| > |c_1|$$
$$|b_k| \geq |c_{k-1}| + |c_k| \quad (k = 2,\dots,n-1)$$
$$|b_n| > |c_{n-1}|$$

gilt. Gilt dann aber weiter $c_k \neq 0 \; (k = 1,\dots,n-1)$, so heißen diese *irreduzibel diagonal dominant*. Sie sind dann nichtsingulär, und die naive GAUSS-Elimination kann mit TRIDIS ebenfalls durchgeführt werden.

Auch für das Gleichungssystem (5.64) lassen sich zu (5.65) und (5.66) analoge Formeln angeben. Diese sind in der Subroutine PENTAS aus Abb. U24 implementiert. Strenge diagonale Dominanz der Koeffizientenmatrix ist auch hier hinreichend dafür, daß die GAUSS-Elimination ohne Pivotsuche durchführbar ist.

```
      SUBROUTINE TRIDIS(N,B,C,D,EPS,IFLAG)
      DIMENSION B(N),C(N),D(N)
      IFLAG=0
      H1=0.
      H2=0.
      H3=0.
      DO 10 K=1,N
         Z=B(K)-H3*H1
         IF(ABS(Z).LT.EPS) THEN
           IFLAG=2
           RETURN
         END IF
         H1=C(K)/Z
         H2=(D(K)-H3*H2)/Z
         H3=C(K)
         C(K)=H1
         B(K)=H2
   10 CONTINUE
      D(N)=B(N)
      DO 20 K=N-1,1,-1
         D(K)=B(K)-C(K)*D(K+1)
   20 CONTINUE
      RETURN
      END
```

Abb. U23 TRIDIS

```
      SUBROUTINE PENTAS(N,A,B,C,F,EPS,IFLAG)
      DIMENSION A(N),B(N),C(N),F(N)
      IFLAG=0
      H1=0.0
      H2=0.0
      H3=0.0
      H4=0.0
      H5=0.0
      HH1=0.0
      HH2=0.0
      HH3=0.0
      HH5=0.0
      DO 10 K=1,N
         Z=A(K)-H4*H1-HH5*HH2
         IF(ABS(Z).LT.EPS) THEN
           IFLAG=2
           RETURN
         END IF
         HB=B(K)
         HH1=H1
         H1=(HB-H4*H2)/Z
         B(K)=H1
         HC=C(K)
         HH2=H2
         H2=HC/Z
         C(K)=H2
         A(K)=(F(K)-HH3*HH5-H3*H4)/Z
         HH3=H3
         H3=A(K)
         H4=HB-H5*HH1
         HH5=H5
         H5=HC
10    CONTINUE
      H2=0.
      H1=A(N)
      F(N)=H1
      DO 20 K=N-1,1,-1
         F(K)=A(K)-B(K)*H1-C(K)*H2
         H2=H1
         H1=F(K)
20    CONTINUE
      RETURN
      END
```

Abb. U24 PENTAS

Residuen und Kondition

Hat man mit GAUSS-Elimination oder einem später zu besprechenden Iterationsverfahren ein sicher wenigstens mit Rundungsfehlern behaftete Näherungslösung x^* eines linearen Gleichungssystems $Ax = b$ erhalten, so muß man anschließend fragen, wie genau diese ist. Nahe liegt es, x^* in das Ausgangssystem einzusetzen und den *Residuenvektor*

$$r(x^*) = b - Ax^* \tag{5.68}$$

zu betrachten. Gilt $r(x^*)=0$ so ist $x=x^*$ exakte Lösung. Somit könnte man annehmen, daß x^* eine bessere Näherungslösung wäre, wenn $r(x^*)$ in irgendeinem Sinne nahe beim Nullvektor wäre, z. B. $\|r(x^*)\|$ sehr klein wäre bezüglich einer Vektornorm. Dies ist jedoch leider falsch, wie folgendes Beispiel zeigt.

Seien x^* und x^{**} mit

$$x^* = \begin{pmatrix} .999 \\ -1.001 \end{pmatrix}, \quad x^{**} = \begin{pmatrix} .341 \\ -.087 \end{pmatrix}$$

zwei z. B. mit zwei verschiedenen Verfahren oder mit einem Verfahren bei zwei verschiedenen Mantissenlängen berechnete Näherungslösungen des Gleichungssystems

$$\begin{aligned} .780x_1 + .563x_2 &= .217 \\ .913x_1 + .659x_2 &= .254\ . \end{aligned}$$

Dann berechnet man

$$r(x^*) = \begin{pmatrix} .001343 \\ .001572 \end{pmatrix}, \quad r(x^{**}) = \begin{pmatrix} .000001 \\ .000000 \end{pmatrix}$$

und vermutet natürlich, daß x^{**} eine "bessere" Lösung als x^* ist. Dies kann aber nicht sein, da die exakte Lösung

$$x = \begin{pmatrix} 1 \\ -1 \end{pmatrix}, \quad r(x) = \begin{pmatrix} 0 \\ 0 \end{pmatrix}$$

ist, von der offenbar x^{**} sehr viel weiter als x^* entfernt ist. Die Größe des Residuums allein ist also kein Maßstab für die Güte einer Näherungslösung. Woran liegt das?

Zunächst wiederholen wir aus der Analysis, was Vektor- und Matrixnormen sind, die wir zum Messen benötigen. Eine *Vektornorm* ist eine Abbildung $\|\ \|: \mathbb{R}^n \to \mathbb{R}$ mit den Eigenschaften

$$\begin{aligned} &\|x\| > 0 \text{ für } x \neq 0,\ x \in \mathbb{R},\ \|0\| = 0, \\ &\|cx\| = |c|\,\|x\|,\ c \in \mathbb{R},\ x \in \mathbb{R}^n, \\ &\|x+y\| \leq \|x\| + \|y\|,\ x, y \in \mathbb{R}^n. \end{aligned} \tag{5.69}$$

Beispiele sind

$$\|x\|_1 = \sum_{i=1}^{n} |x_i|,$$

$$\|x\|_2 = \sqrt{\sum_{i=1}^{n} x_i^2},$$

$$\|x\|_\infty = \max_i |x_i|.$$

Ist eine Vektornorm $\| \ \|$ gegeben, so heißt die für $A \in \mathbb{R}^{n\times n}$ durch

$$\|A\| := \max_{x\neq 0} \frac{\|Ax\|}{\|x\|} = \max_{\|x\|=1} \|Ax\|$$

definierte Abbildung $\| \ \| : \mathbb{R}^{n\times n} \to \mathbb{R}$ die von ihr *induzierte Matrixnorm*. Es ist

$$\|A\|_1 = \max_k \sum_{i=1}^{n} |a_{ik}| \ ,$$

$$\|A\|_2 = \sqrt{\rho\left(A^T A\right)} = \sqrt{\max_i \lambda_i} \quad \left(\lambda_i \text{ Eigenwerte von } A^T A\right), \tag{5.70}$$

$$\|A\|_\infty = \max_i \sum_{k=1}^{n} |a_{ik}| \ .$$

Wegen der Normäquivalenz beschränkt man sich in der Numerik i. a. auf die einfach berechenbaren Normen $\| \ \|_1$ und $\| \ \|_\infty$.

Für induzierte Matrixnomen gelten die *Verträglichkeitseigenschaft*

$$\|Ax\| \leq \|A\| \, \|x\| \ , \tag{5.71}$$

und die *Submultiplikativitätseigenschaft*

$$\|AB\| \leq \|A\| \, \|B\| \ , \tag{5.72}$$

die im folgenden stets Basis von Abschätzungen sein werden.

Wir betrachten nun den Residuenvektor (5.68), für den

$$r := r(x^*) = b - Ax^* = A(x - x^*) = b - b^* \tag{5.73}$$

gilt, wenn $Ax = b$ und $Ax^* = b^*$ ist. Wir wollen die relative Änderung $\|b - b^*\| / \|b\|$ von b^* mit der relativen Änderung $\|x - x^*\| / \|x\|$ von x^* verknüpfen. Es gilt der

<u>Satz 17:</u> Es sei A nichtsingulär und $b \neq 0$. Nennt man

$$cond\ A := \|A\|\,\|A^{-1}\| \tag{5.74}$$

die (normabhängige) *Konditionszahl* von A, so gilt

$$\frac{1}{cond\ A} \cdot \frac{\|r\|}{\|b\|} \leq \frac{\|x - x^*\|}{\|x\|} \leq cond\ A \cdot \frac{\|r\|}{\|b\|} . \tag{5.75}$$

Beweis: Unter Verwendung von (5.71) und (5.73) gilt

$$\|x - x^*\|\,\|b\| = \|A^{-1}r\|\,\|Ax\| \leq \|A^{-1}\|\,\|r\|\,\|A\|\,\|x\| .$$

Dividiert man mit $\|x\|$ und $\|b\|$, so ergibt sich mit (5.74) der rechte Teil von (5.75). Weiter ist

$$\|r\|\,\|x\| = \|A(x - x^*)\|\,\|A^{-1}b\| \leq \|A\|\,\|x - x^*\|\,\|A^{-1}\|\,\|b\| .$$

Nach Division mit $\|A\|\,\|A^{-1}\|\,\|x\|\,\|b\|$ folgt der linke Teil von (5.75). □

In unserem kleinen Beispiel oben ist $cond_1 A \approx .282 \times 10^7$, und es ist wegen (5.75) folglich kein Wunder, daß die Kleinheit von $\|r\|$ in diesem Fall nichts über die relative Genauigkeit von x^* bzw. x^{**} aussagt. Der Vollständigkeit halber geben wir an, daß die Subroutinenkombination SGAUSS/NSOLVE hier

$$x^* = \begin{pmatrix} 1.01637 \\ -1.022672 \end{pmatrix}$$

und PSGAUSS/SOLVE

$$x^* = \begin{pmatrix} 1.04704 \\ -1.06517 \end{pmatrix}$$

auf dem IBM PC ausrechnen, also Näherungslösungen, die nur eine Stelle hinter dem Punkt noch genau sind.

Will man die Genauigkeit einer Näherungslösung mit Hilfe des Residuenvektors beurteilen, so ist auch die Schätzung der Konditionszahl erforderlich. Wie wir sehen werden, spielt *cond* A auch bei der Abschätzung des Einflusses von Fehlern in A und b auf die exakte Lösung x von $Ax = b$ eine entscheidende Rolle.

NEUMANNsche Reihe, Datenfehler, Schätzung der Konditionszahl

Zunächst benötigen wir folgenden

Satz 18: Für $A \in \mathbb{R}^{n \times n}$ gelte

$$\|A\| < 1 . \tag{5.76}$$

I sei die Einheitsmatrix der Kantenlänge n.

Dann ist $I - A$ invertierbar und es gilt

$$(I - A)^{-1} = \sum_{k=0}^{\infty} A^k . \tag{5.77}$$

Beweis: Angenommen es sei $I - A$ nicht invertierbar. Dann existiert ein Vektor x mit $(I - A)x = 0$. O. B. d. A. kann man $\|x\| = 1$ annehmen. Dann haben wir mit

$$1 = \|x\| = \|Ax\| \leq \|A\| \; \|x\| = \|A\|$$

einen Widerspruch zu (5.76). Wir zeigen weiter, daß

$$\lim_{m \to \infty} \sum_{k=0}^{m} A^k \to (I - A)^{-1}$$

gilt. Äquivalent ist

$$(I - A) \lim_{m \to \infty} \sum_{k=0}^{m} A^k \to I .$$

Nun ist

$$\begin{aligned}(I-A)\lim_{m\to\infty}\sum_{k=0}^{m}A^k &= \lim_{m\to\infty}\sum_{k=0}^{m}\left(A^k - A^{k+1}\right)\\ &= A^0 - \lim_{m\to\infty}A^{m+1}\\ &= I - \lim_{m\to\infty}A^{m+1}\end{aligned}$$

Wegen $\left\|A^{m+1}\right\| \le \|A\|^{m+1} \to 0$ folgt die Behauptung. □

Die sogenannte *NEUMANNsche Reihe* (5.77) entspricht der geometrischen Reihe

$$\frac{1}{1-a} = \sum_{k=0}^{\infty} a^k$$

für reelle Zahlen, die für $|a| < 1$, was (5.76) entspricht, konvergiert.

<u>Zusatz:</u> Unter den gleichen Voraussetzungen wie in Satz 18 gilt

$$\frac{1}{1+\|A\|} \le \left\|(I-A)^{-1}\right\| \le \frac{1}{1-\|A\|} \tag{5.78}$$

Beweis: Zum Beweis des linken Teils schreiben wir

$$I = (I-A)(I-A)^{-1}\ .$$

Dann wird

$$\begin{aligned}1 = \|I\| &\le \|I-A\|\,\left\|(I-A)^{-1}\right\|\\ &\le \left(1+\|A\|\right)\left\|(I-A)^{-1}\right\|.\end{aligned}$$

Zum Beweis des rechten Teils schreiben wir

$$\begin{aligned}&I = (I-A)+A\ ,\\ &(I-A)^{-1} = I + A(I-A)^{-1}\ ,\\ &\left\|(I-A)^{-1}\right\| \le 1 + \|A\|\,\left\|(I-A)^{-1}\right\|,\\ &\left(1-\|A\|\right)\left\|(I-A)^{-1}\right\| \le 1\ .\end{aligned}$$

Daraus folgt die Behauptung, da wegen (5.76) $1-\|A\|>0$ gilt. □

Folgerung 1: Für $\|A\|<1$ gilt

$$\frac{1}{1+\|A\|} \le \left\|(I+A)^{-1}\right\| \le \frac{1}{1-\|A\|} \quad . \tag{5.79}$$

Beweis: Man ersetze A durch $-A$ in (5.78). □

Folgerung 2: Die Matrix ΔA sei klein gegenüber A in dem Sinne, daß

$$\left\|A^{-1}\right\| \|\Delta A\| = \text{cond}A \cdot \frac{\|\Delta A\|}{\|A\|} < 1 \tag{5.80}$$

gilt. Dann ist mit A auch $A+\Delta A$ nichtsingulär und es gilt

$$\left\|(A+\Delta A)^{-1}\right\| \le \frac{\left\|A^{-1}\right\|}{1-\left\|A^{-1}\right\| \|\Delta A\|} \; . \tag{5.81}$$

Beweis: Es gilt

$$\left\|A^{-1}\Delta A\right\| \le \left\|A^{-1}\right\| \|\Delta A\| < 1 \; .$$

Daher können wir in (5.79) A durch $A^{-1}\Delta A$ ersetzen, was

$$\left\|\left(I+A^{-1}\Delta A\right)^{-1}\right\| \le \frac{1}{1-\left\|A^{-1}\Delta A\right\|} \le \frac{1}{1-\left\|A^{-1}\right\| \|\Delta A\|}$$

ergibt. Also folgt

$$\begin{aligned} \left\|(A+\Delta A)^{-1}\right\| &= \left\|\left(A\left(I+A^{-1}\Delta A\right)\right)^{-1}\right\| \\ &= \left\|\left(I+A^{-1}\Delta A\right)^{-1} A^{-1}\right\| \\ &\le \left\|\left(I+A^{-1}\Delta A\right)^{-1}\right\| \left\|A^{-1}\right\| \\ &\le \frac{\left\|A^{-1}\right\|}{1-\left\|A^{-1}\right\| \|\Delta A\|} \; . \end{aligned}$$ □

Mit diesen Vorbereitungen können wir jetzt den folgenden Satz zeigen.

Satz 19: Seien x und y (exakte) Lösungen der beiden Systeme $Ax = b$ und

$$(A + \Delta A)y = b + \Delta b \tag{5.82}$$

und sei ΔA klein gegenüber A in dem Sinne, daß (5.80) gilt. Dann kann man abschätzen

$$\frac{\|x-y\|}{\|x\|} \le \frac{cond\ A}{1-\|A^{-1}\|\,\|\Delta A\|}\left(\frac{\|\Delta A\|}{\|A\|}+\frac{\|\Delta b\|}{\|b\|}\right). \tag{5.83}$$

Beweis: Nach Folgerung 2 existiert die Inverse von $A + \Delta A$, und wir können schreiben

$$\begin{aligned} x - y &= x - (A+\Delta A)^{-1}(b+\Delta b) \\ &= x - (A+\Delta A)^{-1}(Ax+\Delta b+\Delta Ax-\Delta Ax) \\ &= (A+\Delta A)^{-1}(\Delta Ax-\Delta b)\,. \end{aligned}$$

Dann wird

$$\|x-y\| \le \left\|(A+\Delta A)^{-1}\right\|\left(\|\Delta A\|\,\|x\|+\|\Delta b\|\right),$$

$$\frac{\|x-y\|}{\|x\|} \le \frac{\|A^{-1}\|}{1-\|A^{-1}\|\,\|\Delta A\|}\left(\|\Delta A\|+\frac{\|\Delta b\|}{\|x\|}\right).$$

Benutzt man noch, daß aus $\|b\| = \|Ax\| \le \|A\|\,\|x\|$

$$\frac{1}{\|x\|} \le \frac{\|A\|}{\|b\|}$$

folgt, so ergibt sich (5.83). □

Folgerung:

$$\Delta A = 0 \Rightarrow \frac{\|x-y\|}{\|x\|} \le cond\ A \cdot \frac{\|\Delta b\|}{\|b\|}\ , \tag{5.84}$$

$$\Delta b = 0 \Rightarrow \frac{\|x-y\|}{\|x\|} \le \frac{cond\ A}{1-\|A^{-1}\|\,\|\Delta A\|}\cdot\frac{\|\Delta A\|}{\|A\|}\ . \tag{5.85}$$

Die Abschätzung (5.85) kann noch verbessert werden, wenn man den relativen Fehler bezüglich y berechnet: Aus $Ax = b$ und $(A + \Delta A)y = b$ folgt

$$Ay = b - \Delta Ay \; ,$$
$$y = A^{-1}b - A^{-1}\Delta Ay = x - A^{-1}\Delta Ay \; ,$$

also

$$\|x - y\| \le \|A^{-1}\| \; \|\Delta A\| \; \|y\|$$

und somit

$$\Delta b = 0 \Rightarrow \frac{\|x - y\|}{\|y\|} \le cond \; A \cdot \frac{\|\Delta A\|}{\|A\|} \tag{5.86}$$

An Satz 19 und den Folgerungen erkennt man, daß *cond A* nicht nur bei der a posteriori Fehlerabschätzung (5.75) mit dem Residuenvektor, sondern auch bei a priori Fragestellungen, die nichts mit der numerischen Lösung sondern mit Fehlern in den Ausgangsdaten und ihrer Auswirkung auf die Lösung zu tun haben, die entscheidende Rolle als Verstärkungsfaktor für maximale relative Fehler spielt. Es ist

$$cond \; A = \|A\| \; \|A^{-1}\| \ge \|AA^{-1}\| = \|I\| = 1 \, .$$

Ein lineares Gleichungssystem $Ax = b$ heißt *schlecht konditioniert*, wenn *cond A* sehr groß ist, und *gut konditioniert*, wenn *cond A* relativ klein ist, sagen wir $cond \; A \le 10^{t/2}$, wenn t die Anzahl der verfügbaren Dezimalstellen ist. Man kann nicht erwarten, daß schlecht konditionierte Gleichungssysteme durch eine besonders numerisch stabile Methode gut gelöst werden. Aber man muß von einem numerischen Verfahren unabdingbar verlangen, daß es neben einer Näherungslösung auch eine Schätzung der Konditionszahl von A liefert. Dann hat der Residuenvektor einen Aussagewert, und nur dann kann man den Einfluß von Fehlern in den Ausgangsdaten auf die Lösung absehen.

Das Problem bei der Schätzung von *cond A* ist die Schätzung von $\|A^{-1}\|$, da A^{-1} unbekannt ist. Natürlich könnte man A^{-1} durch Lösung der n linearen Gleichungssysteme $Ax_k = e_k$ $(k = 1, \ldots, n)$ ermitteln, wobei e_k der k-te Einheitsvektor und x_k die k-te Spalte von A^{-1} bedeuten. Dann könnte man auch $x = A^{-1}b$ ausrechnen. Aber dieser Aufwand ist i. a. zu hoch für größere n.

Beachtet man, daß aus $w = A^{-1}y$ folgt $\|A^{-1}\| \geq \|w\| / \|y\|$, so könnte man $\ell << n$ Vektoren $y_i \neq 0$ $(i = 1,\ldots,\ell)$ z. B. zufällig hernehmen, $Aw_i = y_i$ lösen und

$$C := \max_i \frac{\|w_i\|}{\|y_i\|} \leq \|A^{-1}\|$$

setzen. Dann ist

$$cond\ A \geq C \cdot \|A\|.$$

Wenn die LU-Zerlegung von A bereits vorliegt, ist der Rechenaufwand hier nur $O(\ell \cdot n^2)$ gegenüber $O(n^3)$ oben. Allerdings hängt das Ergebnis dieser Schätzung von der Wahl der y_i ab, und für Vektoren mit zufällig erzeugten gleichverteilten Komponenten sind die Ergebnisse für kleine ℓ nicht sehr ermutigend.

In vielen Softwarepaketen wird $\ell = 1$ gewählt und wie folgt verfahren. Es wird $d \in \mathbb{R}^n$ so gewählt, daß die Lösung y von $A^T y = d$ bezüglich $\| \; \|_1$ groß gegenüber d ist. (Manchmal wird während der Auflösung $d_k = +1$ oder $d_k = -1$ gewählt, je nachdem welcher Wert $\|y\|_1$ mehr vergrößert.) Dann wird $Az = y$ gelöst und schließlich

$$COND := \|A\|_1 \frac{\|z\|_1}{\|y\|_1} \leq cond_1(A) \tag{5.87}$$

gesetzt. Dieser Algorithmus, den wir hier nicht weiter begründen wollen, funktioniert i. a. sehr gut. Nach einem Aufruf von PSGAUSS ist er mittels SOLVE und TOLVE sehr einfach implementierbar.

Iterative Verbesserung

Häufig kann man eine z. B. mit GAUSS-Elimination gewonnene Näherungslösung $x^* = x^{(0)}$ *iterativ verbessern*, d. h. eine Folge $x^{(k)}$ $(k = 1,2,3,\ldots)$ ausgehend von $x^{(0)}$ bestimmen, die gegen die exakte Lösung x von $Ax = b$ - von Rundungsfehlern abgesehen - konvergiert. Für die gesuchte Lösung x gilt

$$\begin{aligned} x &= x^{(0)} + A^{-1}\left(b - Ax^{(0)}\right) \\ &= x^{(0)} + e^{(0)}, \end{aligned}$$

wobei

$$e^{(0)} = A^{-1}r^{(0)},\ r^{(0)} = b - Ax^{(0)}.$$

Der *Fehlervektor* $e^{(0)}$ kann, sobald eine LU-Zerlegung von der GAUSS-Elimination her vorliegt, mit SOLVE über die Lösung von $Ae^{(0)} = r^{(0)}$ mit geringem Aufwand berechnet werden. Da $x^{(1)} = x^{(0)} + e^{(0)}$ i. a. noch nicht gleich x, sondern wieder eine Näherung sein wird, bietet sich folgendes Verfahren der *iterativen Verbesserung* an:

$$\begin{aligned} r^{(k)} &= b - Ax^{(k)}, \\ Ae^{(k)} &= r^{(k)}, \\ x^{(k+1)} &= x^{(k)} + e^{(k)}. \end{aligned} \tag{5.88}$$

Da $r^{(k)}$ schließlich der Nullvektor werden soll, müssen bei der Berechnung von $b - Ax^{(k)}$ zwangsläufig Differenzen nahezu gleich großer Zahlenwerte auftreten. Daher ist es ganz wesentlich, daß $r^{(k)}$ mit doppelter Genauigkeit berechnet wird.

```
      SUBROUTINE ITLGS(NDIM,N,A,UL,B,R,IPVT,EPS,ITMAX,X)
      REAL A(NDIM,N),UL(NDIM,N),B(N),X(N),R(N)
      INTEGER IPVT(N)
      DOUBLE PRECISION SUM
      XNORM=0.0
      DO 10 I=1,N
         XNORM=AMAX1(XNORM,ABS(X(I)))
10    CONTINUE
      IT=0
20    DO 40 I=1,N
         SUM=0.0
         DO 30 J=1,N
            SUM=SUM+DBLE(A(I,J))*DBLE(X(J))
30       CONTINUE
         SUM=DBLE(B(I))-SUM
         R(I)=SUM
40    CONTINUE
      CALL SOLVE(NDIM,N,UL,R,IPVT)
      DXNORM=0.0
      DO 50 I=1,N
         T=X(I)
         X(I)=T+R(I)
         DXNORM=AMAX1(DXNORM,ABS(R(I)))
50    CONTINUE
      IT=IT+1
      IF(DXNORM.LE.EPS*XNORM) THEN
        ITMAX=IT
        RETURN
      ENDIF
      IF(IT.LT.ITMAX) GOTO 20
      RETURN
      END
```

Abb. U25 ITLGS

In der Subroutine ITLGS aus Abb. U25 ist das Verfahren implementiert. Da in (5.88) die Originaldaten A und b benötigt werden, muß die GAUSS-Elimination mit einer Kopie UL von A arbeiten und vor Anwendung von ITLGS ein Aufruf

CALL PSGAUSS (NDIM, N, UL, IPVT)

erfolgt sein. Es wird eine vorzugebende Maximalanzahl von ITMAX Iterationen durchgeführt, jedoch vorher abgebrochen, wenn

$$\left\|r^{(k)}\right\|_\infty < \varepsilon \left\|x^{(0)}\right\|_\infty$$

gilt.

Für das Gleichungssystem

$$\begin{pmatrix} -73 & 78 & 24 \\ 92 & 66 & 25 \\ -80 & 37 & 10 \end{pmatrix} \begin{pmatrix} x_1 \\ x_2 \\ x_3 \end{pmatrix} = \begin{pmatrix} 29 \\ 183 \\ -33 \end{pmatrix}$$

ergibt sich mit PSGAUSS/SOLVE die Näherungslösung

$$x^{(0)} = \begin{pmatrix} 1.00319 \\ 1.03515 \\ .89546 \end{pmatrix},$$

die wegen $\text{COND} \approx 4 \cdot 10^8$ nach (5.87) sehr schlecht sein kann. Mit iterativer Verbesserung bei $\varepsilon = 10^{-6}$ wird bei

$$x^{(4)} = \begin{pmatrix} 1.00000 \\ 1.00000 \\ 1.00000 \end{pmatrix}$$

abgebrochen und damit die exakte Lösung erreicht. Häufig führt die iterative Verbesserung, falls PSGAUSS/SOLVE bei schlechter Kondition schlechte Ergebnisse liefert, noch zu brauchbaren Resultaten. Jedoch ist die Konvergenz ungewiß, wenn nicht gewisse Voraussetzungen erfüllt sind.

Im folgenden stellen wir uns auf den Standpunkt, daß der Ausgangswert $x^{(0)}$ über $x^{(0)} = Bb$ mit einer näherungsweisen Inversen B von A gewonnen worden ist und diese auch bei jeder Iteration (5.88) benutzt wird. Dann kann (5.88) in der Form

$$x^{(k+1)} = x^{(k)} + B\left(b - Ax^{(k)}\right) \tag{5.89}$$

geschrieben werden. Den Grad der Nähe von B und A^{-1} messen wir über die Bedingung

$$\|I - AB\| < 1\,. \tag{5.90}$$

Dann gilt, daß A und B invertierbar sind und weiter

$$A^{-1} = B\sum_{k=0}^{\infty}(I - AB)^k \quad . \tag{5.91}$$

Ersetzt man in Satz 18 A durch $I - AB$, so ist wegen der Forderung (5.90) die Voraussetzung (5.76) erfüllt, und nach (5.77) gilt

$$(AB)^{-1} = \sum_{k=0}^{\infty}(I - AB)^k \ ,$$

was (5.91) beweist. Somit kann

$$x = A^{-1}b = B\sum_{k=0}^{\infty}(I - AB)^k b \tag{5.92}$$

geschrieben werden. Nun gilt der

Satz 20: Es gelte (5.90). Dann produziert das Iterationsverfahren (5.89) die Vektorfolge

$$x^{(m)} = B\sum_{k=0}^{m}(I - AB)^k b \ \ (m \geq 0) \quad . \tag{5.93}$$

Dies sind die Partialsummen in (5.92) und diese konvergieren folglich gegen x.

Beweis: Für $m=0$ liefert (5.93) $x^{(0)}=Bb$. Sei nun (5.93) richtig für ein festes $m>0$. Dann ist

$$\begin{aligned}x^{(m+1)} &= x^{(m)}+B\left(b-Ax^{(m)}\right)\\ &= B\sum_{k=0}^{m}(I-AB)^k b+Bb-BAB\sum_{k=0}^{m}(I-AB)^k b\\ &= B\left[b+(I-AB)\sum_{k=0}^{m}(I-AB)^k b\right]\\ &= B\left[(I-AB)^0 b+\sum_{k=1}^{m+1}(I-AB)^k b\right]\\ &= B\sum_{k=0}^{m+1}(I-AB)^k b.\end{aligned}$$

□

Der Satz von PRAGER-OETTLI

Die Konditionszahl war bisher bei der Beurteilung von Residuen oder von Auswirkungen von Datenfehlern die entscheidende Information. Der folgende Satz kommt ohne ihre Schätzung aus und liefert a posteriori eine Information, in welchen Fällen eine Näherungslösung x^* von $Ax=b$ in dem Sinne als richtig akzeptiert werden kann, daß x^* exakte Lösung eines abgeänderten Systems

$$A^*x^*=b^* \tag{5.94}$$

ist, wobei für A^* und b^* die Schranken

$$|A^*-A|\le \Delta A, \tag{5.95}$$
$$|b^*-b|\le \Delta b \tag{5.96}$$

gelten. Dabei bedeutet $|A|=\left(|a_{ik}|\right)_{i,k=1,\dots,n}$ und $|b|=\left(|b_1|,\dots,|b_n|\right)^T$. Die Ungleichungen (5.95) und (5.96) sind komponentenweise zu verstehen. Dann gilt

Satz 21: Sei $\Delta A\ge 0$, $\Delta b\ge 0$. Zu einer Näherungslösung x^* von $Ax=b$ gibt es genau dann ein A^* mit (5.95) und ein b^* mit (5.96), wenn gilt

$$|r(x^*)|\le \Delta A|x^*|+\Delta b, \tag{5.97}$$

wobei

$$r(x^*) = b - Ax^*$$

der Residuenvektor ist.

Beweis:

Es gebe A^* und b^* mit (5.94); (5.95) und (5.96). Dann ist

$$\begin{aligned} A^* &= A + \delta A \quad \text{mit} \quad |\delta A| \le \Delta A , \\ b^* &= b + \delta b \quad \text{mit} \quad |\delta b| \le \Delta b \end{aligned}$$

und es folgt (5.97) sofort:

$$\begin{aligned} |r(x^*)| &= |b - Ax^*| \\ &= |b^* - \delta b - (A^* - \delta A)x^*| \\ &= |-\delta b + \delta A x^*| \\ &\le |\delta b| + |\delta A| x^* \\ &\le \Delta b + \Delta A |x^*| . \end{aligned}$$

Es gelte umgekehrt

$$r := |r(x^*)| = |b - Ax^*| \le \Delta b + \Delta A |x^*| =: s \quad . \tag{5.98}$$

Wir setzen

$$\begin{aligned} \delta a_{ij} &:= r_i \Delta a_{ij}\, sign(x_j^*) / s_i , \\ \delta b_i &:= -r_i \Delta b_i / s_i , \end{aligned} \tag{5.99}$$

wobei für $s_i = 0$ die Größe $r_i / s_i := 0$ gesetzt wird. Wegen (5.98) gilt dann $|r_i / s_i| \le 1$ und daher (5.95) und (5.96) für

$$A^* := A + \delta A, \; b^* = b + \delta b .$$

Jetzt ist hierfür noch $A^*x^*=b^*$ zu zeigen. Nun ist wegen (5.98) rechts und (5.99)

$$\begin{aligned} b_i - \sum_{j=1}^{n} a_{ij}x_j^* &= r_i \\ &= r_i \cdot \frac{\Delta b_i + \sum_{j=1}^{n} \Delta a_{ij}\left|x_j^*\right|}{s_i} \\ &= r_i \Delta b_i / s_i + r_i \sum_{j=1}^{n} \Delta a_{ij} sign\left(x_j^*\right) x_j^* / s_i \\ &= -\delta b_i + \sum_{j=1}^{n} \delta a_{ij} x_j^* , \end{aligned}$$

also

$$\sum_{j=1}^{n} \left(a_{ij} + \delta a_{ij}\right) x_j^* = b_i + \delta b_i$$

und somit $A^*x^*=b^*$. □

Jetzt kann man aus der Kleinheit des Residuums auf die Brauchbarkeit einer Näherungslösung schließen. Besitzen z. B. alle Komponenten von A und b dieselbe relative Genauigkeit ε, d. h. gilt $\Delta A = \varepsilon|A|$ und $\Delta b = \varepsilon|b|$, so muß nach (5.97)

$$|b - Ax^*| \le \varepsilon\left(|A|\,|x^*| + |b|\right) \tag{5.100}$$

erfüllt sein. Hieraus kann man sofort ein kleinstes ε berechnen, für das x^* noch als brauchbare Lösung akzeptiert werden kann.

Beispiel: Seien

$$A = \begin{pmatrix} -1 & 3 \\ 2 & -4 \end{pmatrix},\ b = \begin{pmatrix} 1 \\ -1 \end{pmatrix},\ x^* = \begin{pmatrix} 1 \\ 1 \end{pmatrix}.$$

Dann gilt

$$|b - Ax^*| = \begin{pmatrix} 1 \\ 1 \end{pmatrix},\ |b| + |A|\,|x^*| = \begin{pmatrix} 5 \\ 7 \end{pmatrix}.$$

Wegen (5.100) muß dann

$$\begin{pmatrix}1\\1\end{pmatrix} \leq \varepsilon \begin{pmatrix}5\\7\end{pmatrix}$$

gelten, was $\varepsilon \geq \frac{1}{5}$ bedeutet. Damit kann für alle A^* und b^* mit

$$\left| A^* - \begin{pmatrix}-1 & 3\\2 & -4\end{pmatrix} \right| \leq \frac{1}{5} \begin{pmatrix}1 & 3\\2 & 4\end{pmatrix}$$

und

$$\left| b^* - \begin{pmatrix}1\\-1\end{pmatrix} \right| \leq \frac{1}{5} \begin{pmatrix}1\\1\end{pmatrix}$$

x^* als brauchbare Lösung akzeptiert werden.

6. Spline-Interpolation

Da die Interpolation mit Polynomen in Kapitel 2 Basis für Methoden der numerischen Differentiation und teilweise der numerischen Integration in den Kapiteln 3 und 4 war, haben wir zurückgehalten, wie schlecht sie funktionieren kann, wenn die gegebenen Ordinaten y_i nicht Werte einer besonders glatten Funktion in x_i $(i = 1,\dots,n)$ sind, deren höhere Ableitungen dem Betrage nach nicht klein sind, und wenn der Grad $n-1$ des interpolierenden Polynoms größer als 3 ist. Die Beispiele aus den Abbildungen Z9 bis Z13 sind deprimierend!

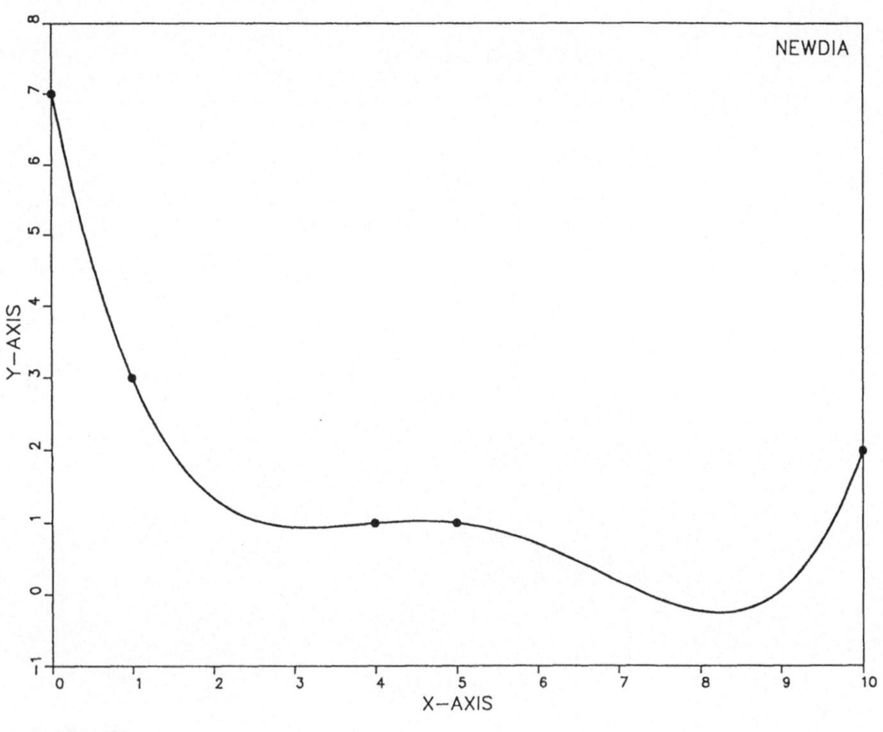

Abb. Z9

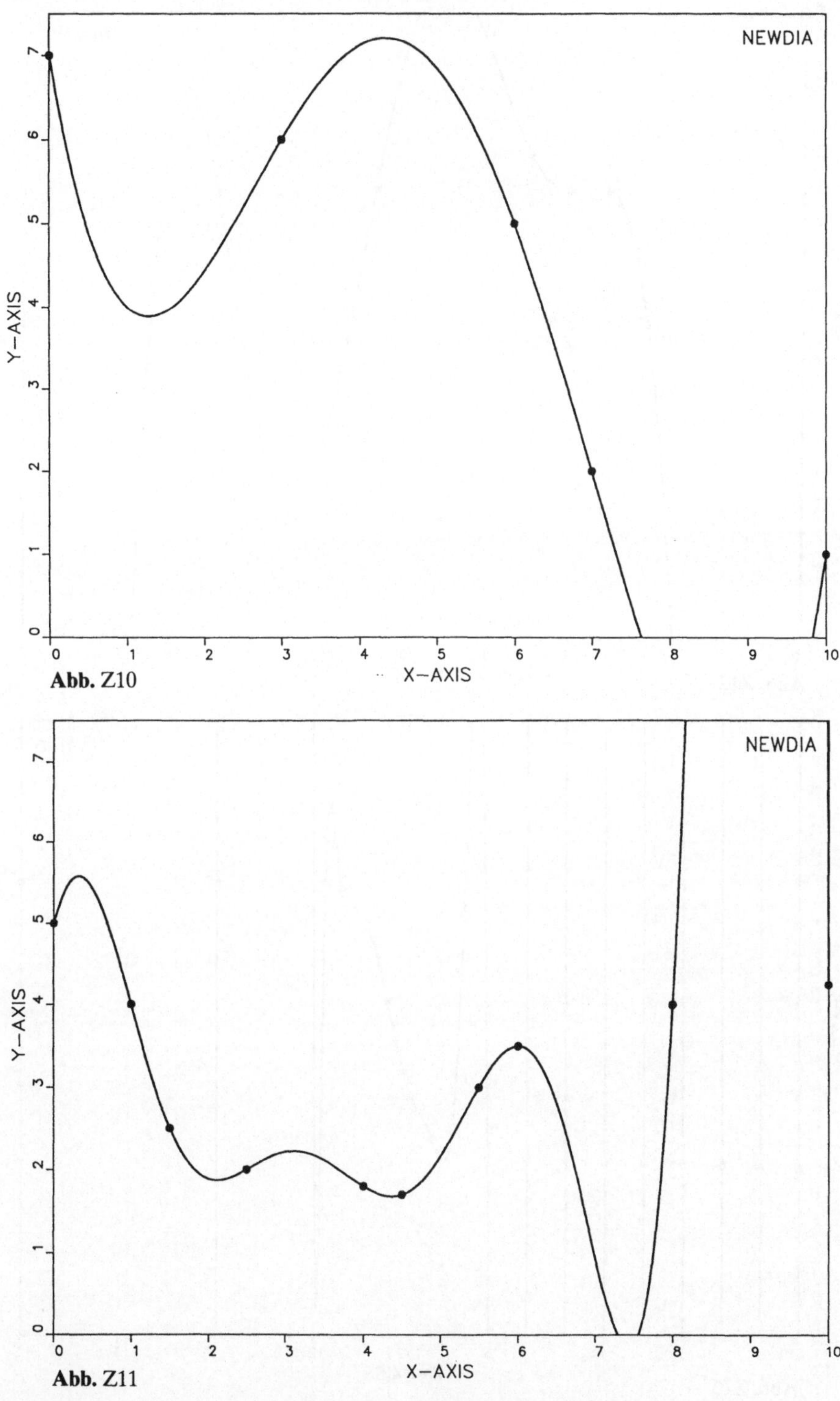

Abb. Z10

Abb. Z11

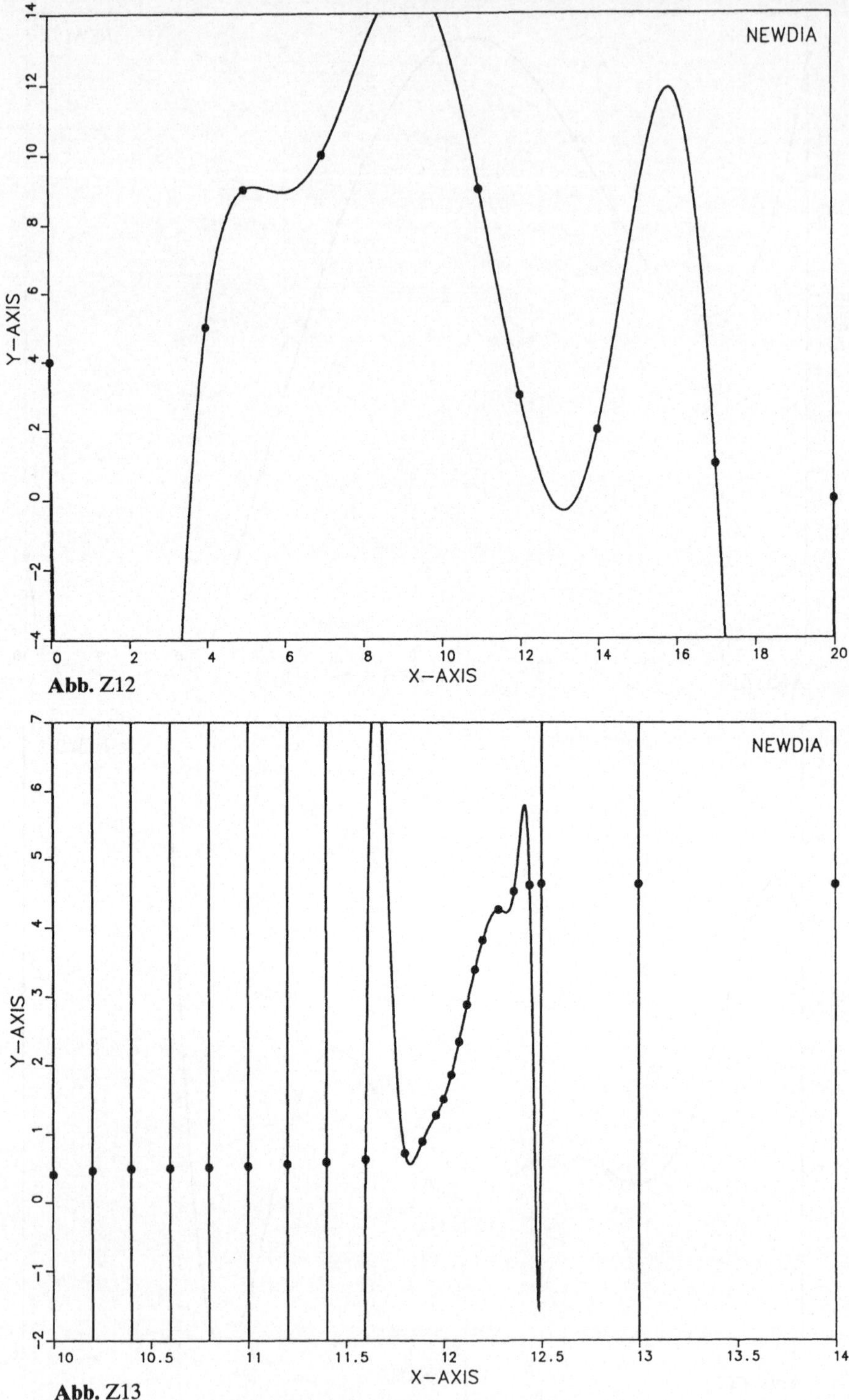

Abb. Z12

Abb. Z13

Daher ist es die Grundidee der Spline-Interpolation, möglichst niedriggradige Polynome (oder auch andere Funktionen), die in verschiedenen Teilintervallen des Interpolationsbereiches verschieden sind, möglichst oft differenzierbar aneinander zu heften und dabei den Interpolationsforderungen zu genügen.

Es sei

$$z_0 < x_1 < z_1 < x_2 < z_2 < x_3 < \ldots < z_{n-1} < x_n < z_n ,$$

und die Werte y_i seien an den *Stützstellen* x_i $(i = 1,\ldots,n)$ zu interpolieren. Unter einer *Spline-Interpolierenden* $s \in C^m[x_1, x_n]$ bzw. $s \in C^m[z_0, z_n]$ mit den *Knotenstellen* x_k $(h = 2,\ldots,n-1)$ bzw. z_k $(k = 1,\ldots,n-1)$ verstehen wir ganz allgemein $n-1$ bzw. n jeweils in $[x_k, x_{k+1}]$ $(k = 1,\ldots,n-1)$ bzw. in $[z_k, z_{k+1}]$ $(k = 0,\ldots,n-1)$ definierte und dort mindestens $(m+1)$-mal stetig differenzierbare Funktionen s_k, die entweder in x_k $(k = 2,\ldots,n-1)$ oder in z_k $(k = 1,\ldots,n-1)$ m-mal $(m \geq 0)$ stetig differenzierbar zusammengesetzt sind und die den Interpolationsbedingungen

$$s_k(x_k) = y_k,\ s_k(x_{k+1}) = y_{k+1}\ \ (k = 1,\ldots,n-1) \tag{6.1}$$

bzw.

$$s_k(x_k) = y_k\ \ (k = 1,\ldots,n) \tag{6.2}$$

genügen.

Sind die s_k Polynome vom Grad $m+1$, so werden für $m = 0$ Geraden stetig, für $m = 1$ Parabeln einmal stetig differenzierbar und für $m = 2$ kubische Polynome zweimal stetig differenzierbar aneinandergesetzt. Auf diese drei Fälle wollen wir uns aus den oben genannten Gründen bei den *polynomialen Spline-Interpolierenden* beschränken; hinzu kommt noch ein Fall $m = 2$, wo spezielle rationale Funktionen geheftet werden. Im Regelfall werden die Stützstellen und Knotenstellen übereinstimmen; nur für $m = 1$ werden wir auch die zweite Möglichkeit behandeln.

Der Polygonzug als lineare Spline-Interpolierende

Für $m=0$ kann man die Geradenstücke s_k auf verschiedene Art und Weise ansetzen. Zum Beispiel ist möglich

$$s_k(x)=A_k+B_k x\,, \tag{6.3}$$

$$s_k(x)=A_k+B_k(x-x_k)\,, \tag{6.4}$$

$$s_k(x)=A_k+B_k t\,, \tag{6.5}$$

$$s_k(x)=A_k u+B_k t\,. \tag{6.6}$$

Hier bedeutet

$$\begin{aligned} t&=(x-x_k)/h_k,\ h_k=\Delta x_k=x_{k+1}-x_k\,,\\ u&=1-t=(x_{k+1}-x)/h_k\,. \end{aligned} \tag{6.7}$$

Je nach Ansatz erhält man die ansatzabhängigen $2(n-1)$ Parameter A_k und B_k $(k=1,\dots,n-1)$ über die Interpolationsbedingungen (6.1) mit verschieden hohem Aufwand. In den Fällen (6.4), (6.5) und (6.6) liefert $s_k(x_k)=y_k$ sofort $A_k=y_k$. Bei (6.4) ergibt sich über $s_k(x_{k+1})=y_{k+1}$ die Steigung B_k von s_k zu $B_k=\Delta y_k/\Delta x_k$.

Am elegantesten erscheint der Ansatz (6.6), da sich $B_k=y_{k+1}$ ergibt und somit

$$s_k=y_k u+y_{k+1}t \tag{6.8}$$

außer den gegebenen Daten (x_k,y_k) $(k=1,\dots,n)$ keine neuen Parameter enthält, also auch keinen zusätzlichen Speicherplatz dafür benötigt. (Allerdings könnte man bei (6.4) die y_k mit den B_k überschreiben.) Der Ansatz (6.3) ist unzweckmäßig, da x nicht relativ auf das Intervall $[x_k,x_{k+1}]$ bezogen variiert. In (6.4) läuft $x-x_k$ von 0 bis Δx_k, in (6.5) läuft t von 0 bis 1 (standardisierte Intervallänge).

Bisher haben wir die intervallweise Darstellung des *Polygonzugs s* diskutiert. Läßt sich auch eine geschlossene, auf $[x_1,x_n]$ gültige Darstellung angeben?

Führt man die Schreibweise

$$(x-x_i)_+ = \begin{cases} x-x_i & \text{für} \quad x \geq x_i \\ 0 & \text{sonst} \end{cases} \tag{6.9}$$

ein, so liefert der Ansatz

$$s(x) = \alpha + \beta_1(x-x_1) + \sum_{i=2}^{n-1} \beta_i (x-x_i)_+ \tag{6.10}$$

offenbar in jedem Intervall $[x_k, x_{k+1}]$ $(k = 1,\ldots,n-1)$ eine andere Gerade, nämlich

$$s_k(x) = \alpha + \sum_{i=1}^{k} \beta_i (x-x_i) \, .$$

Die Parameter $\alpha, \beta_1, \ldots, \beta_{n-1}$ könnte man über die Interpolationsbedingungen (6.1) sukzessiv ausrechnen. Die Darstellung (6.10) hat gegenüber den früheren den Vorteil, daß bei Auswertungen nicht erst immer die Nummer des Intervalls gesucht werden muß, in dem die auszuwertende Stelle v liegt. Der Nachteil liegt darin, daß die Berechnung der $\beta_2, \ldots, \beta_{n+1}$ und die Auswertung selbst aufwendiger sind.

Eine zur LAGRANGEschen Form des Interpolationspolynoms (2.14) analoge Darstellung erhält man durch Einführung sogenannter *B-Splines*. (*B* steht für Basis). Die erster Ordnung sind durch

$$N_i(x) = \begin{cases} 0 & \text{für} \quad x \leq x_{i-1} \\ \dfrac{x - x_{i-1}}{\Delta x_{i-1}} & \text{für} \quad x_{i-1} \leq x \leq x_1 \\ \dfrac{x_{i+1} - x}{\Delta x_i} & \text{für} \quad x_i \leq x \leq x_{i+1} \\ 0 & \text{für} \quad x \geq x_{i+1} \end{cases} \tag{6.11}$$

definiert $(i = 1,\ldots,n)$. Dabei sind $x_0 < x_1$ und $x_{n+1} > x_n$ beliebig. Dann ist

$$s(x) = \sum_{i=1}^{n} y_i N_i(x) \tag{6.12}$$

offenbar wieder eine Darstellung des interpolierenden Polygonzugs, da s in $[x_k, x_{k+1}]$ eine Gerade ist und die Interpolationsbedingungen erfüllt sind. Da in $[x_k, x_{k+1}]$ aufgrund der Definition (6.10) nur N_k und N_{k+1} von Null verschieden sind, erhält man dort

$$\begin{aligned} s_k(x) &= y_k N_k(x) + y_{k+1} N_{k+1}(x) \\ &= y_k u + y_{k+1} t, \end{aligned}$$

also den Ansatz (6.6) zurück.

B-Splines sind für $m > 2$ bei Ausgleichsaufgaben in einer und zwei Dimensionen sowie bei Freiformkurven und -flächen ein mächtiges und unverzichtbares Hilfsmittel. Für Spline-Interpolierende mit $m \leq 2$ in einer und in zwei Dimensionen sind sie im Falle von Polynomstücken jedoch zu kompliziert und für Nichtpolynomstücke nur in Ausnahmefällen explizit verfügbar, weshalb wir sie hier nicht weiter behandeln werden.

Beim Polygonzug tritt wie bei allen Spline-Interpolierenden das Problem auf, bei der Bestimmung eines Funktionswertes $s(v)$ für eine Abszisse v mit $x_1 \leq v \leq x_n$ erst diejenige Nummer i suchen zu müssen, für die $x_i \leq v \leq x_{i+1}$ gilt, bevor $s(v) = s_i(v)$ nach (6.4) oder (6.6) berechnet werden kann. Hierzu gibt es verschiedene und verschieden effiziente Lösungsansätze. Wir gehen hier von der realistischen Annahme aus, daß die Funktionswerte für eine Folge $v_1 < v_2 < \ldots < v_\ell$ von monoton wachsenden Abszissen berechnet werden sollen. Ist ℓ wesentlich größer als n, so wird beim Übergang von v_j auf v_{j+1} die neue Abszisse sehr häufig noch im selben Intervall mit der Nummer i liegen, in das v_j gefallen ist. Daher startet man mit $i = 1$ und merkt sich die (eventuell sich verändernde) Nummer i des Intervalls, in dem das letzte v_j lag. Befindet sich v_{j+1} nicht in $[x_i, x_{i+1}]$, so wird für $v_{j+1} < x_i$ im Intervall $[x_1, x_i]$ und für den regulären Fall $v_{j+1} \geq x_i$ im Intervall $[x_i, x_n]$ das neue i durch Intervallhalbierung gesucht. Implementiert ist dieses Verfahren in der Subroutine INTONE aus Abb. U26. Die Auswertung des Polygonzuges unter Verwendung von INTONE kann dann mit POLVAL (Abb. U27) stattfinden.

Der Polygonzug s hat gegenüber Spline-Interpolierenden höheren Grades bemerkenswerte *formerhaltende Eigenschaften*. Positivität in den Daten wird reproduziert: Gilt $y_k > 0$ $(k = 1, \ldots, n)$, so gilt auch $s > 0$ in $[x_1, x_n]$. Monotonie

```
      SUBROUTINE INTONE(X,N,V,I,IFLAG)
      DIMENSION X(N)
      IFLAG=0
      IF(I.GE.N) I=1
      IF(V.LT.X(1).OR.V.GT.X(N)) THEN
        IFLAG=3
        RETURN
      END IF
      IF(V.LT.X(I)) GOTO 10
      IF(V.LE.X(I+1)) RETURN
      L=N
      GOTO 30
   10 L=I
      I=1
   20 K=(I+L)/2
      IF(V.LT.X(K)) THEN
        L=K
      ELSE
        I=K
      END IF
   30 IF(L.GT.I+1) GOTO 20
      RETURN
      END
```

Abb. U26 INTONE

```
      FUNCTION POLVAL(N,X,Y,V,IFLAG)
      DIMENSION X(N),Y(N)
      DATA I/1/
      CALL INTONE(N,X,V,I,IFLAG)
      IF(IFLAG.NE.0) RETURN
      I1=I+1
      T=(V-X(I))/(X(I1)-X(I))
      POLVAL=Y(I1)*T+Y(I)*(1.-T)
      RETURN
      END
```

Abb. U27 POLVAL

wird wiedergegeben: Gilt etwa $y_1 < y_2 <\ldots< y_n$, so ist wegen $s'_k(x) = \frac{\Delta y_k}{\Delta x_k} > 0$ auch $s' > 0$ im ganzen Intervall $[x_1, x_n]$.

Bezeichnen wir mit d_k die Steigungen

$$d_k = \frac{\Delta y_k}{\Delta x_k} \quad (k = 1,\ldots,n-1) \tag{6.13}$$

und sind die gegebenen Daten im Sinne von $d_1 < d_2 <\ldots< d_{n-1}$ konvex, so ist wegen $s'' = 0$ der Polygonzug konvex.

Weiter gilt folgender

Satz 22: Gilt $y_k = f(x_k)$ $(k = 1,\dots,n)$, wobei $f \in C^1[x_1, x_n]$ ist, so gilt für den interpolierenden Polygonzug s

$$\int_{x_1}^{x_n} [s'(x)]^2 dx \le \int_{x_1}^{x_n} [f'(x)]^2 dx , \tag{6.14}$$

d. h. unter allen interpolierenden Funktionen minimiert der Polygonzug die integrierte quadrierte Steigung.

Beweis: Wir zeigen, daß in

$$0 \le \int_{x_1}^{x_n} (f'-s')^2 dx = \int_{x_1}^{x_n} f'^2 dx - 2\int_{x_1}^{x_n} (f'-s')s' dx - \int_{x_1}^{x_n} s'^2 dx$$

der mittlere Term rechts verschwindet. In der Tat gilt

$$\begin{aligned} \int_{x_1}^{x_n} (f'-s')s' dx &= \sum_{k=1}^{n-1} \int_{x_k}^{x_{k+1}} (f'-s')s' dx \\ &= \sum_{k=1}^{n-1} \left[(f-s)s' \Big|_{x_k}^{x_{k+1}} - \int_{x_k}^{x_{k+1}} (f-s)s'' dx \right] \end{aligned}$$

nach partieller Integration. Hier verschwinden die ersten Teile wegen $f(x_k) = y_k = s(x_k)$ und die zweiten wegen $s'' = 0$. □

Quadratische Spline-Interpolierende

Jetzt wollen wir Parabelstücke

$$s_k(x) = A_k + B_k(x - x_k) + C_k(x - x_k)^2 \quad (k = 1,\dots,n-1) \tag{6.15}$$

an den Stützstellen x_k einmal stetig differenzierbar zu einer quadratischen Spline-Interpolierenden s zusammensetzen. Die Interpolationsbedingungen (6.1) liefern

$$\begin{aligned} &A_k = y_k \\ &A_k + h_k B_k + h_k^2 C_k = y_{k+1} , \end{aligned} \tag{6.16}$$

also die Beziehung

$$B_k + h_k C_k = d_k \quad (k = 1,\ldots,n-1).$$

Wegen

$$s'_k(x) = B_k + 2C_k(x - x_k)$$

liefert die C^1-Bedingung $s'_{k-1}(x_k) = s'_k(x_k)$ die Gleichungen

$$B_{k-1} + 2h_{k-1}C_{k-1} = B_k \quad (k = 2,\ldots,n-1).$$

Eliminiert man oben die C_k, setzt also

$$C_k = \frac{1}{h_k}(d_k - B_k) \quad (k = 1,\ldots,n-1), \tag{6.17}$$

führt B_n als zusätzliche Unbekannte ein, so erhält man mit

$$B_{k-1} + B_k = 2d_{k-1} \quad (k = 2,\ldots,n) \tag{6.18}$$

ein lineares Gleichungssystem zur Bestimmung von $B_1,\ldots,B_n$, das leider nur $n-1$ Gleichungen hat, weshalb eine Zusatzbedingung erforderlich ist. Legt man z. B. einen Wert für B_1 fest, so kann (6.18) einfach rekursiv gelöst werden. Durch vollständige Induktion beweist man

$$B_k = (-1)^{k+1} B_1 + 2\sum_{j=1}^{k-1} (-1)^{k+j+1} d_j \quad (k = 2,\ldots,n). \tag{6.19}$$

Mit (6.19), (6.16) und (6.17) sind somit die Koeffizienten von (6.15) eindeutig bestimmt.

Wie man an den Beispielen in den Abbildungen Z14 bis Z16 sieht, beeinflußt die Wahl von B_1 das Aussehen der sich ergebenden Kurve empfindlich. Dies ist bei Spline-Interpolierenden mit einseitigen Randbedingungen erfahrungsgemäß immer so. Außerdem sind zusammengesetzte Parabeln offenbar dann ungeeignet, wenn die Daten in $[x_k, x_{k+1}]$ einen Wendepunkt signalisieren, der wegen der Konstanz von s''_k nicht erreicht werden kann.

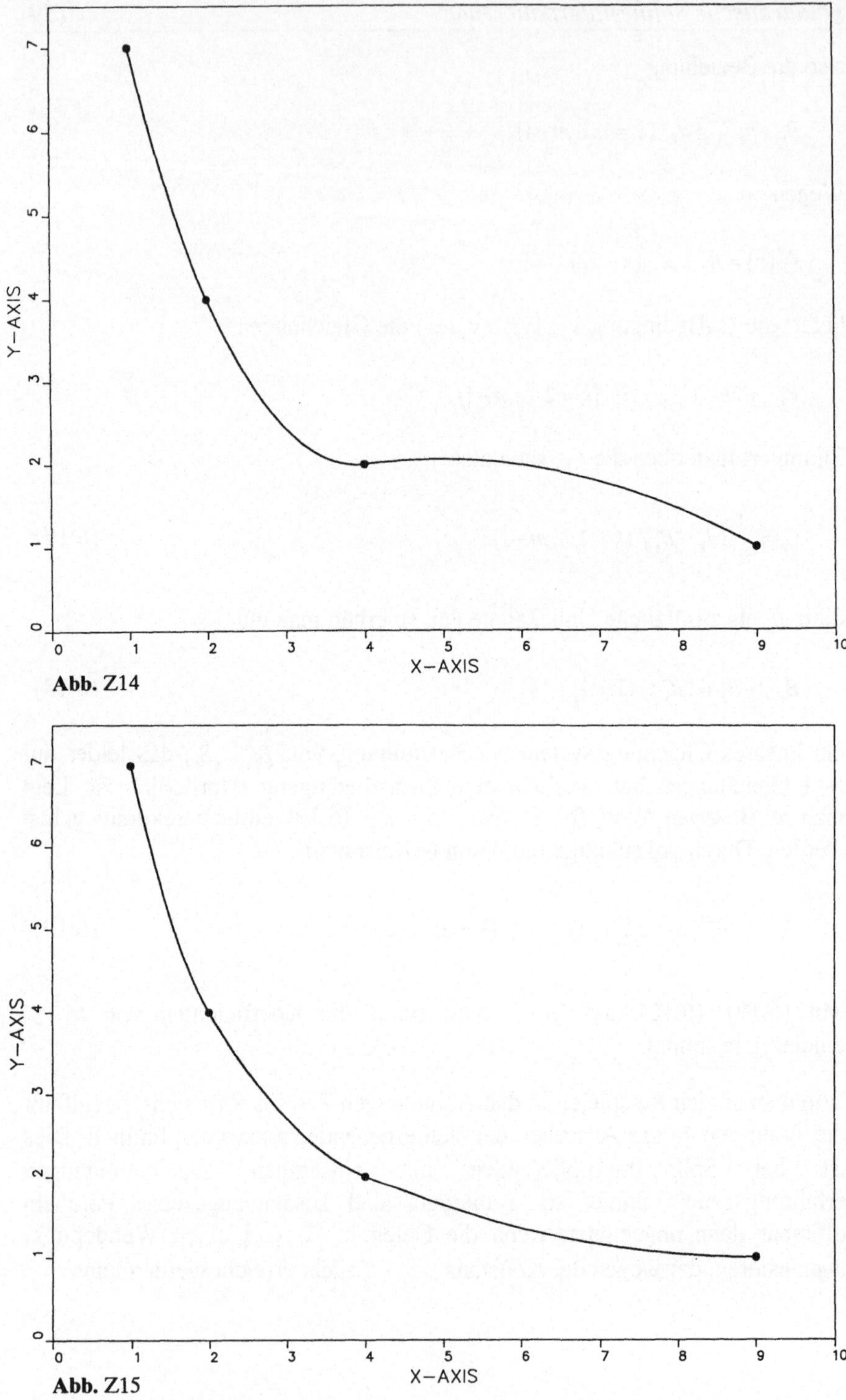

Abb. Z14

Abb. Z15

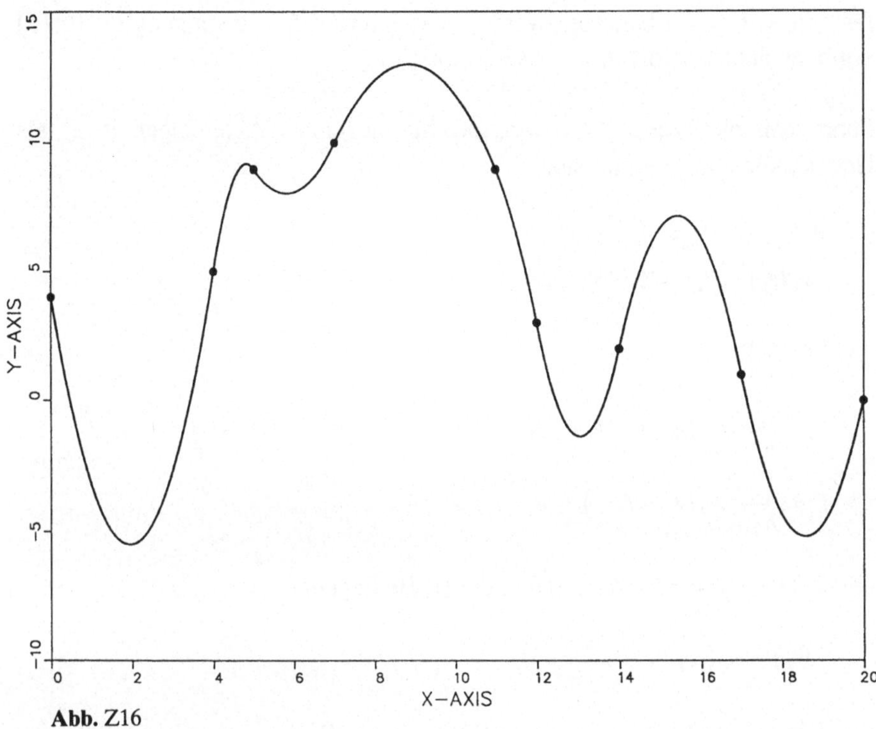

Abb. Z16

Besser wird dies, wenn wir die Parabeln (6.15) auf Intervallen $[z_k, z_{k+1}]$ mit

$$z_k = \frac{1}{2}(x_k + x_{k+1}) \tag{6.20}$$

definieren, in z_k einmal stetig differenzierbar zusammensetzen und (6.2) gewährleisten.

Am Rand benötigen wir noch zusätzliche Abszissen

$$z_0 = x_1 - \frac{h_1}{2},\ z_n = x_n + \frac{h_{n-1}}{2}. \tag{6.21}$$

Wir halten die Beziehungen

$$z_{k-1} - x_k = -\frac{h_{k-1}}{2},\ z_k - x_k = \frac{h_k}{2}(h_0 := h_1,\ h_n := h_{n-1})$$

fest, die wir gleich benutzen werden. Die Interpolationsbedingung für (6.15) ergibt auch hier sofort $A_k = y_k \ (k = 1,\ldots,n)$.

Führt man die Werte $f'_k \ (k = 0,\ldots,n)$ für die ersten Ableitungen in z_k als Unbekannte ein, so ergibt sich

$$\begin{aligned} s'_k(z_{k-1}) &= f'_{k-1} = B_k - h_{k-1}C_k \,, \\ s'_k(z_k) &= f'_k \quad = B_k + h_k C_k \,, \end{aligned}$$

woraus man

$$\begin{aligned} B_k &= \frac{1}{h_{k-1}+h_k}\left(h_{k-1}f'_k + h_k f'_{k-1}\right), \\ C_k &= \frac{1}{h_{k-1}+h_k}\left(f'_k - f'_{k-1}\right) \end{aligned} \tag{6.22}$$

erhält. Die f'_k werden dann durch die C^0-Bedingung

$$s_k(z_k) = s_{k+1}(z_k) \ (k = 1,\ldots,n-1)$$

festgelegt. Durch Einsetzen von (6.22) und nach Division mit $h_k^2/4$ erhält man

$$\begin{aligned} &\frac{1}{h_{k-1}+h_k} f'_{k-1} \\ &\quad + \left[\frac{1}{h_{k-1}+h_k}\left(1+2\frac{h_{k-1}}{h_k}\right) + \frac{1}{h_k+h_{k+1}}\left(1+2\frac{h_{k+1}}{h_k}\right)\right] f'_k \\ &\quad + \frac{1}{h_k+h_{k+1}} f'_{k+1} = \frac{4}{h_k} d_k \quad (k = 1,\ldots,n-1)\,. \end{aligned} \tag{6.23}$$

Beim Programmieren wird man den Ausdruck bei f'_k in der algebraisch äquivalenten aber einfacheren Schreibweise

$$\frac{1}{h_k}\left[2 + \frac{h_{k-1}}{h_{k-1}+h_k} + \frac{h_{k+1}}{h_k+h_{k+1}}\right]$$

benutzen. Die Form in (6.23) hat jedoch den Vorteil, daß man sofort durch konzentriertes Hinschauen die *strenge diagonale Dominanz* des

Gleichungssystems erkennt, das entsteht, wenn man f'_0 und f'_n als bekannt voraussetzt.

Will man Funktionswerte f_0 und f_n in z_0 und z_n vorgeben, so sind f'_0 und f'_n auch Unbekannte, und man muß noch etwas rechnen. Die Zusatzbedingung $s_1(z_0) = f_0$ ergibt zunächst

$$A_1 - \frac{h_1}{2} B_1 + \frac{h_1^2}{4} C_1 = f_0$$

und dann durch Einsetzen von $A_1 = y_1$ und B_1 und C_1 nach (6.22)

$$\frac{3}{2h_1} f'_0 + \frac{1}{2h_1} f'_1 = \frac{4}{h_1^2}(y_1 - f_0). \tag{6.24}$$

Analog ergibt sich für die Bedingung $s_n(z_n) = f_n$ schließlich

$$\frac{1}{2hn-1} f'_{n-1} + \frac{3}{2h_{n-1}} f'_n = \frac{4}{h_{n-1}^2}(f_n - y_n). \tag{6.25}$$

Nimmt man diese beiden Bedingungen zu (6.22) hinzu, so hat man insgesamt $n+1$ Gleichungen mit $n+1$ Unbekannten $f'_0,\ldots,f'_n$. Da (6.24) und (6.25) offenbar die *strenge diagonale Dominanz* von (6.23) nicht zerstören, kann hier leicht auf die Existenz dieser quadratischen Spline-Interpolierenden für jede Abszissenverteilung mit $x_1 < \ldots < x_n$ geschlossen werden.

Implementiert ist die Bestimmung der geschilderten quadratischen Spline-Interpolierenden in der Subroutine QUASKF aus Abb. U28. Beim Aufruf muß A(1) $= f_0$, A(2) $= f_n$ gesetzt werden. Die z_k werden nach (6.20) und (6.21) berechnet. Zur Interpolation an Stellen $v \in [z_0, z_n]$ kann die Subroutine QUAVAM aus Abb. U29 benutzt werden. Die Abb. Z17 zeigt ein Beispiel.

Wählt man die z_k nicht nach (6.20) sondern in Abhängigkeit von k variabel zwischen den Stützstellen, so gewinnt man Flexibilität zur Gestaltung der quadratischen C^1-Spline-Interpolierenden. Die Formeln werden allerdings komplizierter.

```
      SUBROUTINE QUASKF(N,X,Y,Z,EPS,A,B,C,IFLAG)
      DIMENSION X(N),Y(N),Z(0:N),A(N+1),B(N+1),C(N+1)
      IFLAG=0
      IF(N.LT.2) THEN
        IFLAG=1
        RETURN
      END IF
      NP1=N+1
      NM1=N-1
      Y0=A(1)
      YN1=A(2)
      H1=X(2)-X(1)
      H2=H1
      H3=X(N)-X(NM1)
      Z(0)=X(1)-H1/2.
      Z(N)=X(N)+(X(N)-X(NM1))/2.
      R1=Y(1)
      H4=1./(H1+H2)
      A(1)=H4
      B(1)=3*H4
      C(1)=4.*(R1-Y0)/(H1*H1)
      DO 10 K=1,NM1
         K1=K+1
         IF(K.LT.NM1) H3=X(K+2)-X(K1)
         Z(K)=X(K)+H2/2.
         H4=1./(H2+H3)
         R2=Y(K1)
         A(K1)=H4
         B(K1)=(2.+H1/(H1+H2)+H3*H4)/H2
         C(K1)=4.*(R2-R1)/(H2*H2)
         H1=H2
         H2=H3
         R1=R2
   10 CONTINUE
      B(NP1)=3*H4
      C(NP1)=4.*(YN1-R1)/(H3*H3)
      CALL TRIDIS(NP1,B,A,C,EPS,IFLAG)
      IF(IFLAG.NE.0) RETURN
      H1=X(2)-X(1)
      DO 20 K=1,N
         K1=K+1
         IF(K.LT.N) H2=X(K1)-X(K)
         H=1./(H1+H2)
         A(K)=Y(K)
         B(K)=H*(H1*C(K1)+H2*C(K))
         C(K)=H*(C(K1)-C(K))
         H1=H2
   20 CONTINUE
      RETURN
      END
```

Abb. U28 QUASKF

```
FUNCTION QUAVAM(N,X,Z,A,B,C,V,IFLAG)
DIMENSION X(N),Z(N+1),A(N),B(N),C(N)
DATA I/1/
IFLAG=0
IF(N.LT.1) THEN
  IFLAG=1
  RETURN
END IF
CALL INTONE(Z,N+1,V,I,IFLAG)
IF(IFLAG.NE.0) RETURN
DX=V-X(I)
QUAVAM=A(I)+DX*(B(I)+C(I)*DX)
RETURN
END
```

Abb. 29 QUAVAM

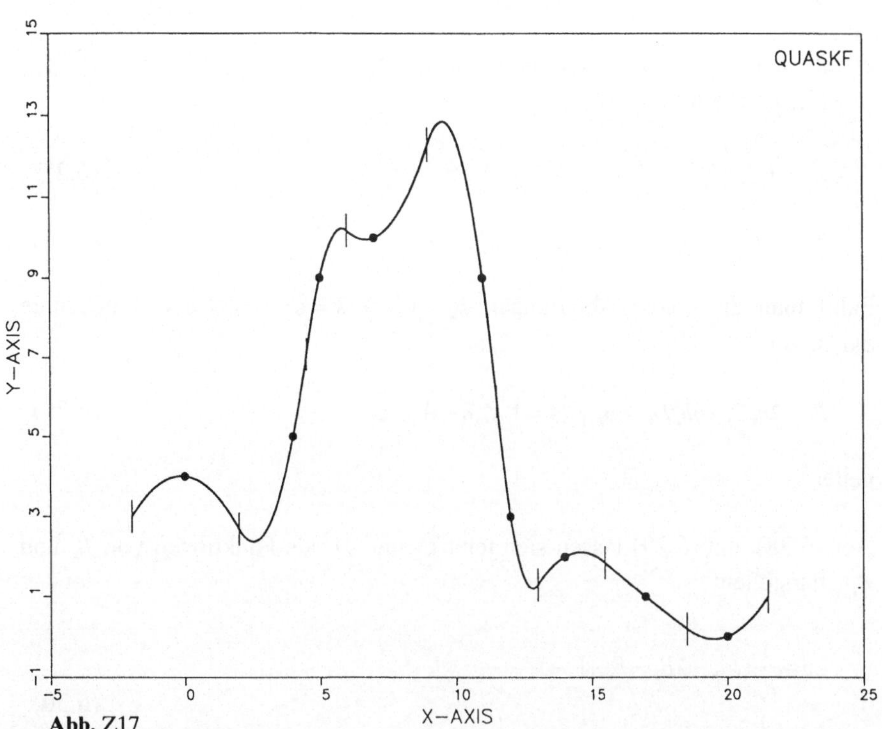

Abb. Z17

Kubische Spline-Interpolierende

Es seien wieder Abszissen

$$x_1 < \ldots < x_n, \quad n \geq 3$$

und zugehörige Ordinaten y_k $(k=1,\ldots,n)$ gegeben. Nun wollen wir verschiedene kubische Polynome

$$s_k(x) = A_k + B_k(x-x_k) + C_k(x-x_k)^2 + D_k(x-x_k)^3 \tag{6.26}$$

zweimal stetig differenzierbar zu einer kubischen Spline-Interpolierenden s aneinandersetzen. Mit

$$\begin{aligned} s'_k(x) &= B_k + 2C_k(x-x_k) + 3D_k(x-x_k)^2 , \\ s''_k(x) &= \quad 2C_k \quad + 6D_k(x-x_k) \end{aligned}$$

erhält man aus den Interpolationsbedingungen $s_k(x_k) = y_k$, $s_k(x_{k+1}) = y_{k+1}$ $(k=1,\ldots,n-1)$ sofort

$$A_k = y_k , \tag{6.27}$$

$$h_k B_k + h_k^2 C_k + h_k^3 D_k = \Delta y_k \quad (k=1,\ldots,n-1) . \tag{6.28}$$

Führt man die ersten Ableitungen $B_k = s'(x_k)$ $(k=1,\ldots,n-1)$ als Unbekannte ein, so muß

$$B_k + 2h_k C_k + 3h_k^2 D_k = B_{k+1} \quad (k=1,\ldots,n-1) \tag{6.29}$$

gelten.

Aus (6.28) und (6.29) lassen sich jetzt C_k und D_k als Funktionen von B_k und B_{k+1} darstellen:

$$\begin{aligned} C_k &= \frac{1}{h_k}(3d_k - 2B_k - B_{k+1}) , \\ D_k &= \frac{1}{h_k^2}(-2d_k + B_k + B_{k+1}) \quad (k=1,\ldots,n-1) . \end{aligned} \tag{6.30}$$

Wären die B_k vorgegeben, läge also ein *HERMITEsches Interpolationsproblem* vor, so wäre diese Aufgabe, auf die wir später zurückkommen, bereits gelöst. Wir haben jedoch die C^2-Bedingung

$$s''_{k-1}(x_k) = s''_k(x_k) \quad (k=2,\ldots,n-1)$$

zu berücksichtigen, die über

$$2C_{k-1} + 6h_{k-1}D_{k-1} = 2C_k \quad (k = 2,\ldots,n-1)$$

und (6.30) zu einem linearen Gleichungssystem

$$\frac{1}{h_{k-1}}B_{k-1} + 2\left(\frac{1}{h_{k-1}} + \frac{1}{h_k}\right)B_k + \frac{1}{h_k}B_{k+1} = \frac{3}{h_{k-1}}d_{k-1} + \frac{3}{h_k}d_k \quad (k = 2,\ldots,n-1) \tag{6.31}$$

führt.

Da es sich um $n-2$ Gleichungen mit n Unbekannten $B_1,\ldots,B_n$ handelt, müssen wir noch Zusatzbedingungen stellen. Das werden solche sein, die die Anzahl der Unbekannten auf $n-2$ reduzieren und die Existenz einer Lösung von (6.31) garantieren. Prinzipiell könnte man z. B. B_1 und B_2 vorgeben und (6.31) einfach rekursiv lösen. Solche *unsymmetrischen Randbedingungen* zeitigen erfahrungsgemäß sehr durch die Unsymmetrie beeinflußte Spline-Interpolierende. Näher liegt es, B_1 und B_n geeignet vorzugeben, weil nämlich dann die Koeffizientenmatrix von (6.31) symmetrisch, tridiagonal und streng diagonal dominant ist. Nun können z. B. B_1 und B_n beliebig oder als Steigungen von Interpolationspolynomen ersten, zweiten oder dritten Grades in x_1 bzw. x_n durch die ersten bzw. letzten linken bzw. rechten zwei, drei oder vier Randpunkte vorgegeben werden.

In allen Fällen müssen die erste und die letzte Gleichung in (6.31) einfach zu

$$\begin{aligned} &2\left(\frac{1}{h_1} + \frac{1}{h_2}\right)B_2 + \frac{1}{h_2}B_3 = \frac{3}{h_1}d_1 + \frac{3}{h_2}d_2 - \frac{1}{h_1}B_1\,, \\ &\frac{1}{h_{n-2}}B_{n-2} + 2\left(\frac{1}{h_{n-2}} + \frac{1}{h_{n-1}}\right)B_{n-1} = \frac{3}{h_{n-2}}d_{n-2} + \frac{3}{h_{n-1}}d_{n-1} - \frac{1}{h_{n-1}}B_n \end{aligned} \tag{6.32}$$

modifiziert und rechts B_1 und B_n eingesetzt werden.

Wir zeigen, wie man im linken Randpunkt x_1 bei der Wahl eines Interpolationspolynoms dritten Grades durch (x_i, y_i) $(i = 1,\ldots,4)$ vorgehen kann. Das NEWTONsche Interpolationspolynom lautet nach (2.24)

$$p_3(x) = a_0 + a_1(x - x_1) + a_2(x - x_1)(x - x_2) + a_3(x - x_1)(x - x_2)(x - x_3)\,.$$

Dann gilt nach (2.26) und (2.27) explizit

$$a_0 = y_1 ,$$
$$a_1 = d_1 ,$$
$$a_2 = \frac{d_2 - d_1}{h_1 + h_2} ,$$
$$a_3 = \frac{\frac{d_3 - d_2}{h_2 + h_3} - \frac{d_2 - d_1}{h_1 + h_2}}{h_1 + h_2 + h_3} ,$$

wobei die d_i $(i = 1,2,3)$ nach (6.13) gegeben sind.

Da

$$p'_3(x) = a_1 + a_2(2x - x_1 - x_2)$$
$$+a_3[(x - x_1)(x - x_2) + (x - x_1)(x - x_3) + (x - x_2)(x - x_3)] ,$$

folgt also

$$p'_3(x_1) = a_1 - h_1 a_2 + h_1(h_1 + h_2)a_3 .$$

Die Lösung des Gleichungssystems (6.31) und (6.32) bei vorgegebenen Werten für B_1 und B_n, die in B(1) und B(N) erwartet werden, führt die Subroutine CUB1SP aus Abb. U30 mittels TRIDIS durch. Die restlichen Koeffizienten von (6.26) werden mittels (6.27) und (6.30) berechnet. Zur Auswertung der so gewonnenen *kubischen Spline-Interpolierenden* an einer Stelle $v \in [x_1, x_n]$ kann die Subroutine CUBVAL aus Abb. U31 benutzt werden. Die Abbildungen Z18 bis Z20 zeigen ein Beispiel mit verschieden gewählten Werten für B_1 und B_n. Diese beeinflussen das Aussehen von s am Rande, aber offenbar kaum im Innern von $[x_1, x_n]$.

Wir wollen einen zu Satz 22 analogen Satz für kubische Spline-Interpolierende s angeben und untersuchen dazu, in welchen Fällen

$$\int_{x_1}^{x_n} [s''(x)]^2 dx \le \int_{x_1}^{x_n} [f''(x)]^2 dx \qquad (6.33)$$

für Funktionen $f \in C^2[x_1, x_n]$ mit $f(x_k) = y_k$ $(k = 1, \ldots, n)$ gilt.

```
      SUBROUTINE CUB1SP(N,X,Y,EPS,A,B,C,D,IFLAG)
      DIMENSION X(N),Y(N),A(N),B(N),C(N),D(N)
      IFLAG=0
      IF(N.LT.2) THEN
        IFLAG=1
        RETURN
      END IF
      N1=N-1
      N2=N-2
      B1=B(1)
      DO 20 K=1,N1
         KP1=K+1
         KM1=K-1
         H2=1./(X(KP1)-X(K))
         R2=H2*H2*(Y(KP1)-Y(K))
         IF(K.EQ.1) GOTO 10
         C(KM1)=2.*(H1+H2)
         B(KM1)=H2
         D(KM1)=3.*(R2+R1)
         IF(K.EQ.2)  D(KM1)=D(KM1)-H1*B1
         IF(K.EQ.N1) D(KM1)=D(KM1)-H2*B(N)
10       H1=H2
         R1=R2
20    CONTINUE
      CALL TRIDIS(N2,C,B,D,EPS,IFLAG)
      IF(IFLAG.NE.0) RETURN
      DO 30 K=N2,1,-1
         B(K+1)=D(K)
30    CONTINUE
      B(1)=B1
      DO 40 K=1,N1
         K1=K+1
         DX=X(K1)-X(K)
         DY=Y(K1)-Y(K)
         A(K)=Y(K)
         DYX=DY/DX
         C(K)=(3.*DYX-2.*B(K)-B(K1))/DX
         D(K)=(-2.*DYX+B(K)+B(K1))/(DX*DX)
40    CONTINUE
      RETURN
      END
```

Abb. U30 CUB1SP

```
      FUNCTION CUBVAL(N,X,A,B,C,D,V,IFLAG)
      DIMENSION X(N),A(N),B(N),C(N),D(N)
      DATA I/1/
      IFLAG=0
      IF(N.LT.2) THEN
        IFLAG=1
        RETURN
      END IF
      CALL INTONE(X,N,V,I,IFLAG)
      IF(IFLAG.NE.0) RETURN
      DX=V-X(I)
      CUBVAL=A(I)+DX*(B(I)+DX*(C(I)+D(I)*DX))
      RETURN
      END
```

Abb. U31 CUBVAL

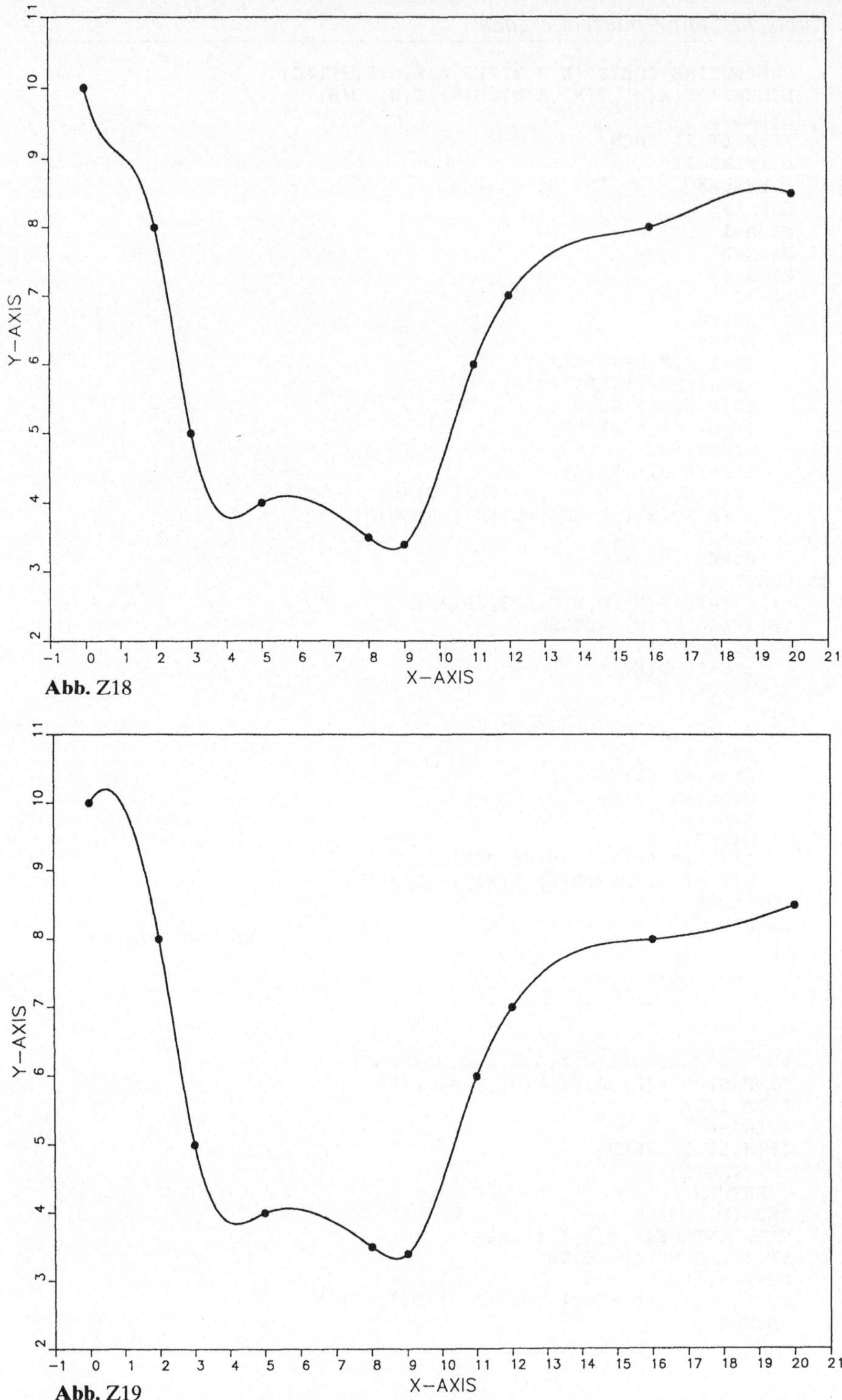

Abb. Z18

Abb. Z19

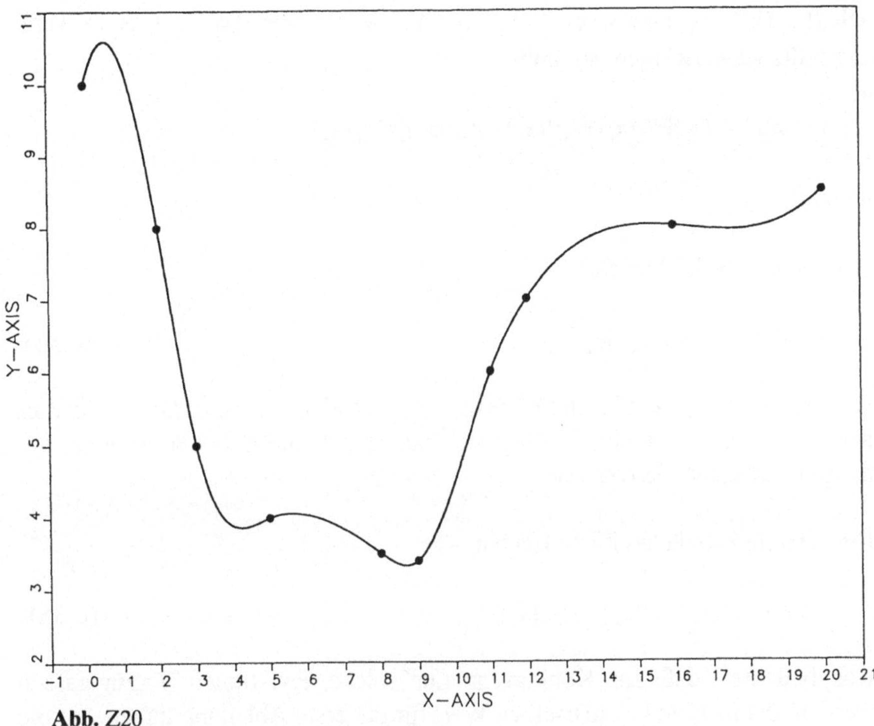

Abb. Z20

Ähnlich wie bei den Polygonzügen gehen wir von

$$0 \le \int_{x_1}^{x_n} (f''-s'')^2 \, dx = \int_{x_1}^{x_n} f''^2 \, dx - 2\int_{x_1}^{x_n} (f''-s'')s'' \, dx - \int_{x_1}^{x_n} s''^2 \, dx$$

aus und untersuchen, unter welchen Umständen der mittlere Term rechts verschwindet. Nach partieller Integration folgt

$$\int_{x_1}^{x_n} (f''-s'')s'' \, dx = (f'-s')s'' \Big|_{x_1}^{x_n} - \sum_{n=1}^{n-1} \int_{x_k}^{x_{k+1}} (f'-s')s''' \, dx \, .$$

Da s''' in jedem Intervall $[x_k, x_{k+1}]$ konstant ist, also vor das Integral gezogen werden kann, verschwindet der zweite Term wegen der Interpolationseigenschaft $s_k(x_k)=y_k$ und $s_k(x_{k+1})=y_{k+1}$ $(k=1,\ldots,n-1)$ stets. Soll der erste Term ebenfalls verschwinden, so muß

$$[f'(x_1)-s'_1(x_1)]s''_1(x_1)=[f'(x_n)-s'_{n-1}(x_n)]s''_{n-1}(x_n)$$

gelten.

Dies ist sicher der Fall für

$$y''_1=s''_1(x_1)=0=s''_{n-1}(x_n)=y''_n\,. \tag{6.34}$$

Die entsprechenden kubisch Spline-Interpolierenden heißen *natürlich*, sind es aber manchmal gar nicht; im Gegenteil liefern sie häufig an den Rändern unnatürlich aussehende Kurven.

Eine zweite Möglichkeit ist offenbar

$$f'(x_1)=s'_1(x_1),\ f'(x_n)=s'_{n-1}(x_n)\,, \tag{6.35}$$

was bedeutet, daß zur Konkurrenz nur solche Funktionen f zugelassen werden, die in x_1 und x_n denselben Wert für die erste Ableitung haben wie die Spline-Interpolierende s.

Damit haben wir den

Satz 23: Gilt $y_k=f(x_k)$ $(k=1,\ldots,n)$, wobei $f\in C^2[x_1,x_n]$ ist, so gilt für die kubische Spline-Interpolierende s die Eigenschaft (6.31), falls (6.32) oder (6.33) gilt.

Dies erklärt, warum kubische Spline-Interpolierende s für schwach veränderliches s' ziemlich glatt sein können; sie minimieren dann nämlich die mittlere quadrierte *Krümmung*

$$\int_{x_1}^{x_n}\frac{[s''(x)]^2}{\left(1+[s'(x)]^2\right)^3}\,dx$$

näherungsweise.

Quadratische Histosplines

Kann man eine Spline-Funktion $s \in C^m[x_1, x_n]$ mit Stücken

$$s_k(x) = A_k + B_k(x - x_k) + C_k(x - x_k)^2 + D_k(x - x_k)^3 + \dots \tag{6.36}$$

konstruieren, die den Interpolations- und Randbedingungen

$$\begin{aligned} &s(x_k) = y_k \quad (k = 1, \dots, n), \\ &s'(x_1) = B_1, \; s'(x_n) = B_n, \\ &s''(x_1) = 2C_1, \; s''(x_n) = 2C_n, \dots \text{ usw.} \end{aligned} \tag{6.37}$$

genügt, dann läßt sich auf einfache Weise hieraus eine Spline-Funktion $\tilde{s} \in C^{m-1}[x_1, x_n]$ erhalten, deren Stücke

$$\tilde{s}_k(x) = \tilde{A}_k + \tilde{B}_k(x - x_k) + \tilde{C}_k(x - x_k)^2 + \tilde{D}_k(x - x_k)^3 + \dots \tag{6.38}$$

bei vorgegebenen Rechteckhöhen $\tilde{y}_k$ den *Flächenbedingungen*

$$\int_{x_k}^{x_{k+1}} \tilde{s}_k(x)dx = h_k \tilde{y}_k \quad (k = 1, \dots, n-1) \tag{6.39}$$

genügen und für die die Randbedingungen

$$\tilde{s}(x_1) = \tilde{y}_0, \; \tilde{s}(x_n) = \tilde{y}_n, \; \tilde{s}'(x_1) = \tilde{y}'_0, \; \tilde{s}'(x_n) = \tilde{y}'_n, \dots \text{ usw.} \tag{6.40}$$

gelten. Eine solche Funktion $\tilde{s}$ heißt ein *Histospline*.

Man setze

$$\begin{aligned} &y_1 = 0, \; y_{k+1} = y_k + h_k \tilde{y}_k \quad (k = 1, \dots, n-1), \\ &B_1 = \tilde{y}_0, \; B_n = \tilde{y}_n, \; C_1 = \frac{1}{2}\tilde{y}'_0, \; C_n = \frac{1}{2}\tilde{y}'_n, \dots \text{ usw.}, \end{aligned} \tag{6.41}$$

berechnet s und erhält $\tilde{s} = s'$. Im angesprochenen Fall einer *polynomialen Spline-Funktion* gilt dann

$$\tilde{A}_k = B_k, \; \tilde{B}_k = 2C_k, \; \tilde{C}_k = 3D_k, \; \tilde{D}_k = 4E_k, \dots \tag{6.42}$$

Das Konstruktionsverfahren funktioniert jedoch genauso, wenn s eine *nicht-polynomiale Spline-Funktion* ist, wie wir später bei den rationalen Spline-Interpolierenden sehen werden. Dies liegt daran, daß

$$h_k \tilde{y}_k = \int_{x_k}^{x_{k+1}} \tilde{s}(x)dx = \int_{x_k}^{x_{k+1}} s'(x)dx = s(x_{k+1}) - s(x_k) = y_{k+1} - y_k \qquad (k = 1,\ldots,n-1) \tag{6.43}$$

gilt und, da mit s auch $s + y_1$ Stammfunktion von $\tilde{s} = s'$ ist, o. B. d. A. $y_1 = 0$ gewählt werden kann.

Wollen wir nun einen *quadratischen* C^1*-Histospline* $\tilde{s}$ mit auf $[x_k, x_{k+1}]$ $(k = 1,\ldots,n-1)$ definierten Teilstücken

$$\tilde{s}_k(x) = \tilde{A}_k + \tilde{B}_k(x - x_k) + \tilde{C}_k(x - x_k)^2$$

bestimmen, wenn in x_1 und x_n Funktionswerte $\tilde{y}_0$ und $\tilde{y}_n$ und für jedes Intervall $[x_k, x_{k+1}]$ Rechteckhöhen $\tilde{y}_k$ $(k = 1,\ldots,n-1)$ vorgegeben sind, so erhalten wir $\tilde{s}$ mit der Eigenschaft (6.39) und mit $\tilde{s}(x_1) = \tilde{y}_0$ und $\tilde{s}(x_n) = \tilde{y}_0$, indem wir nach (6.41)

$$B_1 = \tilde{y}_0,\ B_n = \tilde{y}_n,\ y_1 = 0,\ y_{k+1} = y_k + h_k \tilde{y}_k \ \ (k = 1,\ldots,n-1)$$

setzen, eine kubische Spline-Interpolierende s für die Punkte (x_k, y_k) $(k = 1,\ldots,n)$ mit den Randbedingungen $s'(x_1) = B_1$ und $s'(x_n) = B_n$ mittels CUB1SP berechnen und anschließend $\tilde{s} = s'$, d. h.

$$\tilde{A}_k = B_k,\ \tilde{B}_k = 2C_k,\ \tilde{C}_k = 3D_k$$

festsetzen. Dies geschieht in der Subroutine QHIST aus Abb. U32. Dort gilt Y(K) = $\tilde{y}_k$, E(K) = y_k, A(K) = $\tilde{A}_k$, B(K) = $\tilde{B}_k$ und C(K) = $\tilde{C}_k$.

Das Beispiel in Abb. Z21 sieht sehr gut aus, das in Abb. Z22 jedoch nicht, da weder Monotonie noch Eingipfeligkeit noch Positivität des vorgegebenen Histogramms durch den quadratischen Histospline reproduziert werden. Später wird sich eine besser funktionierende Methode ergeben, um Histogramme glatt und flächentreu zu approximieren.

```
      SUBROUTINE QHIST(N,X,Y,EPS,A,B,C,D,E,IFLAG)
      DIMENSION X(N),Y(0:N),A(N),B(N),C(N),D(N),E(N)
      B(1)=Y(0)
      B(N)=Y(N)
      E(1)=0.0
      DO 10 K=2,N
         E(K)=Y(K-1)*(X(K)-X(K-1))+E(K-1)
   10 CONTINUE
      CALL CUB1SP(N,X,E,EPS,A,B,C,D,IFLAG)
      DO 20 K=1,N
         A(K)=B(K)
         B(K)=2.0*C(K)
         C(K)=3.0*D(K)
   20 CONTINUE
      RETURN
      END
```

Abb. U32 QHIST

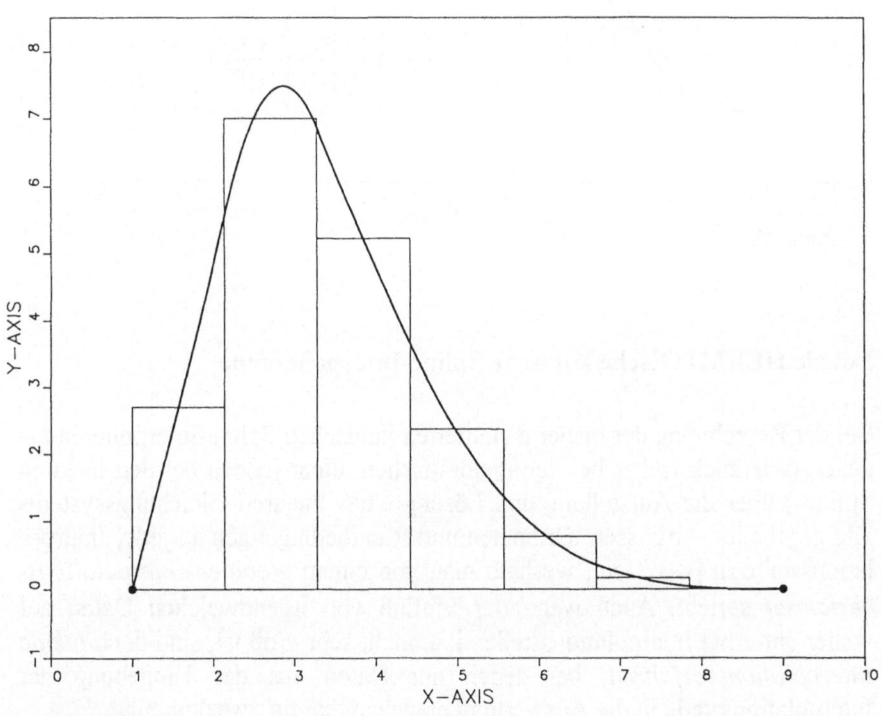

Abb. Z21

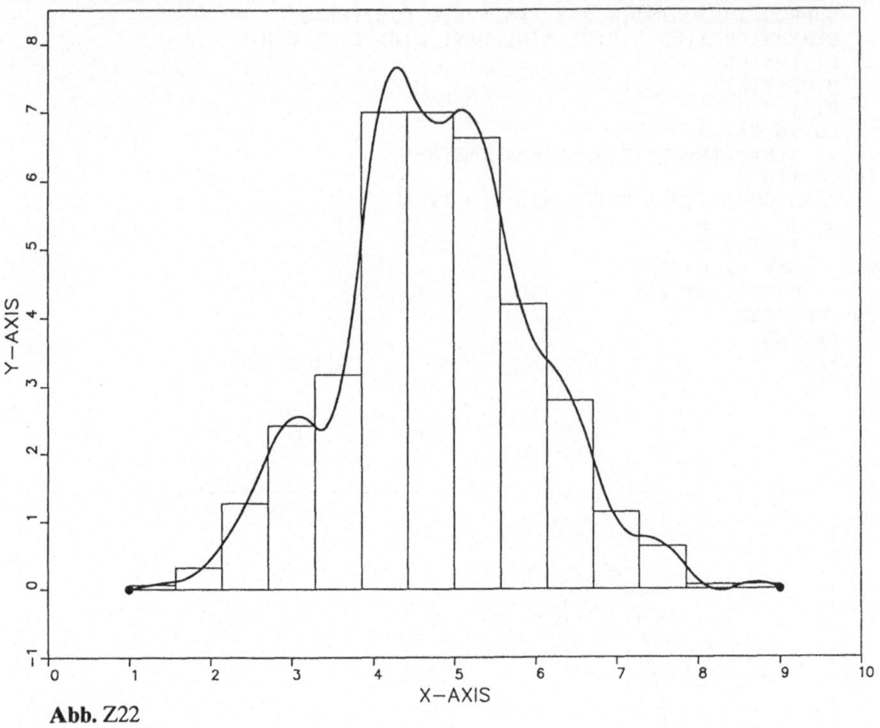

Abb. Z22

Lokale HERMITEsche kubische Spline-Interpolierende

Bei der Berechnung der bisher diskutierten kubischen Spline-Interpolierenden gehen (wie auch früher bei den quadratischen, nicht jedoch bei den linearen Splines) über die Aufstellung und Lösung eines linearen Gleichungssystems alle gegebenen Abszissen, Ordinaten und Randbedingungen an jeder Interpolationsstelle in $[x_1, x_n]$ ein, weshalb man von einem *globalen Interpolationsverfahren* spricht. Auch wenn der Einfluß von irgendwelchen Daten auf weiter entfernte Interpolationsstellen i. a. nicht sehr groß ist, sind doch *lokale Interpolationsverfahren*, bei denen nur Daten aus der Umgebung der Interpolationsstelle in die Auswertung eingehen, häufig zweckmäßiger.

Ein lokales C^1-Verfahren mit kubischen Polynomen erhält man, indem man zusätzlich Werte y'_k $(k = 1,\ldots,n)$ für die ersten Ableitungen in x_k vorgibt bzw.

aus den Daten der Umgebung berechnet. Die entstehende *lokale kubische HERMITEsche Spline-Interpolierende* ist ein Polynom dritten Grades p_k mit

$$p_k(x_k) = y_k,\ p_k(x_{k+1}) = y_{k+1},$$
$$p'_k(x_k) = y'_k,\ p'_k(x_{k+1}) = y'_{k+1}$$

für ein festes $k \in \{1,\ldots,n-1\}$. Die Koeffizienten in (6.26) sind dann durch (6.27), $B_k = y'_k$ $(k = 1,\ldots,n-1)$ und (6.30) gegeben. Die Berechnung dieser Koeffizienten erfolgt in der Subroutine HECUB aus Abb. U33. Dabei werden die y'_k in den B(K) erwartet. Wegen (6.27) wird für die Koeffizienten A_k kein neues Feld benötigt. Ausgewertet werden kann wieder mit CUBVAL.

Im folgenden beschäftigen wir uns mit einigen Verfahren zur Schätzung der y'_k. Wir benennen die Verfahren mit potentiellen Subroutinenamen; die korrespondierenden Subroutinen sind größtenteils in der Literatur zu finden bzw. einfach zu implementieren.

Das einfachste Verfahren GRAD1 ergibt sich, indem man die Steigungen von Geraden durch benachbarte Punkte als Annäherungen für die y'_k hernimmt, also

$$y'_k = \frac{y_{k+1} - y_{k-1}}{x_{k+1} - x_{k-1}}\ (k = 2,\ldots,n-1) \tag{6.44}$$

```
      SUBROUTINE HECUB(N,X,Y,B,C,D,IFLAG)
      DIMENSION X(N),Y(N),B(N),C(N),D(N)
      IFLAG=0
      IF(N.LT.2) THEN
        IFLAG=1
        RETURN
      END IF
      DO 10 K=1,N-1
         K1=K+1
         H=X(K1)-X(K)
         DYDX=(Y(K1)-Y(K))/H
         C(K)=(3.*DYDX-2.*B(K)-B(K1))/H
         D(K)=(-2.*DYDX+B(K)+B(K1))/(H*H)
   10 CONTINUE
      RETURN
      END
```

Abb. U33 HECUB

und an den Rändern

$$y'_1 = d_1,\ y'_n = d_{n-1}$$

setzt.

Falls Funktionen hinter den Daten stünden, erhielte man genauere Approximationen, indem man die y'_k als Steigungen von Parabeln durch die Punkte mit den Nummern $k-1$, k und $k+1$ für $k=2,\ldots,n-1$ und durch die ersten bzw. letzten drei in x_1 bzw. x_n für y'_1 bzw. y'_n hernimmt. Mit dem NEWTONschen Interpolationspolynom erhält man explizit

$$\begin{aligned} y'_k &= \frac{\dfrac{y_k - y_{k-1}}{x_k - x_{k-1}}(x_{k+1}-x_k) + \dfrac{y_{k+1}-y_k}{x_{k+1}-x_k}(x_k - x_{k-1})}{x_{k+1}-x_{k-1}} \\ &= \frac{h_k d_{k-1} + h_{k-1} d_k}{h_k + h_{k-1}} . \end{aligned} \tag{6.45}$$

Die Formel (6.45) kann auch für y'_1 und y'_n angewandt werden, wenn man in diesen Fällen rechts einmal die Indizes 1 und 2 und zum anderen $n-1$ und n vertauscht, wie dies in der Subroutine GRAD2 aus Abb. U34 passiert.

```
      SUBROUTINE GRAD2(N,X,Y,B,IFLAG)
      DIMENSION X(N),Y(N),B(N)
      IFLAG=0
      IF(N.LT.3) THEN
        IFLAG=1
        RETURN
      END IF
      N1=N-1
      N2=N-2
      H1=X(2)-X(1)
      H2=X(3)-X(1)
      H3=(Y(2)-Y(1))/H1
      B(1)=(H3*H2-(Y(3)-Y(1))/H2*H1)/(X(3)-X(2))
      DO 10 K=2,N1
         KM1=K-1
         KP1=K+1
         H2=X(KP1)-X(K)
         H4=(Y(KP1)-Y(K))/H2
         B(K)=(H3*H2+H4*H1)/(X(KP1)-X(KM1))
         H1=H2
         H3=H4
   10 CONTINUE
      H1=X(N)-X(N2)
      B(N)=((Y(N2)-Y(N))/H1*H2+H4*H1)/(X(N1)-X(N2))
      RETURN
      END
```

Abb. U34 GRAD2

(Manchmal erhält man zweckmäßigere Werte für die y'_k, wenn man nicht mit einer Parabel, sondern durch eine einfache rationale Funktion mit ebenfalls drei Parametern, nämlich durch

$$r(x) = a + \frac{b}{x-c}$$

in jeweils drei Punkten interpoliert.)

Als nächstes kann man mit einem kubischen Polynom c_k in den Stützstellen x_k, x_{k+1}, x_{k+2}, x_{k+3} interpolieren und dann

$$y'_k = \begin{cases} c'_1(x_1), & k = 1 \\ c'_{k-1}(x_k), & 0 < k < \frac{n}{2} \\ c'_{k-2}(x_k), & \frac{n}{2} \le k < n \\ c'_{n-3}(x_n), & k = n \end{cases} \tag{6.46}$$

setzen.

Weiter kann man mit Hilfe von NEWDIA die NEWTONschen Interpolationspolynome vierten Grades durch die Punkte mit den Nummern $k-2$, $k-1$, k, $k+1$ $k+2$ aufstellen, in x_k $(k = 3,\ldots,n-2)$ differenzieren und den so erhaltenen Wert für y'_k benutzen. Aufgrund negativer Erfahrungen mit Polynomen vierten Grades an den Rändern wird man wie folgt verfahren: In x_1 und x_n werden Parabeln durch die Punkte mit den Nummern 1, 2, 3 bzw. $n-2$, $n-1$, n und in x_2 und x_{n-1} werden kubische Polynome durch die Punkte mit den Nummern 1, 2, 3, 4 bzw. $n-3$, $n-2$, $n-1$, n differenziert.

Das folgende sehr bekannte Verfahren GRAD5 von AKIMA wird rein geometrisch begründet. Die Nummern $j = k-2$, $k-1$, k, $k+1$, $k+2$ von inneren Punkten (x_j, y_j) seien mit 1, 2, 3, 4, 5 bezeichnet. A sei der Schnittpunkt der Geraden $\overrightarrow{12}$ und $\overrightarrow{34}$, B der von $\overrightarrow{23}$ und $\overrightarrow{45}$. C sei der Schnittpunkt einer Geraden durch den Punkt mit der Nummer 3 mit $\overrightarrow{12}$, D derjenige derselben Geraden mit $\overrightarrow{45}$ (s. Abb. Z23). Die gesuchte Steigung t im Punkt mit der

Nummer 3, was y'_k in x_k entspricht, wird durch die Streckenverhältnisbedingung

$$\left|\frac{\overline{2C}}{\overline{CA}}\right| = \left|\frac{\overline{4D}}{\overline{DB}}\right| \tag{6.47}$$

definiert.

Seien die Koordinaten der Punkte 1, 2, 3, 4, 5, A, B, C und D in Abb. Z23 mit (x,y) und den Indizes 1, 2, 3, 4, 5, a, b, c und d bezeichnet. Mit d_j werde wie üblich

$$d_j = \frac{\Delta y_j}{\Delta x_j} \quad (j = 1, 2, 3, 4)$$

gemeint; das gesuchte t ist durch

$$t = \frac{y_d - y_c}{x_d - x_c} \tag{6.48}$$

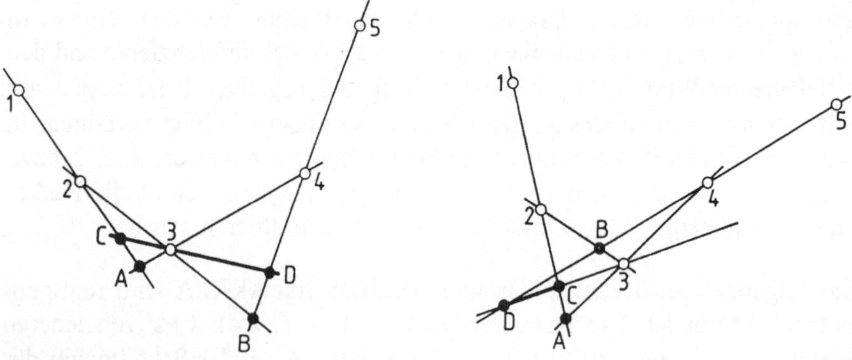

Abb. Z23

definiert. Abb. Z23 entnimmt man, daß die folgenden Gleichungen gelten müssen:

$$d_1 = \frac{y_a - y_2}{x_a - x_2} = \frac{y_c - y_2}{x_c - x_2}, \tag{6.49}$$

$$d_4 = \frac{y_4 - y_b}{x_4 - x_b} = \frac{y_4 - y_a}{x_4 - x_a},$$

$$d_2 = \frac{y_b - y_3}{x_b - x_3},$$

$$d_3 = \frac{y_3 - y_a}{x_3 - x_a}, \tag{6.50}$$

$$t = \frac{y_3 - y_c}{x_3 - x_c} = \frac{y_d - y_3}{x_d - x_3}.$$

Da die Bedingung (6.47) auch in der Form

$$\left|\frac{x_2 - x_c}{x_c - x_a}\right| = \left|\frac{x_4 - x_d}{x_b - x_d}\right| \tag{6.51}$$

geschrieben werden kann, wollen wir alle unbekannten Ordinatendifferenzen der Reihe nach eliminieren. Für $y_3 - y_a$ geschieht dies z. B. mit (6.49) und (6.50) auf folgende Weise:

Es ist einerseits

$$d_1 = \frac{y_a - y_2}{x_a - x_2} = \frac{(y_a - y_3) + (y_3 - y_2)}{(x_a - x_3) + (x_3 - x_2)} = \frac{(y_3 - y_a) - \Delta y_2}{(x_3 - x_a) - \Delta x_2}$$

und andererseits

$$y_3 - y_a = (x_3 - x_a)d_3 .$$

Dies führt auf

$$\frac{x_3 - x_a}{\Delta x_3} = \frac{\Delta x_1 \Delta y_2 - \Delta x_2 \Delta y_1}{\Delta x_1 \Delta y_3 - \Delta x_3 \Delta y_1} = \frac{S_{12}}{S_{13}} .$$

Auf ähnliche Weise ergibt sich nach und nach

$$\frac{x_b - x_3}{\Delta x_2} = \frac{\Delta x_3 \Delta y_4 - \Delta x_4 \Delta y_3}{\Delta x_2 \Delta y_4 - \Delta x_4 \Delta y_2} = \frac{S_{34}}{S_{24}},$$

$$x_3 - x_c = \frac{\Delta x_1 \Delta y_2 - \Delta x_2 \Delta y_1}{\Delta x_1 t - \Delta y_1},$$

$$x_d - x_3 = \frac{\Delta x_3 \Delta y_4 - \Delta x_4 \Delta y_3}{\Delta y_4 - \Delta x_4 t}.$$

Schreibt man (6.51) in der Form

$$\left|\frac{(x_3 - x_c) - \Delta x_2}{(x_3 - x_a) - (x_3 - x_c)}\right| = \left|\frac{\Delta x_3 - (x_d - x_3)}{(x_b - x_3) - (x_d - x_3)}\right|$$

und setzt die eben gewonnenen vier Ausdrücke ein, so erhält man nach längerer Rechnung schließlich

$$|S_{12} S_{24}| (\Delta y_3 - \Delta x_3 t)^2 = |S_{13} S_{34}| (\Delta y_2 - \Delta x_2 t)^2 . \tag{6.52}$$

Verlangen wir zusätzlich zu (6.47), daß sich die Punkte mit den Nummern 2 und 4 in derselben der durch die Gerade $\vec{CD}$ erzeugten beiden Halbebenen befinden, so muß

$$(t - d_2)(t - d_3) \leq 0$$

sein, was für (6.52)

$$\sqrt{|S_{12} S_{24}|} (\Delta y_3 - \Delta x_3 t) = \sqrt{|S_{13} S_{34}|} (\Delta x_2 t - y_2)$$

und schließlich

$$t = \frac{w_2 \Delta y_2 + w_3 \Delta y_3}{w_2 \Delta x_2 + w_3 \Delta x_3} \tag{6.53}$$

mit

$$w_2 = \sqrt{|S_{13} S_{34}|}, \quad w_3 = \sqrt{|S_{12} S_{24}|} \tag{6.54}$$

bzw. durch Umformen

$$t=\frac{\sqrt{|(d_3-d_1)(d_4-d_3)|}d_2+\sqrt{|(d_2-d_1)(d_4-d_2)|}d_3}{\sqrt{|(d_3-d_1)(d_4-d_3)|}+\sqrt{|(d_2-d_1)(d_4-d_2)|}} \tag{6.55}$$

ergibt.

Aus (6.55) folgt sinnvollerweise

$$\begin{aligned} &d_1=d_2,\ d_3\neq d_1,\ d_4\neq d_3 \Rightarrow t=d_2\ , \\ &d_3=d_4,\ d_1\neq d_2,\ d_4\neq d_2 \Rightarrow t=d_3\ . \end{aligned} \tag{6.56}$$

In den Sonderfällen $d_1=d_2=d_3$ bzw. $d_2=d_3=d_4$ ist (6.55) nicht definiert; hier wird man $t=d_2=d_3$ festlegen. Unangenehm sind die Ergebnisse

$$\begin{aligned} &d_2=d_4,\ d_3\neq d_1,\ d_4\neq d_3 \Rightarrow t=d_2\ , \\ &d_3=d_1,\ d_2\neq d_1,\ d_4\neq d_2 \Rightarrow t=d_3 \end{aligned} \tag{6.57}$$

nach (6.55), da sie geometrisch nicht anschaulich sind. Daher wird die Modifikation

$$t=\frac{|d_4-d_3|d_2+|d_2-d_1|d_3}{|d_4-d_3|+|d_2-d_1|} \tag{6.58}$$

vorgeschlagen, woraus sich zwar wieder (6.56), nicht aber (6.57) ergibt.

Für ICASE=1 ist (6.55) und für ICASE=2 ist (6.58) in der Subroutine GRAD5 implementiert. Dabei wird für $d_3=d_4$ und $d_2=d_1$ (im numerischen Sinn)

$$t=\frac{1}{2}(d_2+d_3)$$

gesetzt. In den Randpunkten mit den Nummern 1, 2, $n-1$, n haben wir

$$\begin{aligned} &y'_1=d_1,\ y'_n=d_{n-1} \\ &y'_2=\frac{y_3-y_1}{x_3-x_1},\ y'_{n-1}=\frac{y_n-y_{n-2}}{x_n-x_{n-2}} \end{aligned}$$

gewählt. Entsprechende Werte hätte man auch durch Interpolation mit Parabeln durch die Punkte mit den Nummern 1, 2, 3 bzw. $n-2$, $n-1$, n gewinnen können.

Ein weiteres Verfahren ist das von McALLISTER/ROULIER. Hier werden (siehe Abb. Z24) für $k=2,\dots,n-1$ die y'_k wie folgt gewählt:

$$y'_k = \begin{cases} 0 \text{ für } d_{k-1}d_k \le 0, \\[2ex] \dfrac{x_{k+1}-y_k}{\hat{x}-x_k}, \text{ wo } \hat{x}=\dfrac{1}{2}(\bar{x}+x_{k+1}), \text{ für } |d_{k-1}|>|d_k|>0, \\[2ex] (\bar{x} \text{ ist Abszisse des Schnittpunkts einer Geraden durch} \\ (x_k,y_k) \text{ mit Steigung } d_{k-1} \text{ und einer durch } (x_{k+1},y_{k+1}) \\ \text{mit Steigung Null}), \\[2ex] \dfrac{y_k-y_{k-1}}{x_k-\hat{x}}, \text{ wo } \hat{x}=\dfrac{1}{2}(x_{k-1}+\bar{x}), \text{ für } 0<|d_k|\le|d_{k+1}|, \\[2ex] (\bar{x} \text{ ist hier Abszisse des Schnittpunkts einer Geraden} \\ \text{durch } (x_k,y_k) \text{ mit Steigung } d_k \text{ und einer durch} \\ (x_{k-1},y_{k-1}) \text{ mit Steigung Null}). \end{cases}$$

Für $k=n$ setzt man

$$y_n = \begin{cases} 2d_{n-1} & \text{für } d_{n-2}d_{n-1}<0\,, \\ 0 & \text{für } dd_{n-1}\le 0\,, \\ d & \text{für } dd_{n-1}>0\,, \end{cases}$$

wobei

$$d=\frac{y_n-\bar{y}}{x_n-\bar{x}},\quad \bar{x}=\frac{x_{n-1}+x_n}{2},\quad \bar{y}=y_{n-1}+y'_{n-1}(\bar{x}-x_{n-1})\,.$$

Für $k=1$ erfolgt eine analoge Definition. Wie man an Abb. Z24 einsieht, aber auch formal beweisen kann, ist diese Wahl der y'_k $(k=1,\dots,n)$ konsistent mit der Monotonie und Konvexität, wie sie ein Polygonzug reproduzieren würde. Außerdem hängen für $\operatorname{sgn} d_{k-1}=\operatorname{sgn} d_k$ die y'_k stetig von d_{k-1} und d_k ab. Für numerische Zwecke sind mögliche Instabilitäten abzufangen. Implementiert ist das Verfahren in der Subroutine GRAD6.

Die Abbildungen Z25 bis Z30 zeigen einige Beispiele bei unterschiedlichen Schätzverfahren für die y'_k.

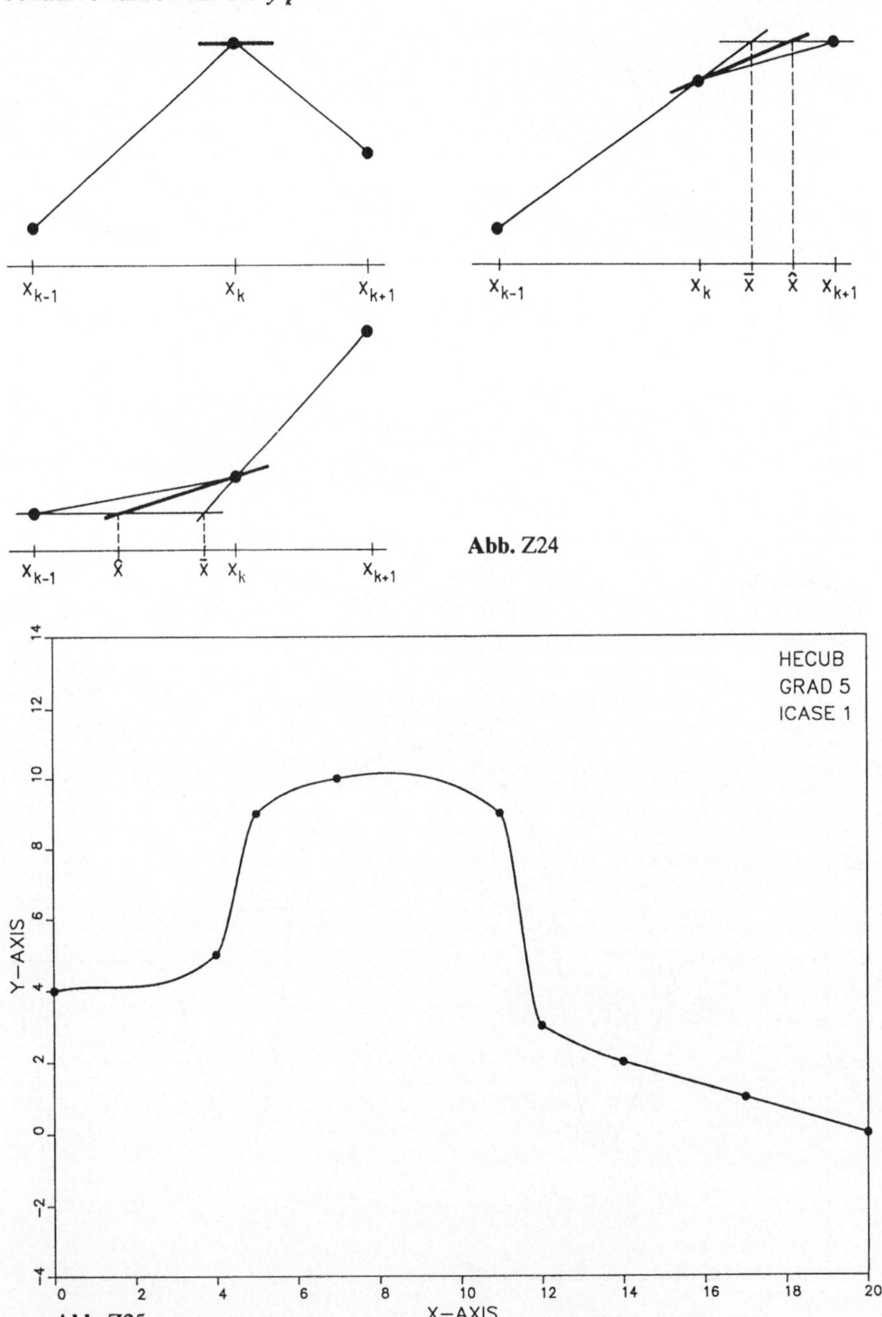

Abb. Z24

Abb. Z25

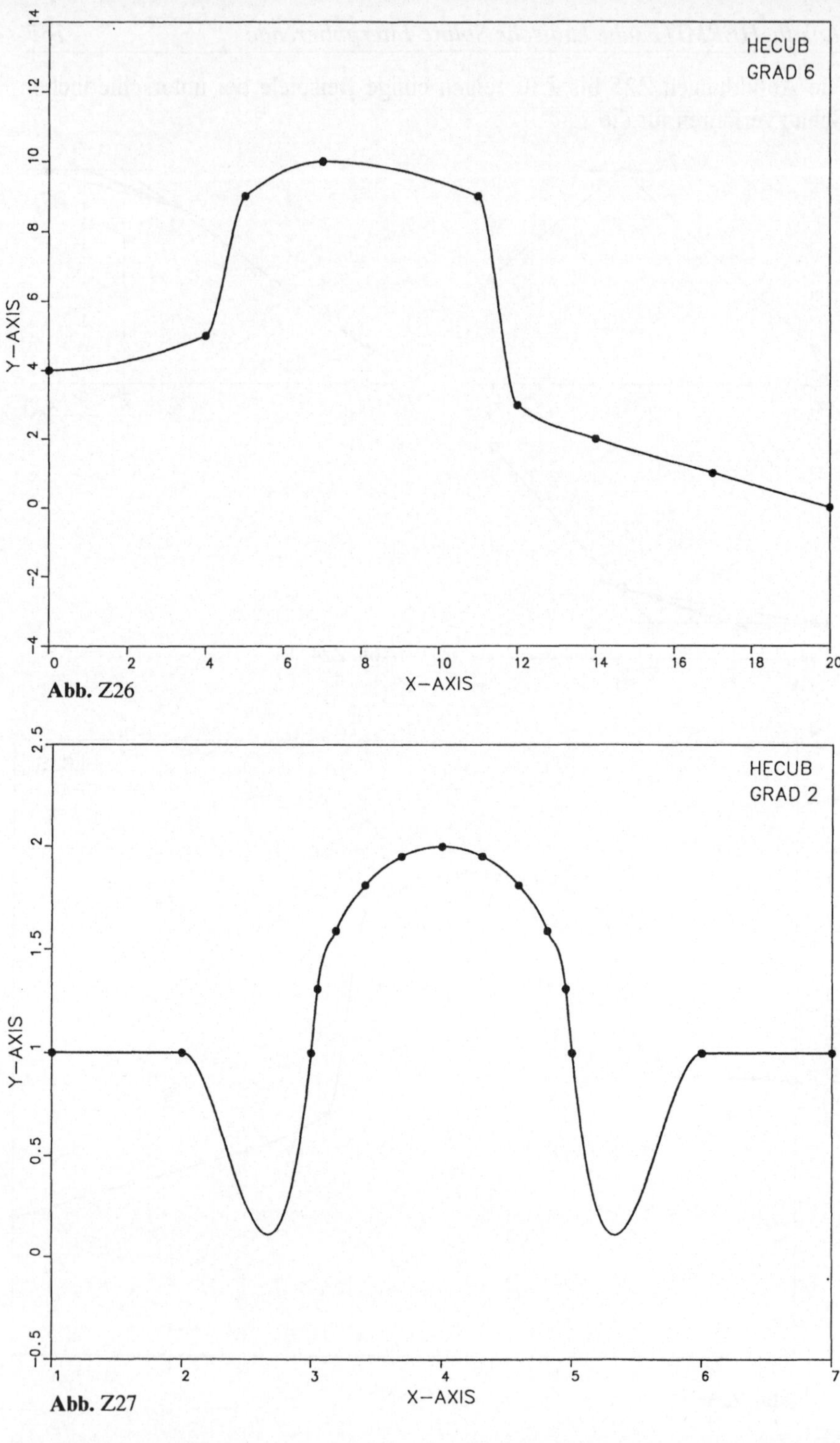

Abb. Z26

Abb. Z27

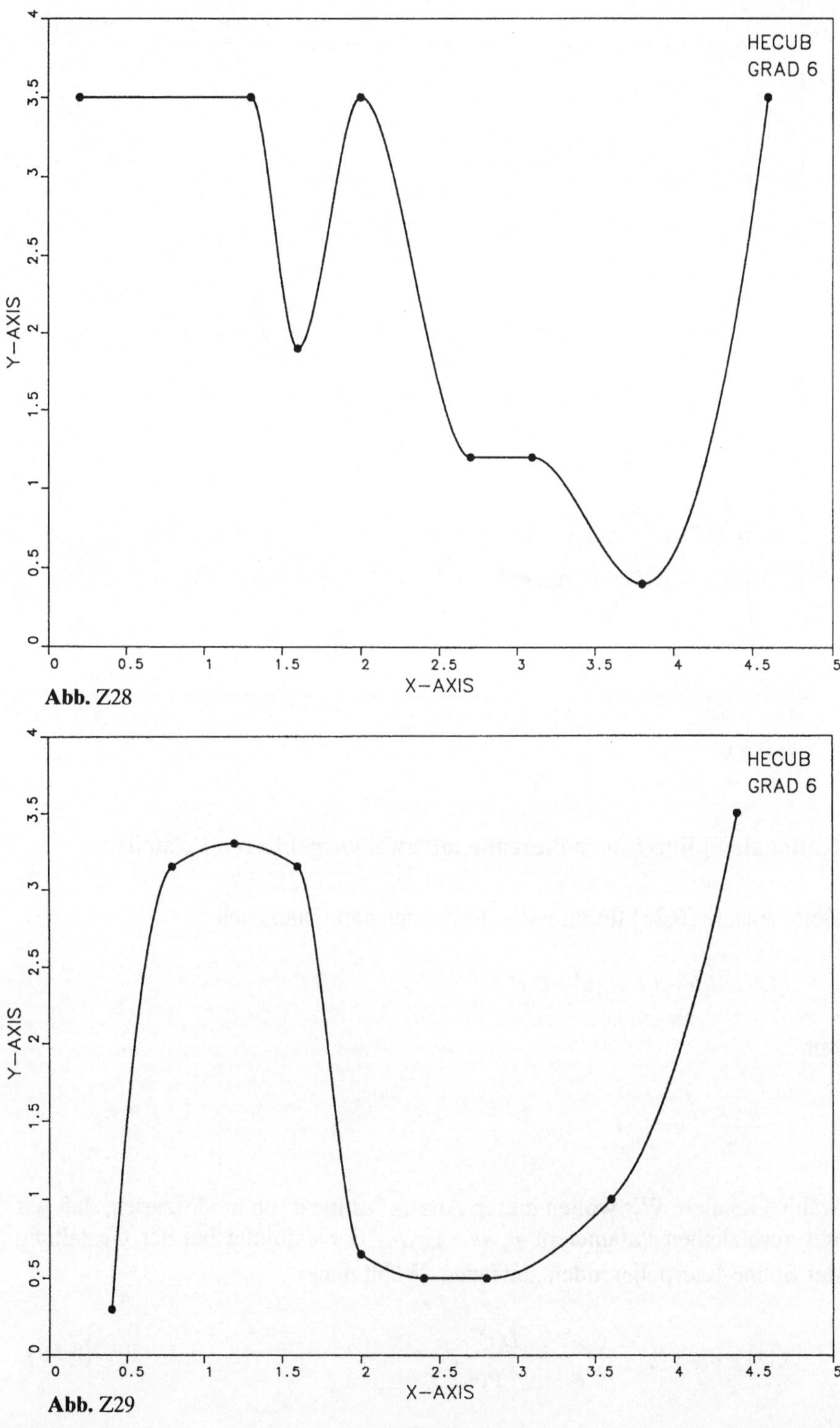

Abb. Z28

Abb. Z29

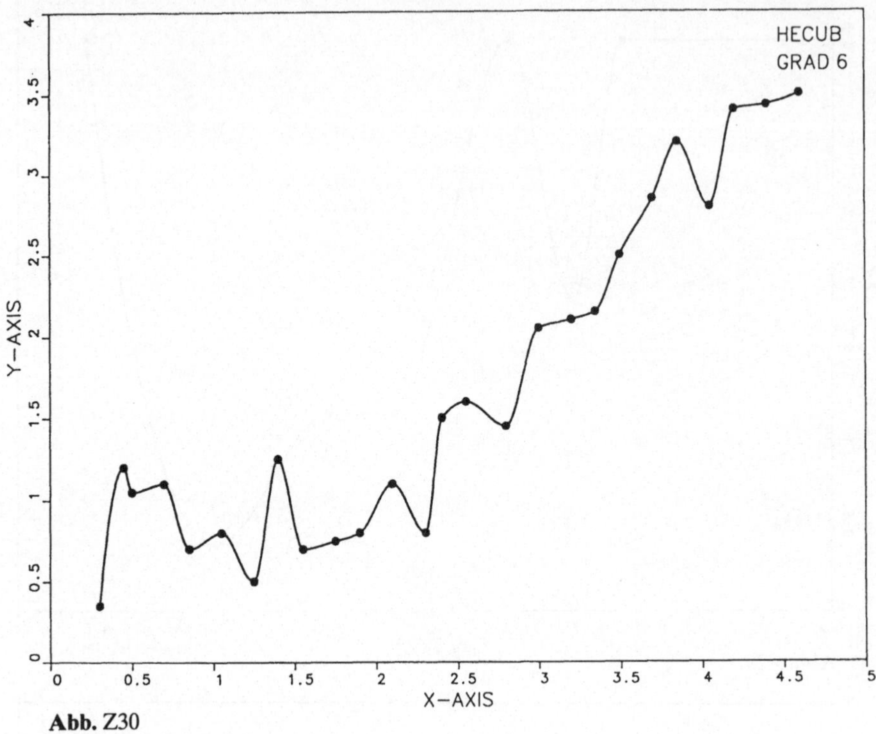

Abb. Z30

Rationale Spline-Interpolierende mit zwei vorgebbaren Polstellen

Beim Ansatz (6.26) für kubische Polynome hätte man auch

$$s_k(x) = A_k u + B_k t + C_k u^3 + D_k t^3$$

mit

$$t = \frac{x - x_k}{\Delta x_k}, \quad u = 1 - t$$

wählen können. Wir wollen diesen Ansatz "rational" so modifizieren, daß wir mit zusätzlichen Parametern p_k $(k = 1, \ldots, n-1)$ Flexibilität bei der Gestaltung der Spline-Interpolierenden gewinnen. Wählt man

$$s_k(x) = A_k u + B_k t + \frac{C_k u^3}{1 + p_k t} + \frac{D_k t^3}{1 + p_k u}, \tag{6.59}$$

so liegen die Polstellen

$$\tilde{x} = x_k - \frac{h_k}{p_k} \quad \text{und} \quad \bar{x} = x_{k+1} + \frac{h_k}{p_k} \tag{6.60}$$

genau dann außerhalb des Intervalls $[x_k, x_{k+1}]$, falls

$$p_k > -1 \tag{6.61}$$

gilt. Die Polstellen $\tilde{x}$ und $\bar{x}$ haben denselben Abstand zu x_k bzw. x_{k+1} und liegen symmetrisch zur Mitte des Intervalls $[x_k, x_{k+1}]$.

Für die beiden ersten Ableitungen von (6.59) gilt

$$h_k s'_k(x) = B_k - A_k + C_k \frac{2p_k u^3 - 3(1+p_k)u^2}{(1+p_k t)^2} - D_k \frac{2p_k t^3 - 3(1+p_k)t^2}{(1+p_k u)^2}, \tag{6.62}$$

$$h_k{}^2 s''_k(x) = 2C_k \frac{p_k{}^2 u^3 - 3p_k(1+p_k)u^2 + 3(1+p_k)^2 u}{(1+p_k t)^3}$$

$$+ 2D_k \frac{q_k^2 t^3 - 3p_k(1+p_k)t^2 + 3(1+p_k)^2 t}{(1+p_k u)^3} \quad . \tag{6.63}$$

Führt man nun wieder die y'_k als Unbekannte ein, so ergeben die üblichen Bedingungen

$$\begin{aligned} y_k &= A_k + C_k \,, \\ y_{k+1} &= B_k + D_k \,, \\ h_k y'_k &= B_k - A_k - (3+p_k)C_k \,, \\ h_k y'_{k+1} &= B_k - A_k + (3+p_k)D_k \,, \end{aligned}$$

woraus man der Reihe nach

$$\begin{aligned} C_k &= \frac{(3+p_k)\Delta y_k - (2+p_k)h_k y'_k - h_k y'_{k+1}}{p_k^2 + 4p_k + 3}, \\ D_k &= \frac{-(3+p_k)\Delta y_k + h_k y'_k + (2+p_k)h_k y'_{k+1}}{p_k^2 + 4p_k + 3}, \quad (k = 1,\dots,n-1) \\ A_k &= y_k - C_k \,, \\ B_k &= y_{k+1} - D_k \,, \end{aligned} \tag{6.64}$$

erhält. Wegen (6.61) ist der Nenner bei C_k und D_k definiert.

Mit der Abkürzung

$$\alpha_k = \left(p_k^2 + 3p_k + 3\right) / \left(p_k^2 + 4p_k + 3\right) \quad (k = 1,\ldots,n-1)$$

liefern die C^2-Bedingungen nach einiger Rechnung

$$\begin{aligned} &\frac{\alpha_{k-1}}{h_{k-1}} y'_{k-1} + \left[(2 + p_{k-1})\frac{\alpha_{k-1}}{h_{k-1}} + (2 + p_k)\frac{\alpha_k}{h_k}\right] y'_k + \frac{\alpha_k}{h_k} y'_{k+1} \\ &\quad = (3 + p_{k-1})\frac{\alpha_{k-1}}{h_{k-1}} d_{k-1} + (3 + p_k)\frac{\alpha_k}{h_k} d_k \quad (k = 2,\ldots,n-1). \end{aligned} \tag{6.65}$$

Es handelt sich bei Vorgabe von y'_1 und y'_n wieder um ein lineares Gleichungssystem mit symmetrischer, tridiagonaler und streng diagonal dominanter Koeffizientenmatrix, weshalb Existenz und Eindeutigkeit der entsprechenden Spline-Interpolierenden gesichert ist, wenn (6.61) erfüllt ist.

Gilt $p_k = p$, so vereinfacht sich (6.65) drastisch zu

$$\begin{aligned} &\frac{1}{h_{k-1}} y'_{k-1} + (2 + p)\left(\frac{1}{h_{k-1}} + \frac{1}{h_k}\right) y'_k + \frac{1}{h_k} y'_{k+1} \\ &\quad = (3 + p)\left(\frac{d_{k-1}}{h_{k-1}} + \frac{d_k}{h_k}\right) \quad (k = 2,\ldots n-1). \end{aligned} \tag{6.66}$$

Für $p = 0$ erhält man hieraus erwartungsgemäß (6.31) zurück.

Der Grenzübergang $p \to -1$ ist nicht durchführbar, da die Elimination nach (6.64) nicht mehr möglich ist; für $p \to \infty$ allerdings ergibt sich $C_k, D_k \to 0$ und damit in (x_k, x_{k+1}) das Polygonzugstück $s_k(x) = y_k u + y_{k+1} t$. Aus (6.66) wird

$$y'_k = \frac{h_{k-1} d_k + h_k d_{k-1}}{h_{k-1} + h_k}, \tag{6.67}$$

also die Steigung einer Parabel durch die Punkte mit den Nummern $k-1$, k und $k+1$. Für große Werte von p_j $(j = k-1, k)$ nähert sich s_k also im Innern von $[x_k, x_{k+1}]$ dem die entsprechenden Ordinaten verbindenden Polygonzug, während in x_k und x_{k+1} selbst s noch eine zweimal stetig differenzierbare Kurve mit der Steigung (6.67) ist.

Dies ergibt die gewünschte Flexibilität bei der Gestaltung der *rationalen Spline-Interpolierenden*, wie sie in den Abbildungen Z31 bis Z34 angedeutet wird. In allen Fällen wurden y'_1 und y'_k mit der in GRAD2 benutzten Methode geschätzt. Die Abbildungen Z31 und Z32 enthalten dasselbe Beispiel, einmal mit $p_k = -.5$ und dann mit $p_k = 5$. Auch in Abb. Z33 war $p_k = 5$ gewählt. In Abb. Z34 schließlich war $p_k = 5$ außer $p_1 = p_{14} = 10$ und $p_2 = p_{13} = 50$. Die Rechnungen wurden durchgeführt mit der Subroutine RATSP0 aus Abb. U35. In der Parameterliste ist Y1 das Feld für die gesuchten ersten Ableitungen; Y1(1) $= y'_1$ und Y1(N) $= y'_n$ sind beim Aufruf vorzugeben.

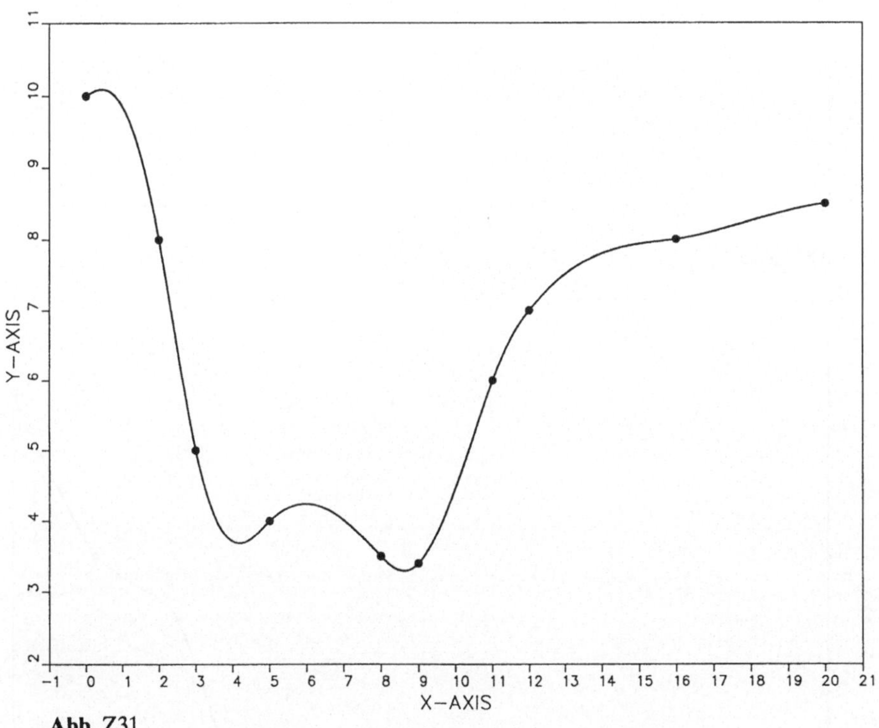

Abb. Z31

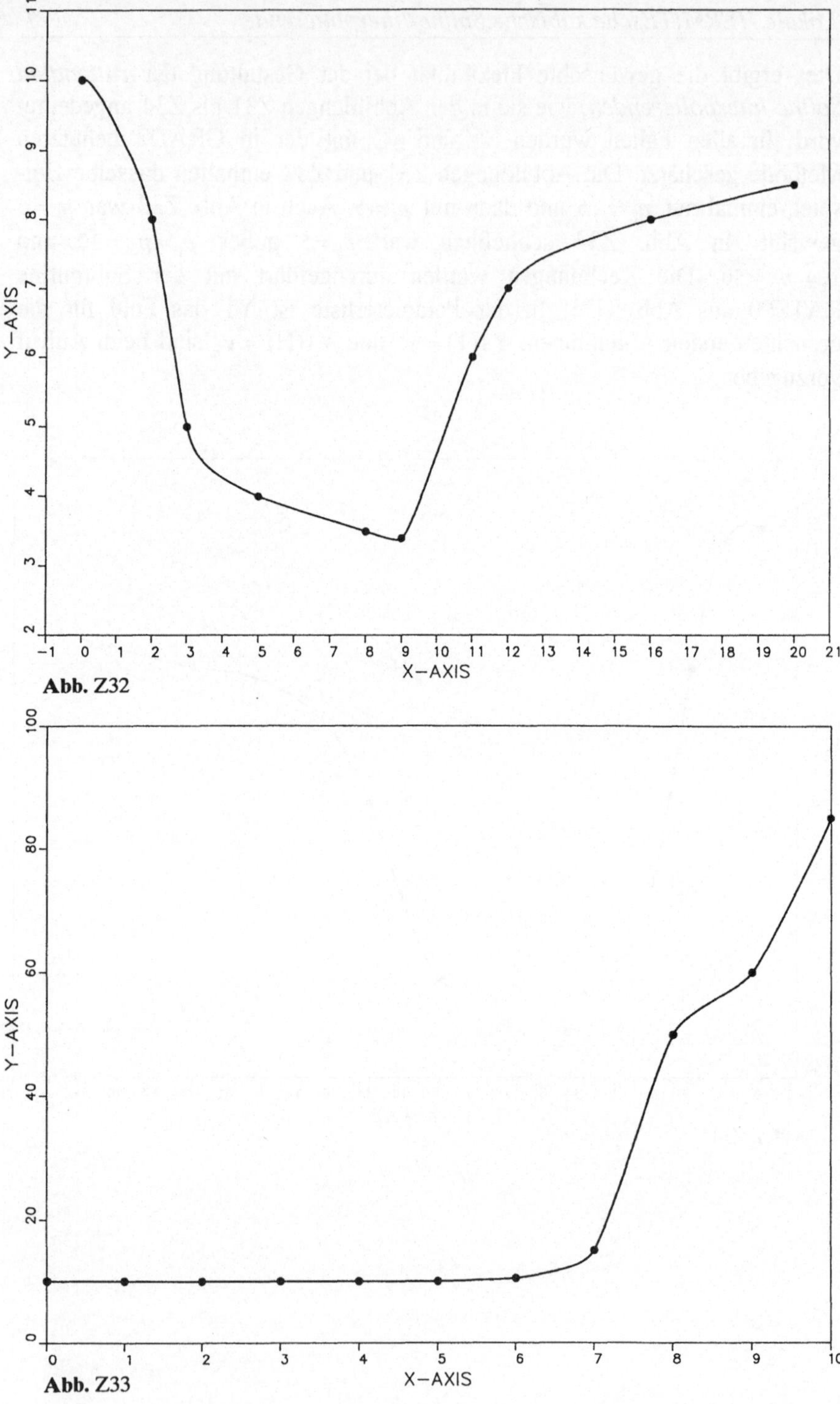

Abb. Z32

Abb. Z33

```
      SUBROUTINE RATSPO(N,X,Y,P,A,B,C,D,Y1,EPS,IFLAG)
      DIMENSION X(N),Y(N),P(N),A(N),B(N),C(N),D(N),Y1(N)
      IFLAG=0
      IF(N.LT.3) THEN
        IFLAG=1
        RETURN
      END IF
      E1=EPS-1.
      N1=N-1
      N2=N-2
      Y11=Y1(1)
      Y1N=Y1(N)
      DO 20 K=1,N1
         KP1=K+1
         KM1=K-1
         PK=P(K)
         IF(PK.LT.E1) THEN
           IFLAG=12
           RETURN
         END IF
         PK2=PK*(PK+3.)+3.
         PK3=PK2+PK
         P22=2.+PK
         H=1./(X(KP1)-X(K))
         A(K)=1./PK3
         G2=H*A(K)*PK2
         R2=H*G2*(Y(KP1)-Y(K))
         IF(K.EQ.1) GOTO 10
         B(KM1)=G2
         C(KM1)=P21*G1+P22*G2
         Y1(KM1)=R1*(1.+P21)+R2*(1.+P22)
         IF(K.EQ.2)  Y1(KM1)=Y1(KM1)-G1*Y11
         IF(K.EQ.N1) Y1(KM1)=Y1(KM1)-G2*Y1N
10       P21=P22
         G1=G2
         R1=R2
20    CONTINUE
      CALL TRIDIS(N2,C,B,Y1,EPS,IFLAG)
      IF(IFLAG.NE.0) RETURN
      DO 30 K=N2,1,-1
         Y1(K+1)=Y1(K)
30    CONTINUE
      Y1(1)=Y11
      Y1(N)=Y1N
      DO 40 K=1,N1
         K1=K+1
         H=A(K)*(Y(K1)-Y(K))
         Z=A(K)*(X(K1)-X(K))
         P2=2.+P(K)
         D(K)=-(1.+P2)*H+Z*(P2*Y1(K1)+Y1(K))
         C(K)= (1.+P2)*H-Z*(Y1(K1)+P2*Y1(K))
         B(K)=Y(K1)-D(K)
         A(K)=Y(K)-C(K)
40    CONTINUE
      RETURN
      END
```

Abb. U35 RATSP0

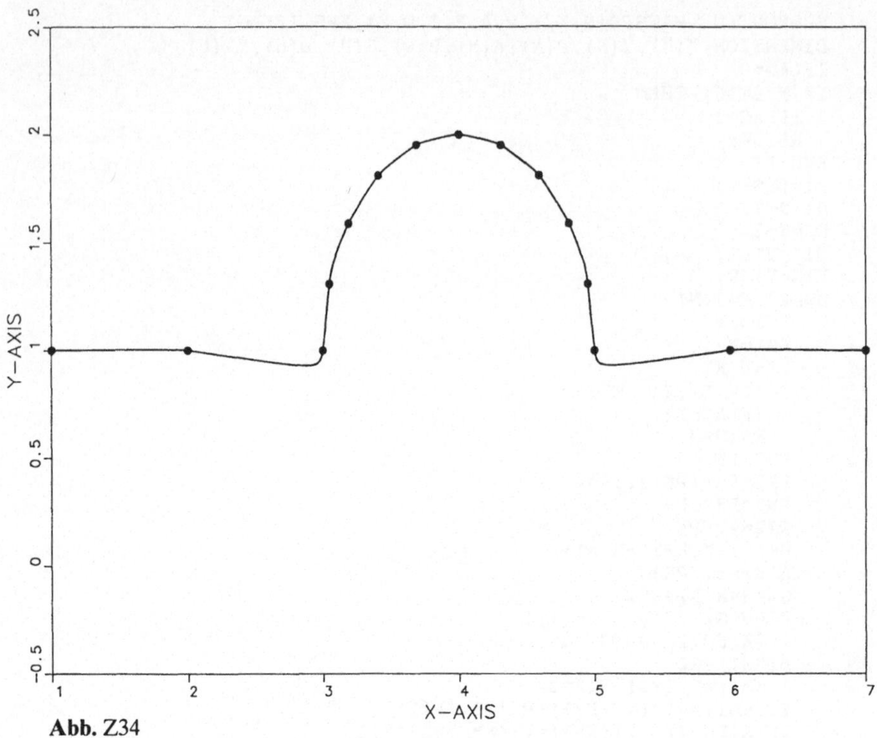

Abb. Z34

Rationale Histosplines

Wir übernehmen jetzt sämtliche Bezeichnungen aus dem Abschnitt über quadratische Histosplines. Wollen wir das dort entwickelte Vorgehen übertragen, so müssen wir wegen (6.62)

$$\tilde{s}_k(x) = \tilde{A}_k + \tilde{B}_k \frac{2p_k u^3 - 3(1+p_k)u^2}{(1+p_k t)^2} + \tilde{C}_k \frac{2q_k t^3 - 3(1+p_k)t^2}{(1+p_k u)^2} \qquad (6.68)$$

ansetzen, um einen *rationalen* C^1*-Histospline* zu erhalten. Wegen der Eigenschaften von s_k nach (6.59) für $p_k \to \infty$ kann erwartet werden, daß $\tilde{s}_k$ nach (6.68) für $p_k \to \infty$ gegen eine Konstante konvergiert. Man berechnet also s mit den Werten y_k nach (6.41) und den Randwerten $y'_1 = \tilde{y}_0$ und $y'_n = \tilde{y}_n$. Die Koeffizienten von $\tilde{s}_k$ erhält man wegen (6.62) aus denen von s_k gemäß (6.59) über

$$\tilde{A}_k = \frac{1}{h_k}(B_k - A_k),\; \tilde{B}_k = \frac{1}{h_k} C_k,\; \tilde{C}_k = -\frac{1}{h_k} D_k, \qquad (6.69)$$

Im Beispiel in der Abb. Z35 ist mit $p_k = 1$ außer $p_4 = p_5 = p_7 = p_{13} = p_{14} = 10$ ein Parametersatz gefunden, der die Monotonie, Eingipfeligkeit und Positivität des vorgegebenen Histogramms erhält; mit quadratischen Histosplines ist dies nicht möglich. Eine entsprechende Subroutine läßt sich leicht mittels RATSP0 nach dem Muster von QHIST implementieren.

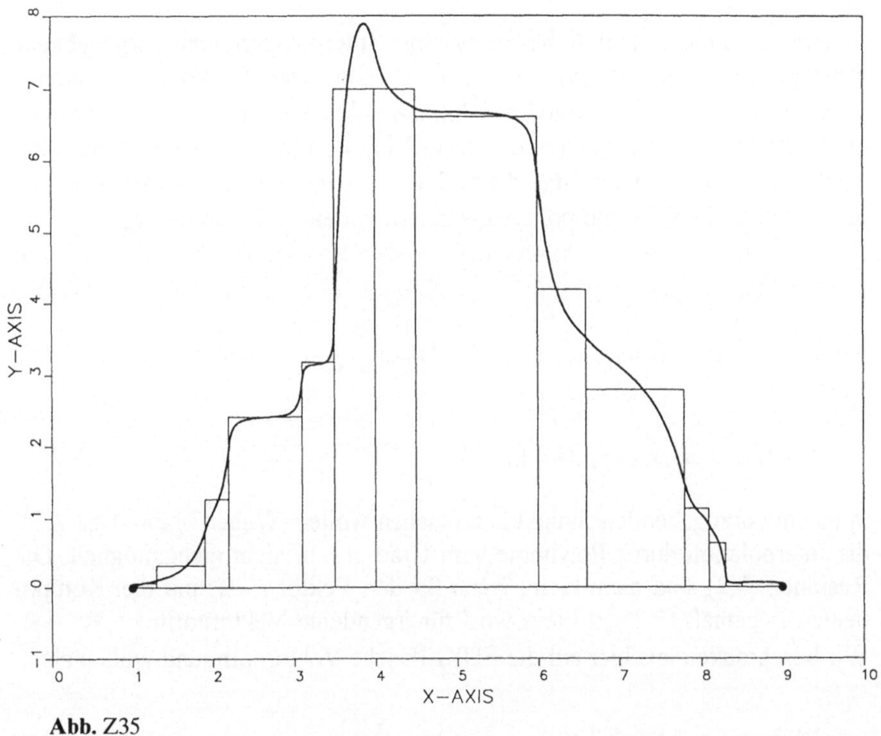

Abb. Z35

7. Die Anpassung von Daten mit der Methode der kleinsten Quadrate

In den Kapiteln 2 und 6 haben wir die Interpolation von vorgegebenen Punkten (x_k, y_k) $(k=1,\ldots,n)$ mit zwei Typen von Funktionen, nämlich Polynomen vom Grad $n-1$ und mit Spline-Funktionen mit zwei, drei oder vier zu findenden Koeffizienten pro Intervall $[x_k, x_{k+1}]$ $(k=1,\ldots,n-1)$, untersucht. Jetzt gehen wir davon aus, daß die Ordinaten y_k mit Fehlern behaftet sind und daß wir deshalb nicht interpolieren, sondern mit einem Funktionstyp

$$f = f(a_0,\ldots,a_m,x) \tag{7.1}$$

mit $m+1<n$ Parametern $a_0,\ldots,a_m$ die Daten y_k anpassen wollen, d. h. die Residuen

$$r_k = f(a_0,\ldots,a_m,x_k) - y_k \quad (k=1,\ldots,n) \tag{7.2}$$

in einem vorzugebenden Sinne klein machen wollen. Wegen $m<n-1$ ist z. B. die Interpolation durch Polynome vom Grad m i. a. nicht mehr möglich. Die Residuen (7.2) sind dann klein, wenn für den Vektor $r \in \mathbb{R}^n$ mit den Komponenten r_k gemäß (7.2) $\|r\|$ klein wird für irgendeine Vektornorm $\|\ \|: \mathbb{R}^n \to \mathbb{R}$. Wir beschränken uns hier auf die EUKLIDsche Vektornorm und wollen also

$$F(a_0,\ldots,a_m) = \|r\|_2^2 = \sum_{k=1}^{n} \left[f(a_0,\ldots,a_m,x_k) - y_k \right]^2 \tag{7.3}$$

minimieren. Da dies eine Quadratsumme ist, spricht man von der *Methode der kleinsten Quadrate.*

Anpassung mit Polynomen

Spezialisieren wir die Funktion f aus (7.1) so, daß die gesuchten Parameter a_i $(i=0,\ldots,m)$ nur linear auftreten, so gilt

$$f(a_0,\ldots,a_m,x) = \sum_{i=0}^{m} a_i g_i(x) \tag{7.4}$$

mit gewissen Basisfunktionen $g_i(x)$. So könnte z. B. für $m=2$ durchaus $g_0(x)=\sin x$, $g_1(x)=\ln x$, $g_2(x)=x^7$ sein. Im Fall der Polynome, die wir zunächst betrachten wollen, ist

$$g_i(x)=x^i \quad (i=0,\dots,m)\,. \tag{7.5}$$

Dann wird f zu einem Polynom vom Grad m. Betrachten wir zur Einführung zunächst den Fall $m=1$, wo also die gegebenen Daten durch eine Gerade

$$f(a_0,a_1,x)=a_0+a_1x \tag{7.6}$$

angepaßt werden sollen.

Es ist also nach (7.3)

$$F(a_0,a_1)=\sum_{k=1}^{n}(a_0+a_1x_k-y_k)^2 \tag{7.7}$$

zu minimieren. Aus den notwendigen Bedingungen

$$\frac{\partial F}{\partial a_0}=\frac{\partial F}{\partial a_1}=0$$

ergibt sich

$$\sum_{k=1}^{n} 2(a_0+a_1x_k-y_k)=0\,,$$

$$\sum_{k=1}^{n} 2(a_0+a_1x_k-y_k)x_k=0\,,$$

was in der Form

$$\begin{aligned} a_0 n \quad &+ a_1\sum_{k=1}^{n}x_k = \sum_{k=1}^{n}y_k \\ a_0\sum_{k=1}^{n}x_k &+ a_1\sum_{k=1}^{n}x_k^2 = \sum_{k=1}^{n}x_k y_k \end{aligned} \tag{7.8}$$

geschrieben werden kann. Führt man die Mittelwerte

$$\bar{x} = \frac{1}{n}\sum_{k=1}^{n} x_k, \quad \bar{y} = \frac{1}{n}\sum_{k=1}^{n} y_k \tag{7.9}$$

ein, so wird aus (7.8)

$$\begin{aligned} a_0 + a_1\bar{x} &= \bar{y}, \\ a_0\bar{x} + a_1\frac{1}{n}\sum_{k=1}^{n} x_k^2 &= \frac{1}{n}\sum_{k=1}^{n} x_k y_k . \end{aligned} \tag{7.10}$$

Dies ist ein lineares Gleichungssystem mit zwei Gleichungen und zwei Unbekannten, das mit der CRAMERschen Regel explizit zu

$$a_0 = \frac{1}{d}\left(\bar{y}\sum_{k=1}^{n} x_k^2 - \bar{x}\sum_{k=1}^{n} x_k y_k\right) \tag{7.11}$$

$$a_1 = \frac{1}{d}\left(\sum_{k=1}^{n} x_k y_k - n\bar{x}\,\bar{y}\right) \tag{7.12}$$

gelöst werden kann, wobei

$$d = \sum_{k=1}^{n} x_k^2 - n\bar{x}^2 = \sum_{k=1}^{n} (x_k - \bar{x})^2 \tag{7.13}$$

ist. Da für die x_k $(k = 1,\ldots,n)$ paarweise Verschiedenheit, genauer sogar $x_1 < x_2 < \ldots < x_n$ vorausgesetzt war, ist $d > 0$ und die Lösung (7.11) und (7.12) damit eindeutig bestimmt. Es handelt sich auch um das angestrebte Minimum, da die Matrix

$$\begin{pmatrix} \dfrac{\partial^2 F}{\partial a_0^2} & \dfrac{\partial^2 F}{\partial a_0 \partial a_1} \\ \dfrac{\partial^2 F}{\partial a_0 \partial a_1} & \dfrac{\partial^2 F}{\partial a_1^2} \end{pmatrix} = 2\begin{pmatrix} n & \sum_{k=1}^{n} x_k \\ \sum_{k=1}^{n} x_k & \sum_{k=1}^{n} x_k^2 \end{pmatrix}$$

wegen $n > 0$ und $d > 0$ offenbar positiv definit ist.

Leider ist die Koeffizientenmatrix in (7.10) i. a. sehr schlecht konditioniert, selbst für äquidistante Abszissen, wie man leicht nachrechnen kann. Daher möchte man die Lösung des Gleichungssystems vermeiden, was durch einen geeigneten Ansatz, nämlich

$$f(\alpha,\beta,x) = \alpha(x-\mu)+\beta \tag{7.14}$$

gelingt, wobei der Parameter μ so gewählt werden wird, daß die analog zu (7.10) entstehende Matrix eine Diagonalmatrix wird.

Jetzt ist

$$F(\alpha,\beta) = \sum_{k=1}^{n}\left[\alpha(x_k-\mu)+\beta-y_k\right]^2$$

zu minimieren. Die notwendigen Bedingungen

$$\frac{\partial F}{\partial \alpha} = \frac{\partial F}{\partial \beta} = 0$$

liefern

$$\begin{aligned} \alpha\sum_{k=1}^{n}(x_k-\mu)^2 + \beta\sum_{k=1}^{n}(x_k-\mu) &= \sum_{k=1}^{n}(x_k-\mu)y_k\,, \\ \alpha\sum_{k=1}^{n}(x_k-\mu) + \beta n &= \sum_{k=1}^{n}y_k\,. \end{aligned} \tag{7.15}$$

Wählt man hierin nun

$$\mu = \bar{x}\,,$$

so wird

$$\sum_{k=1}^{n}(x_k-\mu) = \sum_{k=1}^{n}\left(x_k - \frac{1}{n}\sum_{i=1}^{n}x_i\right) = 0\,,$$

die Koeffizientenmatrix in (7.15) wird diagonal und wir haben sofort

$$\alpha = \frac{\sum_{k=1}^{n}(x_k-\bar{x})y_k}{\sum_{k=1}^{n}(x_k-\bar{x})^2}\,,\quad \beta = \bar{y}\,. \tag{7.16}$$

Damit ist

$$f(\alpha,\beta,x)=\alpha(x-\bar{x})+\beta \tag{7.17}$$

die gesuchte Ausgleichsgerade.

Kehren wir nun zum Allgemeinfall (7.4) zurück, wo nach (7.3)

$$F(a_0,\dots,a_m)=\sum_{k=1}^{n}\left[\sum_{i=0}^{m}a_i g_i(x_k)-y_k\right]^2 \tag{7.18}$$

zu minimieren ist. Hier muß

$$\frac{\partial F}{\partial a_j}=2\sum_{k=1}^{n}\left[\sum_{i=0}^{m}a_i g_i(x_k)-y_k\right]g_j(x_k)=0 \quad (j=0,\dots,m)$$

sein, was die sogenannten *Normalengleichungen*

$$\sum_{i=0}^{n}\left[\sum_{k=1}^{n}g_i(x_k)g_j(x_k)\right]a_i=\sum_{k=1}^{n}y_k g_j(x_k) \quad (j=0,\dots,m) \tag{7.19}$$

ergibt.

Mit $y=(y_1,\dots,y_n)^T$ und

$$A=\begin{pmatrix} g_0(x_1) & g_1(x_1) & \cdots & g_m(x_1)\\ g_0(x_2) & g_1(x_2) & \cdots & g_m(x_2)\\ \vdots & \vdots & & \vdots\\ g_0(x_n) & g_1(x_n) & \cdots & g_m(x_n)\end{pmatrix} \tag{7.20}$$

können diese auch in der Form

$$A^T A a = A^T y \tag{7.21}$$

geschrieben werden, wenn $a=(a_0,a_1,\dots,a_m)^T\in\mathbb{R}^{m+1}$ die unbekannten Koeffizienten bezeichnet.

Satz 24: Für $A\in\mathbb{R}^{n\times(m+1)}$ mit (7.20) und $m+1<n$ gelte $\operatorname{Rang}A=m+1$, d. h. die Spalten von A seien linear unabhängig. Dann ist $A^T A$ nichtsingulär, und folglich besitzt (7.21) eine eindeutige Lösung.

Beweis: nehmen wir an, daß die symmetrische Matrix $A^T A$ singulär sei. Dann existiert z mit $A^T Az = 0$ und $z \neq 0$. Dann wäre auch $z^T A^T Az = \|Az\|_2^2 = 0$, also $Az = 0$, also $\sum_{i=1}^{m+1} z_i a_i = 0$, wobei a_j die Spalten von A und nicht alle $z_j = 0$ sind. Dies wäre ein Widerspruch zur linearen Unabhängigkeit der Spalten von A.□

Zusatz 1: Für $x_1 < x_2 < \ldots < x_n$ und $g_i(x) = x^i$ $(i = 0,\ldots,m)$ hat A nach (7.20) stets maximalen Rang $m+1$.

Beweis: Die Matrix A besteht aus den ersten $m+1 < n$ Spalten der Matrix aus (2.4), die nichtsingulär war. Also müssen diese Spalten linear unabhängig sein. □

Zusatz 2: Ist $\text{Rang} A = m+1$ und somit (7.21) eindeutig nach a auflösbar, so ist ein Minimum von (7.18) gefunden.

Beweis: Es ist

$$\left(\frac{\partial^2 F}{\partial a_j \partial a_\ell}\right)_{j,\ell=0,\ldots,m} = 2A^T A$$

und $A^T A$ ist wegen $z^T A^T Az = \|Az\|_2^2 > 0$ für $z \neq 0$ positiv definit, also liegt ein Minimum vor. □

Die Basisfunktionen g_i in (7.4) müssen also die Eigenschaft haben, daß für (7.20) gilt $\text{Rang} A = m+1$ für die gewählten Abszissen $x_1,\ldots,x_n$. Daneben sollten sie so gewählt sein, daß *cond* $A^T A$ nicht zu groß wird.

Für den Fall (7.5) der Polynome wollen wir jetzt die $g_i = \varphi_i$ wählen derart, daß die Matrix $A^T A$ eine Diagonalmatrix wird. Dann sind die Normalengleichungen ohne CHOLESKY-Zerlegung direkt auflösbar.

Zunächst führen wir für $f, g : \mathbb{R} \to \mathbb{R}$ die Schreibweise

$$\langle f, g \rangle = \sum_{k=1}^{n} f(x_k) g(x_k) \tag{7.22}$$

ein, wobei für $y \in \mathbb{R}^n$

$$\langle y, g\rangle = \sum_{k=1}^{n} y_k g(x_k)$$

bedeuten soll. Bei (7.22) handelt es sich um ein Skalarprodukt, denn es gilt

$$\begin{aligned}
&\langle f, f\rangle > 0 \text{ wenn nicht } f(x_k) = 0 \ (k = 1,\dots,n)\\
&\langle f, g\rangle = \langle g, f\rangle\\
&\langle \alpha f, g\rangle = \alpha\langle f, g\rangle, \alpha \in \mathbb{R}\\
&\langle f, g+h\rangle = \langle f, g\rangle + \langle f, h\rangle
\end{aligned}$$

Die Funktionen f und g heißen auf der Punktmenge $\{x_1,\dots,x_n\}$ orthogonal, wenn $\langle f, g\rangle = 0$ ist.

Mit dieser Schreibweise lauten die Normalengleichungen (7.21) dann

$$\sum_{j=0}^{m} \langle g_i, g_j\rangle a_j = \langle y, g_i\rangle \ (i = 0,\dots,m) \tag{7.23}$$

Eine Diagonalmatrix entsteht, falls die Orthogonalitätsbedingungen

$$\langle g_i, g_j\rangle = 0 \ (i, j = 0,\dots,m;\ i \neq j) \tag{7.24}$$

gelten. Diese ist nichtsingulär, falls weiter

$$\langle g_i, g_i\rangle \neq 0 \ (i = 0,\dots,m) \tag{7.25}$$

gilt.

Wir konstruieren jetzt Polynome φ_k vom Grad k, für die (7.24) und (7.25) gilt, und zwar setzen wir an

$$\begin{aligned}
\varphi_0(x) &= 1\\
\varphi_1(x) &= x - b_1\\
\varphi_{k+1}(x) &= (x - b_{k+1})\varphi_k(x) - c_k\varphi_{k-1}(x) \ (k = 1,\dots,m-1)
\end{aligned} \tag{7.26}$$

und bestimmen die Parameter $b_1,\dots,b_m$ und $c_1,\dots,c_{m-1}$ geeignet. Es ist $c_1 = 0$. Für $i = 0$ gilt (7.25). Nehmen wir an, wir hätten die Polynome φ_k bis einschließlich zum Index $k \geq 1$ so bestimmt, daß (7.24) für $i, j = 0,\dots,k$ mit $i \neq j$ und (7.25) für $i = 0,\dots,k$ gelten. Wir bestimmen jetzt b_{k+1} und c_k so, daß diese Gleichungen auch für $k+1$ gelten.

Es muß gelten

$$\begin{aligned} 0 = \langle \varphi_{k+1}, \varphi_k \rangle &= \langle x\varphi_k - b_{k+1}\varphi_k - c_k\varphi_{k-1}, \varphi_k \rangle \\ &= \langle x\varphi_k, \varphi_k \rangle - b_{k+1}\langle \varphi_k, \varphi_k \rangle - c_k\langle \varphi_{k-1}, \varphi_k \rangle. \end{aligned}$$

Hier verschwindet rechts nach Voraussetzung der letzte Ausdruck, und es muß

$$b_{k+1} = \frac{\langle x\varphi_k, \varphi_k \rangle}{\langle \varphi_k, \varphi_k \rangle} \tag{7.27}$$

sein. Dabei wird mit $x\varphi_k$ diejenige Funktion bezeichnet, die in x den Wert $x\varphi_k(x)$ annimmt. Weiter muß gelten

$$\begin{aligned} 0 = \langle \varphi_{k+1}, \varphi_{k-1} \rangle &= \langle x\varphi_k - b_{k+1}\varphi_k - c_k\varphi_{k-1}, \varphi_{k-1} \rangle \\ &= \langle x\varphi_k, \varphi_{k-1} \rangle - b_{k+1}\langle \varphi_k, \varphi_{k-1} \rangle - c_k\langle \varphi_{k-1}, \varphi_{k-1} \rangle. \end{aligned}$$

Hier verschwindet rechts nach Voraussetzung der zweite Ausdruck, und es muß

$$c_k = \frac{\langle x\varphi_k, \varphi_{k-1} \rangle}{\langle \varphi_{k-1}, \varphi_{k-1} \rangle} \tag{7.28}$$

gelten. Da man im Zähler von (7.28) auch $\langle \varphi_k, x\varphi_{k-1} \rangle$ schreiben kann und nach (7.26) $x\varphi_{k-1}(x) = \varphi_k(x) + b_k\varphi_{k-1}(x) + c_{k-1}\varphi_{k-2}(x)$ gilt, haben wir auch die Darstellung

$$c_k = \frac{\langle \varphi_k, \varphi_k \rangle}{\langle \varphi_{k-1}, \varphi_{k-1} \rangle}. \tag{7.29}$$

Die Nenner in (7.27) und (7.29) sind wohldefiniert. Das Polynom φ_k ist vom Grad k und hat daher höchstens k Nullstellen. Da aber $k \leq m < n-1$ und die $x_i (i = 1,\dots,n)$ paarweise verschieden vorausgesetzt waren, gilt

$$\langle \varphi_{k-1}, \varphi_{k-1} \rangle \neq 0, \langle \varphi_k, \varphi_k \rangle \neq 0$$

Schließlich zeigen wir, daß auch $\langle\varphi_{k+1},\varphi_i\rangle = 0$ für $i = 0,\ldots,k-2$ gilt. Es ist nämlich

$$\begin{aligned}\langle\varphi_{k+1},\varphi_i\rangle &= \langle x\varphi_k,\varphi_i\rangle - b_{k+1}\langle\varphi_k,\varphi_i\rangle - c_k\langle\varphi_{k-1},\varphi_i\rangle\\ &= \langle x\varphi_k,\varphi_i\rangle\\ &= \langle\varphi_k, x\varphi_i\rangle\\ &= \langle\varphi_k,\varphi_{i+1} + b_{i+1}\varphi_i + c_i\varphi_{i-1}\rangle\\ &= 0+0+0=0.\end{aligned}$$

Somit wird aus den Normalgleichungen (7.23) für $g_i = \varphi_i$

$$\langle\varphi_i,\varphi_i\rangle a_i = \langle y,\varphi_i\rangle \quad (i = 0,\ldots,m),$$

woraus sich die gesuchten Koeffizienten zu

$$a_i = \frac{\langle y,\varphi_i\rangle}{\langle\varphi_i,\varphi_i\rangle} \quad (i = 0,\ldots,m) \tag{7.30}$$

ergeben.

Wie man an den Konstruktionsvorschriften (7.26), (7.27), (7.29) und (7.30) sieht, braucht man beim Übergang von einem Polynom vom Grad m auf ein solches vom Grad $m+1$ nicht, wie es beim Ausgleich mit dem Ansatz (7.5) notwendig wäre, von neuem zu rechnen, sondern man führt die genannten Vorschriften nur zusätzlich für $m+1$ aus. Dies bedeutet, daß mit einem Anpassungspolynom vom Grad $m < n-1$ auch alle Anpassungspolynome vom Grad $< m$ verfügbar sind. Auch die Quadratsummen (7.3) im Minimum lassen sich rekursiv berechnen. Es ist mit a_i $(i = 0,\ldots,m)$ nach (7.30)

$$\begin{aligned}F(a_o,\ldots,a_m) &= \sum_{k=1}^{n}\left[\sum_{i=0}^{m} a_i\varphi_i(x_k) - y_k\right]^2\\ &= \sum_{k=1}^{n}\left[\sum_{i=0}^{m-1} a_i\varphi_i(x_k) + a_m\varphi_m(x_k) - y_k\right]^2\\ &= F(a_0,\ldots,a_{m-1}) + 2a_m\sum_{k=1}^{n}\varphi_m(x_k)\left[\sum_{i=0}^{m-1} a_i\varphi_i(x_k) - y_k\right] + a_m^2\sum_{k=1}^{n}\varphi_m^2(x_k)\\ &= F(a_0,\ldots,a_{m-1}) - a_m^2\sum_{k=1}^{n}\varphi_m^2(x_k) \quad .\end{aligned} \tag{7.31}$$

Dabei wurde die Orthogonalität der φ_k und (7.30) benutzt.

In der Subroutine ORTHO aus Abb. U36 werden für gegebene Punkte (x_k, y_k) $(k = 1,\dots,n)$ die Koeffizienten b_j $(j = 1,\dots,m)$ nach (7.27), $c_1 = 0$ und c_j $(j = 2,\dots,m)$ nach (7.29) und a_j $(j = 0,\dots,m)$ nach (7.30) berechnet. Die jeweils benötigten Werte $\varphi_{j-1}(x_k)$, $\varphi_j(x_k)$ und $\varphi_{j+1}(x_k)$ werden in P1(K), P2(K) und P3(K) zwischengespeichert. Die Quadratsummen in den Minima, also

```
      SUBROUTINE ORTHO (M,X,Y,N,A,B,C,S,SMIN,P1,P2,P3)
      DIMENSION X(N),Y(N),A(0:M),B(0:M),C(0:M),
     +          S(0:M),P1(N),P2(N),P3(N)
      Q=1./FLOAT(N)
      C(1)=0.
      U=0.
      DO 10 K=1,N
         T=Y(K)
         U=U+T*T
         P1(K)=0.
         P2(K)=1.
   10 CONTINUE
      J=0
   20 T=0.
      DO 30 K=1,N
         T=T+Y(K)*P2(K)
   30 CONTINUE
      A(J)=T*Q
      V=U-T*A(J)
      S(J)=V
      IF(V.LE.SMIN.OR.J.GE.M) GOTO 80
      U=V
      DO 40 K=1,N
         P3(K)=X(K)*P2(K)
   40 CONTINUE
      V=0.
      DO 50 K=1,N
         V=V+P2(K)*P3(K)
   50 CONTINUE
      V=V*Q
      B(J+1)=V
      R=0.
      DO 60 K=1,N
         W=(X(K)-V)*P2(K)-C(J)*P1(K)
         P3(K)=W
         R=R+W*W
   60 CONTINUE
      J=J+1
      C(J)=R*Q
      Q=1./R
      DO 70 K=1,N
         P1(K)=P2(K)
         P2(K)=P3(K)
   70 CONTINUE
      GOTO 20
   80 M=J
      RETURN
      END
```

Abb. U36 ORTHO

S(J)= $F(a_0,\ldots,a_j)$ werden mittels (7.31) rekursiv bis zu einem vorzugebenden M=m berechnet. Allerdings wird bei einem J<M abgebrochen, sobald S(J)<SMIN wird, wobei SMIN vorzugeben ist. Falls solch ein Wert von der Problemstellung her nicht vorliegt, kann natürlich SMIN=0.0 gesetzt werden.

Mit der Subroutine POLYO aus Abb. U37 kann man mittels der in ORTHO berechneten Koeffizientenfeldern B und C in (7.26) und A in (7.4) (mit $g_i = \varphi_i$) an den Stellen (XA(K),K=1,N) auswerten, was YA(K) ergibt. Dabei kann M=0,...,J gewählt werden.

In Abb. B11 sind für $m = 0,\ldots,5$, $x_k = k$ $(k = 1,\ldots,15)$, $y_1 = 10$, $y_2 = 16,\ldots$, $y_{15} = 127$ die Werte von (7.4) an den Stellen x_k ausgedruckt. In der zweiten Zeile stehen die Werte S(0),S(1),...,S(5). Da S(5)=S(4), lohnt es sich nicht, J>4 zu wählen. Dies sieht man auch an Abb. Z36, wo für $m = 1,\ldots,4$ die angepaßten Polynome dargestellt sind. Allgemein sind die Werte S(J) für die Auswahl des Polynomgrades sehr informativ. Man wird bei J abbrechen, wenn S(J+1)-S(J) klein gegenüber S(J)-S(J-1) ist.

Manchmal sind die Ordinaten y_k mit unterschiedlicher Genauigkeit gemessen, deren Größe durch zusätzlich ermittelte Gewichte $w_k > 0$ $(k = 1,\ldots,n)$

```
      SUBROUTINE POLYO(M,XA,YA,NA,A,B,C)
      DIMENSION XA(NA),YA(NA),A(0:M),B(0:M),C(0:M)
      J=M
      DO 30 K=1,NA
         T=XA(K)
         U=A(0)
         IF(J.EQ.0) GOTO 20
         V=1.
         W=T-B(1)
         U=U+A(1)*W
         IF(J.EQ.1) GOTO 20
         DO 10 L=2,J
            Z=(T-B(L))*W-C(L-1)*V
            V=W
            W=Z
            U=U+W*A(L)
10       CONTINUE
20       YA(K)=U
30    CONTINUE
      RETURN
      END
```

Abb. U37 POLYO

```
  M= 5  N= 15  SMIN=     0.00

                 22525.34 1971.01  288.77  277.38   17.63   17.63

 1  1.00  10.00   54.67   -5.31   14.06   15.60    9.26    9.25

 2  2.00  16.00   54.67    3.26   14.33   14.55   17.27   17.28

 3  3.00  20.00   54.67   11.83   15.87   15.28   20.79   20.80

 4  4.00  23.00   54.67   20.40   18.69   17.71   22.17   22.17

 5  5.00  25.00   54.67   28.96   22.79   21.76   23.34   23.33

 6  6.00  26.00   54.67   37.53   28.17   27.34   25.75   25.74

 7  7.00  30.00   54.67   46.10   34.82   34.36   30.42   30.42

 8  8.00  36.00   54.67   54.67   42.75   42.75   37.96   37.96

 9  9.00  48.00   54.67   63.23   51.95   52.41   48.47   48.48

10 10.00  62.00   54.67   71.80   62.44   63.27   61.67   61.68

11 11.00  78.00   54.67   80.37   74.20   75.23   76.81   76.81

12 12.00  94.00   54.67   88.94   87.24   88.22   92.68   92.68

13 13.00 107.00   54.67   97.51  101.55  102.14  107.65  107.64

14 14.00 118.00   54.67  106.07  117.14  116.92  119.64  119.63

15 15.00 127.00   54.67  114.64  134.01  132.47  126.13  126.14
```

Abb. B11

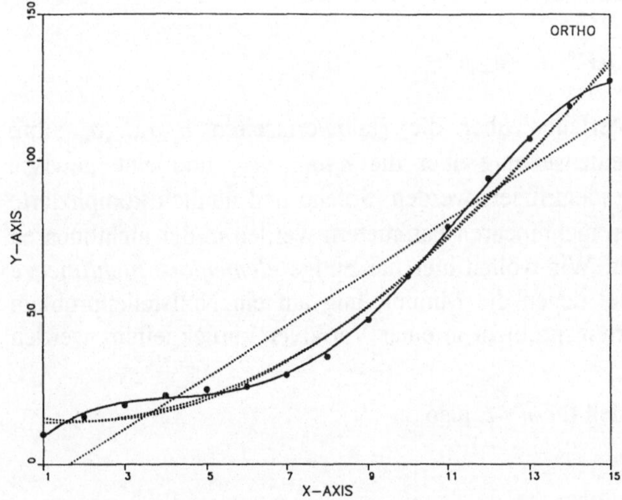

Abb. Z36

beschrieben wird. In einem solchen Fall ist statt (7.3) die gewichtete Quadratsumme

$$F_w(a_0,\dots,a_m)=\sum_{k=1}^{n} w_k\left[f(a_0,\dots,a_m,x_k)-y_k\right]^2 \tag{7.32}$$

zu minimieren. Führt man statt (7.22) das Skalarprodukt

$$\langle f,g\rangle_w=\sum_{k=1}^{n} w_k f(x_k)g(x_k) \tag{7.33}$$

ein, so gelten die für den Polynomausgleich hergeleiteten Formeln, wenn man $\langle f,g\rangle$ durch $\langle f,g\rangle_w$ ersetzt.

Anpassung mit elementaren nichtlinearen Modellen

Beim Anpassen von Daten ist die Auswahl der Modellfunktion $f=f(a_0,\dots,a_m,x)$ problemabhängig. Bei f muß es sich keinesfalls um ein Polynom vom Grad m handeln. Ein solches oder besser eine kubische Spline-Funktion wie im nächsten Abschnitt wird nur unterstellt, falls kein anderes Modell bekannt ist. Mißt man z. B. zu gewissen Zeitpunkten x_k die Menge y_k der Neutronen, die ein unbekannntes Gemisch von Materialien ausstößt, so sollen mit einem Modell

$$f(a_0,\dots,a_m,x)=a_0+a_1e^{-a_2x}+\dots+a_{m-1}e^{-a_mx}$$

die unbekannten Materialien über die Halbwertszeiten $a_2,a_4,\dots,a_m$, ihre mengenmäßige Zusammensetzung über die $a_1,a_3,\dots,a_{m-1}$ und eine gewisse Grundmenge durch a_0 identifiziert werden. Solche und ähnlich komplizierte Probleme mit mehreren nichtlinearen Parametern werden in der nichtlinearen Optimierung behandelt. Wir wollen hier nur einige *elementare nichtlineare Modelle* behandeln, bei denen die Minimierung auf ein Nullstellenproblem bzw. auf ein Minimierungsproblem in einer Variablen zurückgeführt werden kann.

Liegt etwa obiges Modell für $m=2$, also

$$f(a,b,c,x)=a+be^{-cx}$$

vor, so ist mit $w_k > 0$ die Funktion

$$S(a,b,c) = \sum_{k=1}^{n} w_k \left[a + be^{-cx_k} - y_k\right]^2$$

zu minimieren. Aus den notwendigen Bedingungen für die linear auftretenden Parameter a und b, also aus

$$\frac{\partial S}{\partial a} = 0, \; \frac{\partial S}{\partial b} = 0$$

erhalten wir

$$\begin{aligned} a\sum_{k=1}^{n} w_k \quad &+ b\sum_{k=1}^{n} w_k e^{-cx_k} = \sum_{k=1}^{n} w_k y_k, \\ a\sum_{k=1}^{n} w_k e^{-cx_k} &+ b\sum_{k=1}^{n} w_k e^{-2cx_k} = \sum_{k=1}^{n} w_k y_k e^{-cx_k}. \end{aligned}$$

Aus diesen beiden Gleichungen kann man

$$a = a(c), \; b = b(c)$$

stets eliminieren, falls wenigstens zwei x_k verschieden sind, und in die restliche notwendige Bedingung

$$\frac{\partial S}{\partial c} = 0$$

einsetzen. Damit erhält man ein Nullstellenproblem

$$\frac{\partial S}{\partial c}(a) = \frac{\partial S}{\partial c}(a(c), b(c), c) = 0$$

für die Unbekannte c, das sich mit den Methoden aus dem nächsten Kapitel angehen läßt. Ist eine (von möglicherweise mehreren) Nullstelle c^* gefunden, so läßt sich $a^* = a(c^*)$ und $b^* = b(c^*)$ berechnen. Anschließend ist allerdings zu überprüfen, ob es sich dabei um ein Maximum oder um ein Minimum oder gar um ein absolutes Minimum handelt.

Um die überflüssige Berechnung von Maxima auszuschließen, setzt man besser $a = a(c)$ und $b = b(c)$ in $S(a, b, c)$ ein und betrachtet die Minimierung von

$$S(c) = S(a(c), b(c), c)$$

einer Funktion in einer Variablen. Eine elementare Methode hierzu ist die sogenannten *Trisektion*. Hierzu gehen wir davon aus, daß ein Intervall $[u,v]$ vorliegt, in dem $S = S(c)$ *unimodal* ist, d. h. von u aus monoton bis zu einem Minimum in c^* monoton fällt und dann bis v wieder monoton wächst. Liegt c^* in $[u,v]$ und ist das Intervall genügend klein, so ist diese Voraussetzung wegen der stetigen Differenzierbarkeit von S stets erfüllt. Dann wird $[u,v]$ in drei gleichgroße Teilintervalle aufgespalten und dasjenige linke oder rechte Intervalldrittel abgespalten, an dessen innerem Rand S den größeren Wert hat. Auf die verbleibenden zwei Teilintervalle wird das Verfahren angewandt usw., was dann jeweils die Berechnung von zwei neuen Funktionswerten erfordert.

Manchmal kann man ein nichtlineares Modell auf ein lineares transformieren und dann die Methode aus dem vorangehenden Abschnitt einsetzen oder auf ein nichtlineares Modell mit nur einem nichtlinearen Parameter transformieren und dann wie soeben vorgehen. Wir geben jeweils ein Beispiel.

Liegt etwa

$$f(a,b,x) = e^{ax+b}$$

vor und gilt $y_k > 0$, so kann man statt

$$F(a,b) = \sum_{k=1}^{n} w_k \left[e^{ax_k+b} - y_k\right]^2$$

ersatzweise

$$\tilde{F}(a,b) = \sum_{k=1}^{n} p_k \left[ax_k + b - \ln y_k\right]^2$$

minimieren. Die beiden Lösungen müssen nicht sehr viel miteinander zu tun haben, es sei denn, wir wählen die p_k geeignet. Betrachten wir allgemein

$$F(a_0,\dots,a_m)=\sum_{k=1}^{n} w_k\left[f(a_0,\dots,a_m,x_k)-y_k\right]^2$$

und

$$\widetilde{F}(a_0,\dots,a_m)=\sum_{k=1}^{n} p_k\left[g(a_0,\dots,a_m,x_k)-g(y_k)\right]^2$$

wobei g eine linearisierende Funktion ist. In obigem Beispiel war $g(f)=\ln f$. In erster Näherung gilt dann

$$\widetilde{F}(a_0,\dots,a_m)\approx\sum_{k=1}^{n} p_k\left[\left.\frac{\partial g}{\partial f}\right|_{x_k}\cdot\left(f(a_0,\dots,a_m,x_k)-y_k\right)\right]^2.$$

Soll also

$$F\approx\widetilde{F}$$

sein, so ist

$$p_k=w_k\cdot\frac{1}{\left(\left.\dfrac{\partial g}{\partial f}\right|_{x_k}\right)^2}\quad(k=1,\dots,n)$$

zu wählen. Da man aber $a_0,\dots,a_m$ noch nicht kennt, setzt man statt $f(a_0,\dots,a_m,x_k)$ den Näherungswert y_k ein. In obigem Beispiel war $g(f)=\ln f$ und folglich

$$\frac{\partial g}{\partial f}=\frac{1}{f},$$

was somit

$$p_k=w_k y_k^2\quad(k=1,\dots,n)$$

erfordert.

Das zweite Beispiel ist

$$f(a,b,c,x) = \frac{a}{1+e^{bx+c}}.$$

Hier setzt man $g(f) = 1/f$. Wegen $\frac{\partial g}{\partial f} = -1/f^2$ sind als Gewichte

$$p_k = w_k y_k^4 \quad (k = 1,\dots,n)$$

sinnvoll. Minimiert man also

$$\sum_{k=1}^{n} w_k y_k^4 \left[\tilde{a} + \tilde{b} e^{-\tilde{c}x_k} - \frac{1}{y_k}\right]^2$$

mit der eingangs beschriebenen Methode, so erhält man für die gesuchten Werte näherungsweise

$$a = \frac{1}{\tilde{a}}, \; b = -\tilde{c}, \; c = \ln a\tilde{b},$$

wobei $a\tilde{b} > 0$ vorauszusetzen ist.

Anpassung mit kubischen Spline-Funktionen

Für den Fall, daß weder ein Polynom eines bestimmten Grades noch ein anderes lineares oder nichtlineares Modell sich zur Anpassung anbieten sollte, liegt es nahe, eine glatt aussehende Spline-Interpolierende für die gegebenen Daten (x_k, y_k) $(k = 1,\dots,n)$ zu verwenden. Für die auf $[x_k, x_{k+1}]$ zu findenden kubischen Polynome s_k wird nun i. a. nicht $s_k(x_k) = y_k$, sondern $s_k(x_k) = u_k$ mit i. a. $u_k \neq y_k$ gelten, was den Ansatz

$$s_k(x) = u_k + B_k(x-x_k) + C_k(x-x_k)^2 + D_k(x-x_k)^3 \quad (k = 1,\dots,n-1) \tag{7.34}$$

und die Festsetzung

$$u_n = s_{n-1}(x_n) \tag{7.35}$$

zweckmäßig macht.

Möglich ist es, da die natürliche kubische Spline-Interpolierende durch (x_k, u_k) mittels der Minimaleigenschaft (6.31), also durch

$$\int_{x_1}^{x_n} [s''(x)]^2 dx \to \min \tag{7.36}$$

charakterisiert war, diese Zielfunktion mit der Nebenbedingung

$$\sum_{k=1}^{n} w_k (u_k - y_k)^2 \leq S \tag{7.37}$$

zu verknüpfen. Hier sorgt (7.36) für die Entstehung einer kubischen Spline-Interpolierenden durch (x_k, u_k) derart, daß die Summe der mit Gewichten $w_k > 0$ versehenen quadrierten Abweichungen von den y_k einen vorzugebenden Wert $S \geq 0$ nicht überschreitet. Für $S = 0$ wird $u_k = y_k$, und man hat die kubische Spline-Interpolierende durch die Punkte (x_k, y_k). Sind die w_k fest vorgegeben, so steuert allein S das Aussehen der gesamten Ergebniskurve. Die Entfernung der Werte der Anpassungsfunktion in x_k zu y_k kann so für ein festes k nicht gesteuert werden, es sei denn, man variiert die w_k geeignet. Adäquater wären deshalb statt der einen Nebenbedingung (7.37) n Nebenbedingungen

$$w_k (u_k - y_k)^2 \leq S_k \quad (k = 1, \ldots, n) \tag{7.38}$$

mit vorgebbaren Werten $S_k \geq 0$. Dieses nichtlineare Optimierungsproblem (7.36) und (7.38) ist aber nur sehr aufwendig zu lösen. Daher gehen wir von einer anderen Modellannahme aus, unterstellen nämlich, daß die Sprünge der dritten Ableitungen in x_k proportional zu den Differenzen zwischen den gegebenen Ordinaten y_k und den gesuchten Ordinaten u_k sind $(k = 2, \ldots, n-1)$.

Wegen

$$s_k'(x) = B_k + 2C_k(x - x_k) + 3D_k(x - x_k)^2 , \tag{7.39}$$
$$s_k''(x) = 2C_k + 6D_k(x - x_k) , \tag{7.40}$$
$$s_k'''(x) = 6D_k \tag{7.41}$$

bedeutet dies

$$p_k(y_k - u_k) = 6(D_k - D_{k-1}) \quad (k = 2, \ldots n-1) . \tag{7.42}$$

Für $k = 1$ und $k = n$ nehmen wir

$$p_1(y_1 - u_1) = 6D_1 , \tag{7.43}$$
$$p_n(y_n - u_n) = -6D_{n-1} \tag{7.44}$$

hinzu. Dabei sind die $p_k > 0$ $(k = 1,\ldots,n)$ vorzugebende Proportionalitätsfaktoren. Für $p_k \to \infty$ wird $u_k = y_k$ $(k = 1,\ldots,n)$.

Führt man mit u_k'' die zweiten Ableitungen von s in den x_k als Unbekannte ein, so ergibt sich mit (7.40)

$$C_k = \frac{1}{2}u_k'', \tag{7.45}$$
$$D_k = \frac{1}{6h_n}(u_{k+1}'' - u_k''). \tag{7.46}$$

Die C^1-Bedingung $s_{k-1}'(x_k) = s_k'(x_k)$ $(k = 2,\ldots,n-1)$ führt mit (7.39) auf

$$B_{k-1} + 2h_{k-1}C_{k-1} + 3h_{k-1}^2 D_{k-1} = B_k \quad (k = 2,\ldots,n-1) . \tag{7.47}$$

Wegen der Interpolationsbedingungen $s_k(x_{k+1}) = u_{k+1}$ gilt weiter wegen (7.34)

$$u_{k+1} = u_k + h_k B_k + h_k^2 C_k + h_k^3 D_k \quad (k = 1,\ldots,n-1). \tag{7.48}$$

Hieraus wird mit (7.45) und (7.46)

$$B_k = \frac{\Delta u_k}{h_k} - \frac{1}{6}h_k(u_{k+1}'' + 2u_k'') \quad (k = 1,\ldots,n-1). \tag{7.49}$$

Setzt man diese Ausdrücke wiederum zusammen mit (7.45) und (7.46) in (7.47) ein, so ergibt sich

$$\frac{h_{k-1}}{6}u_{k-1}'' + \frac{h_{k-1} + h_k}{3}u_k'' + \frac{h_k}{6}u_{k+1}'' - \frac{1}{h_{k-1}}u_{k-1} + \left(\frac{1}{h_{k-1}} + \frac{1}{h_k}\right)u_k - \frac{1}{h_k}u_{k+1} = 0$$
$$(k = 2,\ldots,n-1) \quad . \tag{7.50}$$

Aus (7.43) wird

$$\frac{1}{h_{k-1}}u_{k-1}'' - \left(\frac{1}{h_{k-1}} + \frac{1}{h_k}\right)u_k'' + \frac{1}{h_k}u_{k+1}'' = p_k(y_k - u_k) \quad (k = 2,\ldots,n-1), \tag{7.51}$$

wozu wegen (7.43) und (7.44) noch die beiden Gleichungen

$$
\begin{aligned}
&-\frac{1}{h_1}u_1''+\frac{1}{h_1}u_2''=p_1(y_1-u_1),\\
&\frac{1}{h_{n-1}}u_{n-1}''-\frac{1}{h_{n-1}}u_n''=p_n(y_n-u_n)
\end{aligned}
\tag{7.52}
$$

hinzukommen. Gibt man z. B.

$$u_1''=u_n''=0 \tag{7.53}$$

vor, so sind (7.50), (7.51) und (7.52) insgesamt $2n-2$ lineare Gleichungen für die $2n-2$ Unbekannten $u''=(u_2'',\dots,u_{n-1}'')^T$ und $u=(u_1,\dots,u_n)^T$. Bezeichnet man mit

$$
A=\frac{1}{6}\begin{pmatrix}
2(h_1+h_2) & h_2 & & & \\
h_2 & 2(h_2+h_3) & h_3 & & \\
 & h_3 & 2(h_3+h_4) & \ddots & \\
 & & \ddots & \ddots & h_{n-2} \\
 & & & h_{n-2} & 2(h_{n-2}+h_{n-1})
\end{pmatrix},
$$

$$
B=\begin{pmatrix}
-\frac{1}{h_1} & \left(\frac{1}{h_1}+\frac{1}{h_2}\right) & -\frac{1}{h_2} & & & \\
 & -\frac{1}{h_2} & \left(\frac{1}{h_2}+\frac{1}{h_3}\right) & -\frac{1}{h_3} & & \\
 & & \ddots & \ddots & \ddots & \\
 & & & -\frac{1}{h_{n-2}} & \left(\frac{1}{h_{n-2}}+\frac{1}{h_{n-1}}\right) & -\frac{1}{h_{n-1}}
\end{pmatrix},
$$

$$D=diag(p_1,\dots,p_n),$$

so läßt sich das Gleichungssystem in Matrizenschreibweise

$$Au''+Bu=0 \tag{7.54}$$

$$-B^Tu''+Du=Dy \tag{7.55}$$

schreiben.

Da D diagonal ist, läßt sich aus (7.55) u leicht zu

$$u=y+D^{-1}B^Tu'' \tag{7.56}$$

eliminieren. Nun kann man (7.56) in (7.54) einsetzen und erhält das reduzierte System

$$\left(A+BD^{-1}B^T\right)u''=-By. \tag{7.57}$$

Ausgeschrieben lautet (7.57)

$$\begin{aligned}
&\left[\frac{6}{p_{k-1}}\frac{1}{h_{k-2}}\frac{1}{h_{k-1}}\right]u''_{k-1}\\
&+\left[h_{k-1}-\frac{6}{p_{k-1}}\frac{1}{h_{k-1}}\left(\frac{1}{h_{k-2}}+\frac{1}{h_{k-1}}\right)-\frac{6}{p_k}\frac{1}{h_{k-1}}\left(\frac{1}{h_{k-1}}+\frac{1}{h_k}\right)\right]u''_{k-1}\\
&+\left[2(h_{k-1}+h_k)+\frac{6}{p_{k-1}}\frac{1}{h^2_{k-1}}+\frac{6}{p_k}\left(\frac{1}{h_{k-1}}+\frac{1}{h_k}\right)^2+\frac{6}{p_{k+1}}\frac{1}{h^2_k}\right]u''_k\\
&+\left[h_k-\frac{6}{p_k}\frac{1}{h_k}\left(\frac{1}{h_{k-1}}+\frac{1}{h_k}\right)-\frac{6}{p_{k+1}}\frac{1}{h_k}\left(\frac{1}{h_k}+\frac{1}{h_{k+1}}\right)\right]u''_{k+1}\\
&+\left[\frac{6}{p_{k+1}}\frac{1}{h_k}\frac{1}{h_{k+1}}\right]u''_{k+2}=6(d_k-d_{k-1})\quad(k=2,\dots,n-1),
\end{aligned} \tag{7.58}$$

wobei für $k=2$ und $k=n-1$ (7.53) zu berücksichtigen ist und die zugehörigen Koeffizienten gar nicht auftreten. Das lineare Gleichungssystem (7.58) hat die *pentadiagonale* Koeffizientenmatrix $A+BD^{-1}B^T$. Diese ist positiv definit, denn für $z\neq 0$ und $B^Tz=y$ gilt

$$z^T\left(A+BD^{-1}B^T\right)z=z^TAz+y^TD^{-1}y.$$

Daraus erfolgt die Behauptung, da A positiv definit ist und $y^TD^{-1}y\geq 0$ ist. Somit ist die Existenz des anpassenden kubischen Splines für alle $p_k>0$ gesichert.

Wie schon erwähnt, ergibt sich für $p_k\to\infty$ die (x_k,y_k) $(k=1,\dots,n)$ interpolierende kubische Spline-Funktion. Wir zeigen jetzt, daß sich für $p_k\to 0$ eine Gerade ergibt. Zunächst wird nach (7.43) $D_1=0$ und dann nach (7.42) $D_2=\dots=D_{n-1}=0$. Weiter wird wegen (7.53), (7.52) und (7.51) $u_1''=u_2''=\dots=u_n''=0$. Wegen (7.45) ergibt sich aber dann aus (7.47) $B_{k-1}=B_k$ $(k=2,\dots,n-1)$, also $B_k=B$ $(k=1,\dots,n-1)$. Damit wird aus (7.48) $u_{k+1}=u_k+h_kB$, was bedeutet, daß die u_k auf einer Geraden liegen.

Die Subroutine CUBSM1 aus Abb. U38 stellt das Gleichungssystem (7.58) auf, löst es mittels PENTAS und berechnet die gesuchten Koeffizienten

```
      SUBROUTINE CUBSM1(N,X,Y,P,EPS,Y2,A,B,C,D,IFLAG)
      DIMENSION X(N),Y(N),P(N),Y2(N),A(N),B(N),C(N),D(N)
      IFLAG=0
      IF(N.LT.5) THEN
        IFLAG=1
        RETURN
      END IF
      N1=N-1
      N2=N-2
      DO 10 K=1,N1
         D(K)=1./(X(K+1)-X(K))
   10 CONTINUE
      D(N)=0.
      P1=1./P(1)
      P2=1./P(2)
      H1=D(1)
      H2=D(2)
      R1=(Y(2)-Y(1))*H1
      DO 20 K=1,N2
         K1=K+1
         K2=K+2
         H3=D(K2)
         P3=1./P(K2)
         S=H1+H2
         A(K)=2./H1+2./H2+6.*(H1*H1*P1+S*S*P2+H2*H2*P3)
         B(K)=1./H2-6.*H2*(P2*S+P3*(H2+H3))
         C(K)=6.*P3*H2*H3
         R2=(Y(K2)-Y(K1))*H2
         Y2(K)=6.*(R2-R1)
         H1=H2
         H2=H3
         P1=P2
         P2=P3
         R1=R2
   20 CONTINUE
      CALL PENTAS(N2,A,B,C,Y2,EPS,IFLAG)
      IF(IFLAG.NE.0) RETURN
      DO 30 K=N2,1,-1
         Y2(K+1)=Y2(K)
   30 CONTINUE
      Y2(1)=0.
      Y2(N)=0.
      H1=0.
      DO 40 K=1,N1
         K1=K+1
         B(K)=D(K)
         H2=D(K)*(Y2(K1)-Y2(K))
         D(K)=H2/6.
         A(K)=Y(K)-(H2-H1)/P(K)
         C(K)=Y2(K)/2.
         H1=H2
   40 CONTINUE
      A(N)=Y(N)+H1/P(N)
      DO 50 K=1,N1
         K1=K+1
         H=B(K)
         B(K)=(A(K1)-A(K))*H-(Y2(K1)+2.*Y2(K))/(6.*H)
   50 CONTINUE
      RETURN
      END
```

Abb. U38 CUBSM1

(B(K),C(K),D(K),K=1,N) in (7.34) gemäß (7.49) und (7.45) und (7.46). Das Feld A enthält die Koeffizienten u_k, die mittels (7.44) und (7.43) für $p_k > 0$ berechenbar sind. Die Felder A,B,C dienen vorher auch zur Speicherung der Haupt- und der beiden Nebendiagonalen in der Koeffizientenmatrix von (7.58). Das Feld Y2 wird als Arbeitsspeicher für die u_k'' benötigt.

Die Abbildungen Z37 bis Z39 enthalten ein Beispiel. Der Reihe nach war $p_k = .01, p_k = .25$ und $p_k = 1$ $(k = 1,\dots,n)$. Durch die Wahl unterschiedlicher Werte für die p_k kann man die Anpassungskurve mehr oder weniger nah an den Punkten (x_k, y_k) vorbeiführen.

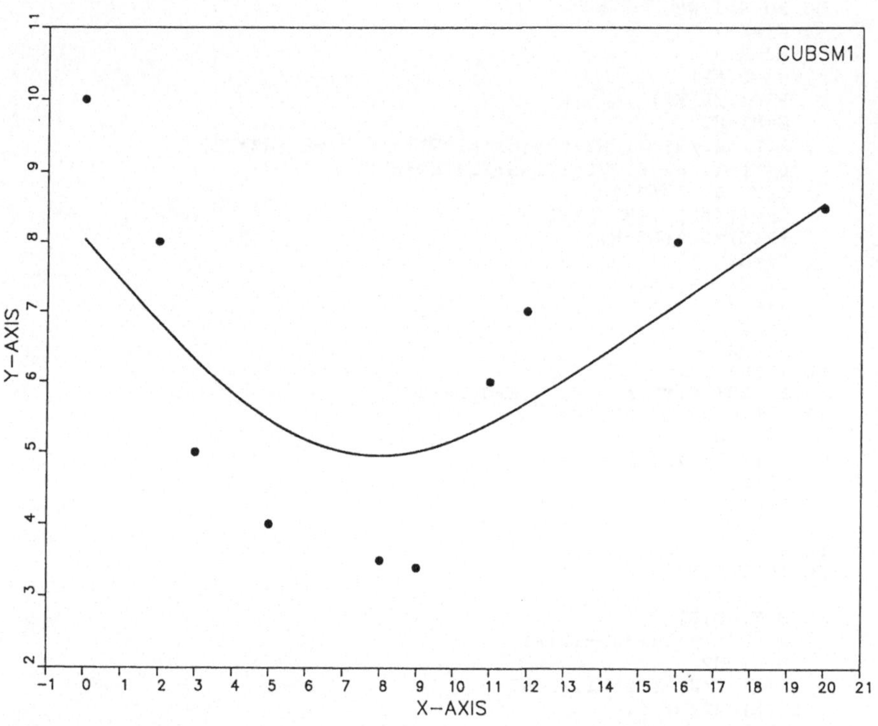

Abb. Z37

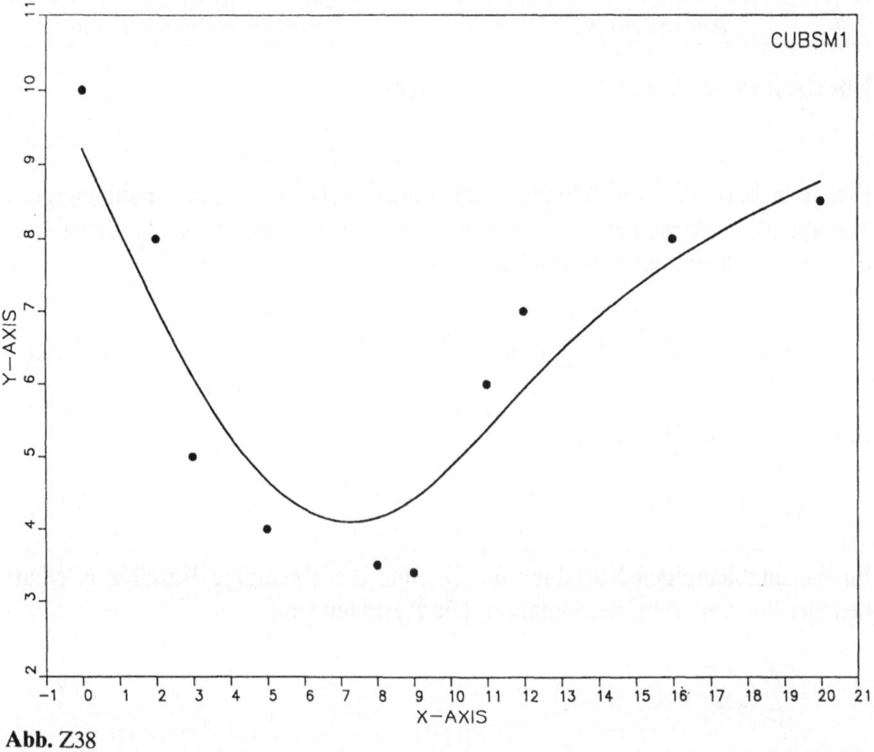

Abb. Z38

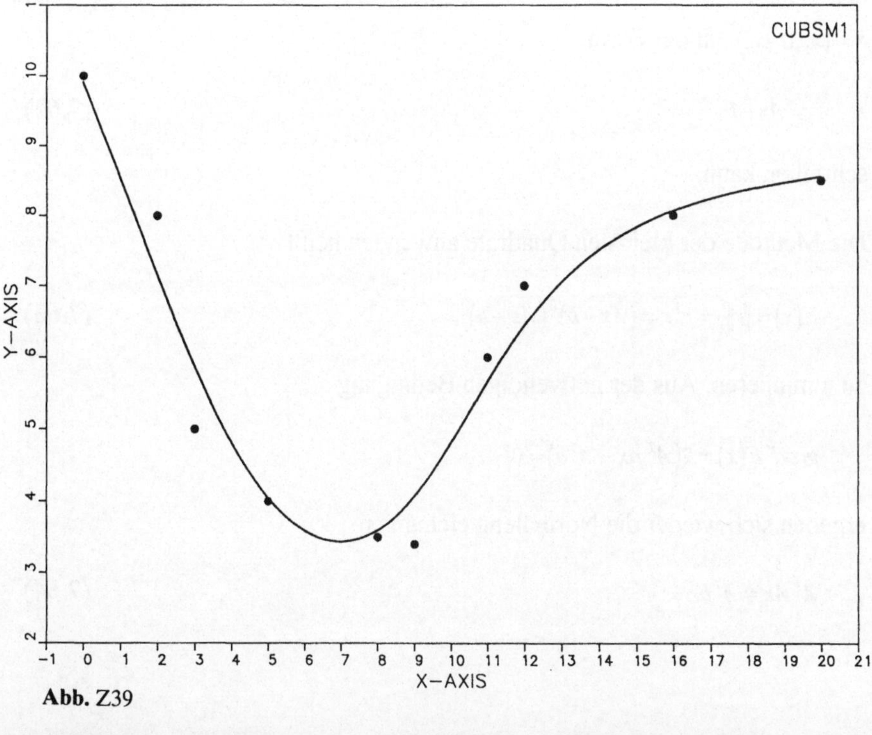

Abb. Z39

Überbestimmte lineare Gleichungssysteme

Bisher haben wir nur Modelle der Form (7.1) mit einer unabhängigen Variablen x betrachtet. Jetzt gehen wir von n unabhängigen Variablen $a_1,\dots,a_n$ und speziellen linearen Modellen

$$b = b(x_1,\dots,x_n,a_1,\dots,a_n) = \sum_{k=1}^{n} a_k x_k \tag{7.59}$$

aus. Erfaßt seien Werte

$$\left(a_{ik}(k=1,\dots,n),b_i\right)\ (i=1,\dots,m),\ m>n \tag{7.60}$$

für die unabhängigen Variablen $a_1,\dots,a_n$ und die abhängige Variable b. Man beachte die Änderung der Notation. Die Residuen sind

$$r_i = \sum_{k=1}^{n} a_{ik}x_k - b_i\ \ (i=1,\dots,m), \tag{7.61}$$

die man mit $b=(b_1,\dots,b_m)^T$, $r=(r_1,\dots,r_m)^T$, $A\in\mathbb{R}^{m\times n}$ mit $A=(a_{ik})_{i=1,\dots,m;\ k=1,\dots,n}$ und $x=(x_1,\dots,x_n)^T$ in der Form

$$r = Ax - b \tag{7.62}$$

schreiben kann.

Die Methode der kleinsten Quadrate anwenden heißt

$$F(x) = \|r\|_2^2 = r^T r = (Ax-b)^T(Ax-b) \tag{7.63}$$

zu minimieren. Aus der notwendigen Bedingung

$$grad\ F(x) = 2\left(A^T Ax - A^T b\right) = 0$$

ergeben sich wieder die Normalengleichungen

$$A^T Ax = A^T b. \tag{7.64}$$

Analog zu Satz 24 und Zusatz 2 ergibt sich unter Berücksichtigung anderer Bezeichnungen: Sind die Spalten von A linear unabhängig, ist also $\operatorname{Rang} A = n < m$, so ist $A^T A$ posititv definit und die Lösung von (7.64) ist eindeutig und entspricht einem Minimum von (7.63). Der Fall Rang $A < n$ ist numerisch nicht so relevant, da dann mehrere Lösungen existieren.

Zur Lösung von (7.64) könnte man die Matrix $A^T A$ bilden und dann das CHOLESKY-Verfahren anwenden. Es wird sich jedoch herausstellen, daß man die Bildung von $A^T A$ vermeiden kann, wenn man auf (7.64) die GAUSS-Elimination anwendet. Dazu schreiben wir (7.64) in der Form

$$Cx = d, \tag{7.65}$$

wobei $C \in \mathbb{R}^{n \times n}$ und $d \in \mathbb{R}^n$ die Elemente

$$c_{ij} = a_i^T a_j \quad (i, j = 1, \ldots, n), \tag{7.66}$$
$$d_i = a_i^T b \quad (i = 1, \ldots, n) \tag{7.67}$$

haben und a_i die i-te Spalte von A bedeutet. Eliminiert man zuerst x_1, so erhalten wir

$$x_1 = g_1 - \sum_{j=2}^{n} r_{1j} x_j, \tag{7.68}$$

wobei

$$\left.\begin{aligned} f_1 &= \|a_1\|_2^2, \\ g_1 &= a_1^T b / f_1 \\ r_{1j} &= a_1^T a_j / f_1 \quad (j = 2, \ldots, n). \end{aligned}\right. \tag{7.69}$$

Setzt man x_1 nach (7.68) in (7.65) ein und läßt die erste Gleichung weg, so erhält man

$$C^{(1)} \begin{pmatrix} x_2 \\ \vdots \\ x_n \end{pmatrix} = d^{(1)}, \tag{7.70}$$

wobei $C \in \mathbb{R}^{(n-1)\times(n-1)}$ und $d^{(1)} \in \mathbb{R}^{n-1}$ nach (5.4) bis (5.6) durch

$$c_{i-1,j-1}^{(1)} = a_i^T a_j - a_1^T a_i \frac{a_1^T a_j}{a_1^T a_1} \; (i,j = 2,\dots,n) \; , \tag{7.71}$$

$$d_{i-1}^{(1)} = a_i^T b - a_i^T a_i \frac{a_1^T b}{a_1^T a_1} \; (i = 2,\dots,n) \tag{7.72}$$

gegeben sind.

Nun ist

$$\begin{aligned} c_{i-1,j-1}^{(1)} &= a_i^T a_j - \frac{a_1^T a_i}{a_1^T a_1} a_1^T a_j - \frac{a_1^T a_j}{a_1^T a_1} a_1^T a_i + \frac{a_1^T a_i}{a_1^T a_1} \frac{a_1^T a_j}{a_1^T a_1} a_1^T a_1 \\ &= a_i^T a_j - r_{1i} a_1^T a_j - r_{1j} a_1^T a_i + r_{1i} r_{1j} a_1^T a_1 \\ &= (a_i - r_{1i} a_1)^T (a_j - r_{1j} a_1) \end{aligned} \tag{7.73}$$

und analog wird

$$d_{i-1}^{(1)} = (a_i - r_{1i} a_1)^T (b - g_1 a_1). \tag{7.74}$$

Setzt man nun

$$a_j^{(1)} = a_j^{(0)} - r_{1j} a_1^{(0)} \; (j = 2,\dots,n), \tag{7.75}$$

$$b^{(1)} = b^{(0)} - g_1 a_1^{(0)}, \tag{7.76}$$

mit $a_j^{(0)} = a_j \; (j = 1,\dots,n)$ und $b^{(0)} = b$, so erhalten wir schließlich

$$c_{i-1,j-1}^{(1)} = \left(a_i^{(1)}\right)^T a_j^{(1)} \; (i,j = 2,\dots,n), \tag{7.77}$$

$$d_{i-1}^{(1)} = \left(a_i^{(1)}\right)^T b^{(1)} \; (i = 2,\dots,n). \tag{7.78}$$

Dies bedeutet nun, daß das System (7.70) wegen (7.66) und (7.67) ebenso Skalarprodukte als Koeffizienten wie das System (7.65) hat.

Offenbar kann dann der k-te Eliminationsschnitt wie folgt beschrieben werden. Es ist für $k = 1,\dots,n$

$$x_k = g_k - \sum_{j=k+1}^{n} r_{kj} x_j \tag{7.79}$$

mit

$$f_k = \left\| a_k^{(k-1)} \right\|_2^2, \tag{7.80}$$

$$g_k = \left(a_k^{(k-1)}\right)^T b^{(k-1)} / f_k, \tag{7.81}$$

$$r_{kj} = \left(a_k^{(k-1)}\right)^T a_j^{(k-1)} / f_k \quad (j = k+1, \ldots, n), \tag{7.82}$$

$$a_j^{(k)} = a_j^{(k-1)} - r_{kj} a_k^{(k-1)} \quad (j = k+1, \ldots, n), \tag{7.83}$$

$$b^{(k)} = b^{(k-1)} - g_k a_k^{(k-1)}. \tag{7.84}$$

Es verbleiben $n-k$ Gleichungen mit den Unbekannten $x_{k+1}, \ldots, x_n$ der Gestalt

$$C^{(k)} \begin{pmatrix} x_{k+1} \\ \vdots \\ x_n \end{pmatrix} = d^{(k)}, \tag{7.85}$$

wobei

$$c_{i-k,j-k}^{(k)} = \left(a_i^{(k)}\right)^T a_j^{(k)} \qquad (i,j = k+1, \ldots, n), \tag{7.86}$$

$$d_{i-k}^{(k)} = \left(a_i^{(k)}\right)^T b^{(k)} \qquad (i = k+1, \ldots, n). \tag{7.87}$$

Da aber in (7.86) und (7.87) nur die Beziehungen (7.83) und (7.84) benutzt werden, müssen die Koeffizienten von $C^{(k)}$ gemäß (7.86) und von $d^{(k)}$ gemäß (7.87) gar nicht explizit bestimmt wurden. Die x_k sind vermöge (7.79) durch (7.81) und (7.82) vollständig bestimmt.

Wir wollen jetzt zeigen, daß bei diesem Berechnungsverfahren die Spalten von A sukzessiv orthogonalisiert werden. Es gilt nämlich der

Satz 25: Es sei $\text{Rang } A = n < m$. Dann stehen die Vektoren $a_1^{(0)}, a_2^{(1)}, \ldots, a_k^{(k-1)}, \ldots, a_n^{(n-1)}$, die mit (7.83) produziert werden, im Sinne des im $\mathbb{R}^n$ üblichen Skalarprodukts aufeinander senkrecht. Da orthogonale Vektoren linear unabhängig sind, gilt in (7.80) $f_k > 0$, weshalb das Verfahren stets durchführbar ist.

Beweis: nach Konstruktionsformel (7.83) gilt

$$\begin{aligned} a_j^{(1)} &= a_j^{(0)} - r_{1j} a_1^{(0)}, \\ a_j^{(2)} &= a_j^{(1)} - r_{2j} a_2^{(1)}, \\ &\vdots \\ a_j^{(k)} &= a_j^{(k-1)} - r_{kj} a_k^{(k-1)}. \end{aligned}$$

Setzt man die rechten Seiten sukzessiv ein, so ergibt sich für die i-te Formel

$$a_j^{(i)} = a_j^{(0)} - r_{1j}a_1^{(0)} - r_{2j}a_2^{(1)} - \ldots - r_{ij}a_i^{(i-1)} \quad (i = 1,\ldots,k;\ j = k+1,\ldots,n). \tag{7.88}$$

Speziell haben wir

$$a_{k+1}^{(k)} = a_{k+1}^{(0)} - r_{1,k+1}a_1^{(0)} - \ldots - r_{k,k+1}a_k^{(k-1)}. \tag{7.89}$$

Nach diesen Vorbemerkungen stellen wir für den Induktionsbeginn fest, daß $a_1^{(0)} = a_1$ nicht der Nullvektor sein kann, da sonst im Widerspruch zu $\text{Rang}\,A = n$ die Matrix A eine Nullspalte enthalten müßte. Gehen wir dann davon aus, daß $a_1^{(0)},\ldots,a_k^{(k-1)}$ bereits orthogonal, damit linear unabhängig und somit alle vom Nullvektor verschieden sind. Dann gilt für $i = 1,\ldots,k$

$$\begin{aligned}
a_{k+1}^{(k)T}a_i^{(i-1)} &= \left(a_{k+1}^{(0)} - r_{1,k+1}a_1^{(0)} - \ldots - r_{k,k+1}a_k^{(k-1)}\right)^T a_i^{(i-1)} \\
&= a_{k+1}^{(0)T}a_i^{(i-1)} - r_{i,k+1}a_i^{(i-1)T}a_i^{(i-1)} \\
&= a_{k+1}^{(0)T}a_i^{(i-1)} - a_i^{(i-1)T}a_{k+1}^{(i-1)} \\
&= \left(a_{k+1}^{(0)} - a_{k+1}^{(i-1)}\right)^T a_i^{(i-1)} \\
&= \left(r_{1,k+1}a_1^{(0)} + \ldots + r_{i-1,k+1}a_{i-1}^{(i-2)}\right)^T a_i^{(i-1)} \\
&= 0.
\end{aligned}$$

Dabei wurden der Reihe nach (7.89), die Voraussetzung, (7.82), (7.88) für $j = k+1$ und $i-1$ und nochmals die Voraussetzung benutzt. Wegen (7.89) kann $a_{k+1}^{(k)}$ als Linearkombination der linear unabhängigen Vektoren $a_1^{(0)},\ldots,a_k^{(k-1)}$ und von $a_{k+1}^{(0)}$, das in die Berechnung der $a_1^{(0)},\ldots,a_k^{(k-1)}$ noch nicht eingegangen ist, nicht der Nullvektor werden, weshalb $f_{k+1} > 0$ in (7.80) gilt. □

<u>Zusatz:</u> Faßt man die Vektoren $a_1^{(0)},\ldots,a_n^{(n-1)}$ zu einer Matrix Q und die Zahlen $r_{kj}(k = 1,\ldots,n-1;\ j = k-1,\ldots n)$ zusammen mit $r_{kk} = 1\ (k = 1,\ldots,n)$ in einer oberen Dreiecksmatrix R zusammen, so gilt

$$A = QR. \tag{7.90}$$

Beweis: Diese Matrixschreibweise sieht man sofort ein, wenn man (7.89) in der Form

$$a_{k+1,r}^{(0)} = r_{1,k+1}a_1^{(0)} + \ldots + r_{k,k+1}a_k^{(k-1)} + r_{kk}a_{k+1}^{(k)}$$

schreibt. □

Bemerkung: Mit (7.90) wird aus den Normalengleichungen (7.64)

$$Q^T QRx = Q^T b,$$

wobei $Q^T Q$ wegen der Orthogonalität der Spalten von Q eine Diagonalmatrix ist.

Bevor wir die Subroutine MGS zu diesem *modifizierten GRAM-SCHMIDT-Verfahren*, die das Verfahren implementiert, beschreiben, wollen wir noch ein einfaches Beispiel vorführen. Sei

$$A = \begin{pmatrix} 1 & 2 \\ 2 & 0 \\ 2 & 3 \end{pmatrix}, \; b = \begin{pmatrix} 2 \\ 1 \\ 1 \end{pmatrix}.$$

Dann erhält man für $k = 1$:

$$f_1 = a_1^T a_1 = 9,$$
$$g_1 = a_1^T b / f_1 = 2/3,$$
$$r_{12} = a_1^T a_2 / f_1 = 1,$$
$$x_1 = g_1 - r_{12} x_2 = 2/3 - x_2,$$
$$a_2^{(1)} = a_2^{(0)} - r_{12} a_1^{(0)} = \begin{pmatrix} 2 \\ -2 \\ 1 \end{pmatrix},$$
$$b^{(1)} = b^{(0)} - g_1 a_1^{(0)} = \frac{1}{3} \begin{pmatrix} 4 \\ -1 \\ -1 \end{pmatrix}.$$

Für $k = 2$ ergibt sich

$$f_2 = a_2^{(1)T} a_2^{(1)} = 9,$$
$$g_2 = a_2^{(1)} b^{(1)} / f_2 = 1/3,$$
$$x_2 = g_2 = 1/3,$$
$$x_1 = 2/3 - x_2 = 1/3.$$

Die gefundene Lösung stimmt mit der der Normalengleichungen

$$\begin{pmatrix} 9 & 9 \\ 9 & 18 \end{pmatrix} \begin{pmatrix} x_1 \\ x_2 \end{pmatrix} = \begin{pmatrix} 6 \\ 9 \end{pmatrix}$$

natürlich überein. Für A gilt die Zerlegung

$$\begin{pmatrix} 1 & 3 \\ 2 & 0 \\ 2 & 3 \end{pmatrix} = \begin{pmatrix} 1 & 2 \\ 2 & -2 \\ 2 & 1 \end{pmatrix} \begin{pmatrix} 1 & 1 \\ 0 & 1 \end{pmatrix}.$$

Die Subroutine MGS aus Abb. U39 implementiert (7.80) bis (7.84) in der Schleife DO 80. Anschließend wird die Lösung gemäß (7.79) berechnet, wobei vorher X(K) als Speicher für g_k benutzt wurde. R(K,K) enthält $1/f_k$. Skalarprodukte werden stets in doppelter Genauigkeit berechnet und dann auf einfache Genauigkeit abgerundet. MGS wird mit der Fehlermeldung IFLAG$=1$ verlassen, falls f_k < EPS geworden sein sollte. Für Rang$\,A = n$ kann $f_k = 0$ theoretisch nicht auftreten. Für BNEW = .FALSE. wird das Verfahren auf (A,b) angewandt. Wird BNEW =.TRUE. gesetzt, so kann das Verfahren auf ein Problem mit $(A,\bar{b})$, also mit anderer rechter Seite, angewandt werden, ohne daß die Ausgangsmatrix neu orthogonalisiert wird; in diesem Fall sind die Felder A (enthält Q) und R vom vorangehenden Aufruf und $\bar{b}$ in B zu übergeben.

Man überzeuge sich, daß für das (konstruierte) Beispiel

$$A = \begin{pmatrix} 1 & 1 & 1 \\ \varepsilon & 0 & 0 \\ 0 & \varepsilon & 0 \\ 0 & 0 & \varepsilon \end{pmatrix}, \quad b = \begin{pmatrix} 1 \\ 0 \\ 0 \\ 0 \end{pmatrix}$$

mit exakter Lösung

$$x = \frac{1}{3+\varepsilon^2} \begin{pmatrix} 1 \\ 1 \\ 1 \end{pmatrix}$$

die Koeffizientenmatrix der Normalengleichungen für alle ε mit $fl(1.0+\varepsilon^2) = 1.0$ singulär wird, während das Orthogonalisierungsverfahren die akzeptable Näherung $x = \frac{1}{3}\begin{pmatrix} 1 \\ 1 \\ 1 \end{pmatrix}$ liefert.

```
      SUBROUTINE MGS(A,MDIM,M,NDIM,N,B,EPS,BNEW,IFLAG,X,R)
      DIMENSION A(MDIM,N),B(M),X(N),R(NDIM,N)
      DOUBLE PRECISION SUM,T,DZERO
      LOGICAL BNEW
      IFLAG=0
      SZERO=0.
      DZERO=0.D0
      DO 80 K=1,N
         IF(BNEW) GOTO 20
         SUM=DZERO
         DO 10 I=1,M
            T=DBLE(A(I,K))
            SUM=SUM+T*T
 10      CONTINUE
         SSUM=SUM
         IF(SSUM.LT.EPS) THEN
           IFLAG=1
           RETURN
         ENDIF
         H=1./SSUM
         R(K,K)=H
 20      SUM=DZERO
         DO 30 I=1,M
            SUM=SUM+DBLE(A(I,K))*DBLE(B(I))
 30      CONTINUE
         SSUM=SUM
         SSUM=SSUM*R(K,K)
         X(K)=SSUM
         IF(K.EQ.N) GOTO 80
         DO 40 I=1,M
            B(I)=B(I)-SSUM*A(I,K)
 40      CONTINUE
         IF(BNEW) GOTO 80
         DO 70 J=K+1,N
            SUM=DZERO
            DO 50 I=1,M
               SUM=SUM+DBLE(A(I,K))*DBLE(A(I,J))
 50         CONTINUE
            SSUM=SUM
            SSUM=SSUM*H
            R(K,J)=SSUM
            DO 60 I=1,M
               A(I,J)=A(I,J)-SSUM*A(I,K)
 60         CONTINUE
 70      CONTINUE
 80   CONTINUE
      DO 100 I=N-1,1,-1
         SSUM=X(I)
         DO 90 K=I+1,N
            SSUM=SSUM-R(I,K)*X(K)
 90      CONTINUE
         X(I)=SSUM
100   CONTINUE
      RETURN
      END
```

Abb. U39 MGS

8. Nullstellenprobleme

Ein Fixpunktsatz in BANACH-Räumen

Ein normierter, vollständiger, nicht notwendigerweise endlich dimensionaler Vektorraum heißt ein *BANACH-Raum* B. Dabei bedeutet *Vollständigkeit*, daß zu jeder *CAUCHY-Folge* $\{x^{(k)}\}$ von Elementen aus B mit der Eigenschaft

$$\lim_{i,j\to\infty} \left\| x^{(i)} - x^{(j)} \right\| = 0 \tag{8.1}$$

es ein $x \in B$ gibt mit

$$\lim_{k\to\infty} \left\| x^{(k)} - x \right\| = 0 . \tag{8.2}$$

Die in der Numerik eine besonders wichtige Rolle spielenden BANACH-Räume sind $B = \mathbb{R}^n$ mit Vektornormen wie z. B.

$$\|x\|_p = \left(\sum_{k=1}^{n} |x_k|^p \right)^{1/p} , \; p \geq 1 ,$$

insbesondere für $p = 1$, und der Vektorraum $B = C[a,b]$ der über $[a,b]$ stetigen Funktionen, der mit der Norm

$$\|f - g\| = \max_{x \in [a,b]} |f(x) - g(x)|$$

für $f, g \in C[a,b]$ versehen wird. In beiden Fällen wird im Rahmen der Analysis-Grundvorlesungen die Vollständigkeit gezeigt.

Sei nun $F: D_F \subset B \to B$ ein linearer oder nichtlinearer *Operator* mit Definitionsgebiet D_F. Ein *Nullstellenproblem* ist dann die Aufgabe, Elemente $x \in B$ mit

$$F(x) = 0 \tag{8.3}$$

zu finden. F kann keine, genau eine, mehrere oder unendlich viele Nullstellen in D_F haben. Häufig kann man (8.3) auf die iterationsfähige Gestalt

$$x = T(x) \tag{8.4}$$

bringen und sucht dann statt der Nullstellen von F die *Fixpunkte* von T. Eine allgemeine Möglichkeit, *Fixpunktform* zu erhalten, ist $x = T(x) = x - G(F(x))$, wobei $G{:}\,\text{Bild}\,F \subset B \to B$ die Eigenschaften $G(0) = 0,\ y \neq 0 \Rightarrow G(y) \neq 0$ hat.
Zum Beispiel sind für $B = \mathbb{R}$ und

$$F(x) = x^2 - 2$$

die Fixpunktformen

$$x = T_1(x) = \frac{x}{2} + \frac{1}{x} \tag{8.5}$$

und

$$x = T_2(x) = \frac{2}{x} \tag{8.6}$$

möglich.

Lineare Gleichungssysteme $Ax = b$ mit $F(x) = Ax - b$ lassen sich leicht auf Fixpunktform bringen. Man wählt eine sogenannte *reguläre Zerlegung*

$$A = M - N,\ M \text{ invertierbar,} \tag{8.7}$$

schreibt das Nullstellenproblem erst in der Form

$$Mx = Nx + b \tag{8.8}$$

und erhält

$$x = T(x) = M^{-1}Nx + M^{-1}b\,. \tag{8.9}$$

Integralgleichungen z. B. der Gestalt

$$f(x) = \int_a^b K(x,y) f(y) dy \tag{8.10}$$

sind schon in Fixpunktform. Hier wird T durch den *Integralkern* $K(x,y):[a,b]\times[a,b]\to\mathbb{R}$ bestimmt und $f\in C[a,b]$ so gesucht, daß (8.10) für alle $x\in[a,b]$ gilt.

Liegt die Fixpunktform (8.4) vor, so liegt das *Iterationsverfahren*

$$x^{(t+1)}=T\left(x^{(t)}\right),\ x^{(0)}\ \text{gegeben},\ t=0,1,2,\ldots \tag{8.11}$$

nahe. Es stellt sich die Frage, was T für Eigenschaften haben muß, damit (8.11), eventuell in Abhängigkeit auch vom Startwert $x^{(0)}$, gegen einen Fixpunkt, also eine Lösung von (8.4) konvergiert.

Betrachten wir unsere Beispiele (8.5) und (8.6) zur Bestimmung von $x=\sqrt{2}$. T_2 produziert außer für den Startwert $x^{(0)}=\sqrt{2}$ die *zyklisch divergente Folge*

$$x^{(1)}=\frac{2}{x^{(0)}},\ x^{(2)}=\frac{2}{x^{(1)}}=x^{(0)},\ x^{(3)}=\frac{2}{x^{(0)}},\ \ldots\ .$$

T_1 dagegen hat die Eigenschaft, daß für alle $x^{(0)}\in[0,\infty)$ die Folge (8.11) gegen die Lösung $x=\sqrt{2}$ konvergiert. Betrachten wir als weiteres Beispiel das Nullstellenproblem mit

$$F(x)=x^2-x\,.$$

Hier sind

$$x=T_1(x)=x^2,\ x=T_2(x)=\sqrt{x}$$

möglich. Im ersten Fall konvergiert $x^{(t+1)}=T_1\left(x^{(t)}\right)$ für $\left|x^{(0)}\right|<1$ gegen die Lösung $x=0$, für $x^{(0)}=1$ bleibt sie bei der Lösung $x=1$ stehen und für $\left|x^{(0)}\right|>1$ divergiert sie. Im zweiten Fall konvergiert $x^{(t+1)}=T_2\left(x^{(t)}\right)$ für $x^{(0)}>0$ gegen die Lösung $x=1$, für $x^{(0)}=0$ bleibt sie bei der Lösung $x=0$ stehen, für $x^{(0)}<0$ ist sie nicht definiert.

Wie man sieht, kann es schon für $B=\mathbb{R}$ nicht einfach sein, ein geeignetes T samt Konvergenzaussagen zu finden. Für $B=\mathbb{R}^n$ $(n>1)$, $B=C[a,b]$ und allgemeinere BANACH-Räume ist dies sehr viel komplizierter. Kann man aber nachweisen, was selten einfach ist, daß $T: D_T \subset B \to B$ in einer Teilmenge $D_0 \subset D_T$ *Kontraktionseigenschaft*, besitzt, d. h. ein λ mit $0 \leq \lambda < 1$ existiert mit

$$\|T(x) - T(y)\| \leq \lambda \|x - y\|, \quad x, y \in D_0 \tag{8.12}$$

so kann man Aussagen über die Konvergenz des Iterationsverfahrens (8.11) für $x^{(0)} \in D_0$ machen.

Bevor wir dies tun, wollen wir in einigen Beispielen versuchen, die *Kontraktionskonstante* λ zu bestimmen. Wählt man im Beispiel (8.5) $D_0 = [1, \infty)$ so wird

$$\begin{aligned}
|T_1(x) - T_1(y)| &= \left|\frac{1}{2}(x - y) + \frac{1}{x} - \frac{1}{y}\right| \\
&= \left|\frac{1}{2}(x - y) - \frac{x - y}{xy}\right| \\
&= \left|\frac{1}{2} - \frac{1}{xy}\right| |x - y| \\
&\leq \frac{1}{2}|x - y|,
\end{aligned}$$

d. h. $\lambda = \frac{1}{2}$ und nach dem zu beweisendem Satz konvergiert die Iteration mit T_1 für $x^{(0)} \in [1, \infty)$, falls zusätzlich $T_1(D_0) \subset D_0$ gilt.

Im zweiten Beispiel sei das nichtlineare Gleichungssystem

$$\begin{aligned}
&\frac{1}{40}x_1^2 + \frac{2}{25}x_2^2 - x_1 + 2x_2 - \frac{1}{2} = 0\,, \\
&\frac{1}{20}x_1^2 + \frac{1}{100}x_2^2 + 3x_1 - x_2 - 1 = 0
\end{aligned}$$

gegeben.

Schreibt man dies in der Fixpunktform

$$\begin{aligned}
x_1 &= \frac{1}{40}x_1^2 + \frac{2}{25}x_2^2 + 2x_2 - \frac{1}{2}\,, \\
x_2 &= \frac{1}{20}x_1^2 + \frac{1}{100}x_2^2 + 3x_1 - 1\,,
\end{aligned}$$

so hat man keine Möglichkeit, bei $T(x)-T(y)$ die Terme x_1-y_1 bwz. x_2-y_2 auszuklammern, weshalb ein λ hier auf diese Weise nicht bestimmbar ist. Schreibt man dagegen zunächst

$$x_1-2x_2=\frac{1}{40}x_1^2+\frac{2}{25}x_2^2-\frac{1}{2},$$
$$-3x_1+x_2=\frac{1}{20}x_1^2+\frac{1}{100}x_2^2-1,$$

so kann man links und rechts mit

$$\begin{pmatrix}1 & -2\\ -3 & 1\end{pmatrix}^{-1}$$

multiplizieren und erhält mit

$$x_1=-\frac{1}{5}\left(\frac{5}{40}x_1^2+\frac{1}{10}x_2^2-\frac{5}{2}\right),$$
$$x_2=-\frac{1}{5}\left(\frac{5}{40}x_1^2+\frac{1}{20}x_2^2-\frac{5}{2}\right)$$

eine Fixpunktform, die es mit der Norm $\|\ \|_\infty$ erlaubt, eine Ungleichung (8.12) mit $0\le\lambda<1$ zu finden. Es wird nämlich

$$\begin{aligned}&\|T(x)-T(y)\|_\infty\\ &=\max\left(\left|\frac{1}{40}(x_1^2-y_1^2)+\frac{1}{50}(x_2^2-y_2^2)\right|,\left|\frac{1}{40}(x_1^2-y_1^2)+\frac{1}{20}(x_2^2-y_2^2)\right|\right)\\ &\le\max\left(\left|\frac{1}{40}(x_1+y_1)+\frac{1}{50}(x_2+y_2)\right|,\left|\frac{1}{40}(x_1+y_1)+\frac{1}{20}(x_2+y_2)\right|\right)\cdot\|x-y\|_\infty.\end{aligned}$$

Beschränkt man $x^{(0)}$ auf $x^{(0)}\in D_0=\left[0,\frac{1}{2}\right]\times\left[0,\frac{1}{2}\right]$, so wird $\lambda=\frac{3}{40}$.

Es ist klar, daß bei nichtlinearen Gleichungssystemen eine Abschätzung der Gestalt (8.12) nicht immer gelingen kann. So wird es wohl nicht einfach sein, die Kontraktionseigenschaft für das sich bereits in Fixpunktform befindliche nichtlineare Gleichungssystem

$$\begin{aligned}x_1&=5-arctg\,x_2-cos\,x_3\\ x_2&=10-\frac{1}{1+x_1^2}-e^{-x_3}\\ x_3&=15-cos(x_1+sin(x_3))\end{aligned}\qquad(8.13)$$

für irgendein D_0 mit $T(D_0) \subset D_0$ nachzuweisen, obwohl es eine (vermutlich eindeutige) Lösung

$$x_1 = 7.24654, \ x_2 = -10.01869, \ x_3 = 15.02424 \tag{8.14}$$

gibt. Der Mittelwertsatz für mehrere Veränderliche wird jedoch später ein Hilfsmittel liefern.

Bei linearen Gleichungssystemen allerdings erscheint die Bedingung (8.12) weniger problematisch.

Wegen (8.9) wird

$$T(x) - T(y) = M^{-1}N(x-y)\,,$$

also

$$\|T(x) - T(y)\| \le \|M^{-1}N\|\,\|x-y\| \tag{8.15}$$

Die Bedingung (8.12) ist also mit $\lambda = \|M^{-1}N\|$ erfüllt. Somit muß eine reguläre Zerlegung $A = M - N$ und muß eine Norm so gefunden werden, daß

$$\lambda = \|M^{-1}N\| < 1 \tag{8.16}$$

gilt. Dies wird für wichtige Klassen von Matrizen A gelingen. M muß nicht nur die Bedingung (8.16) erfüllen, sondern sollte auch so gewählt sein, daß die linearen Gleichungssysteme

$$Mx^{(t+1)} = Nx^{(t)} + b \tag{8.17}$$

möglichst einfach nach $x^{(t+1)}$ auflösbar sind.

Doch nun zum angekündigten

<u>Satz 26:</u> Es sei $T{:}\, D_T \subset B \to B$ in einer abgeschlossenen Teilmenge $D_0 \subset D_T$ kontraktiv im Sinne von (8.12) mit einer Kontraktionskonstante λ mit $0 \le \lambda < 1$, und das Iterationsverfahren (8.11) führe für $x^{(0)} \in D_0$ nicht aus diesem Gebiet hinaus, d. h. es gelte

$$T(D_0) \subset D_0\,. \tag{8.18}$$

Dann gelten folgende Aussagen:

(1) Es gibt genau einen Fixpunkt $x^* \in D_0$ mit $x^* = T(x^*)$.

(2) Für alle $x^{(0)} \in D_0$ gilt $x^{(t+1)} = T\left(x^{(t)}\right) \in D_0$, $t = 0,1,\ldots$ und $\lim\limits_{t\to\infty} x^{(t)} = x^*$.

(3) Die *Konvergenzgeschwindigkeit* wird durch die Ungleichung

$$\left\|x^{(t+1)} - x^*\right\| \le \lambda \left\|x^{(t)} - x^*\right\|, \; t \ge 0 \tag{8.19}$$

charakterisiert.

(4) Es gilt die *Fehlerabschätzung*

$$\left\|x^{(t)} - x^*\right\| \le \frac{\lambda^t}{1-\lambda}\left\|x^{(1)} - x^{(0)}\right\|, \; t \ge 0 . \tag{8.20}$$

Beweis: Nach Voraussetzung (8.18) gilt $x^{(t)} \in D_0$, $t \ge 0$. Wir zeigen jetzt, daß die $x^{(t)}$ eine CAUCHY-Folge im Sinne von (8.1) bilden. Dann folgt nach (8.2) die Existenz eines x^* mit $\lim\limits_{t\to\infty}\left\|x^{(t)} - x^*\right\| = 0$. Es ist zunächst

$$\begin{aligned}
\left\|x^{(t+1)} - x^{(t)}\right\| &= \left\|T\left(x^{(t)}\right) - T\left(x^{(t-1)}\right)\right\| \\
&\le \lambda \left\|x^{(t)} - x^{(t-1)}\right\| \\
&\le \lambda^2 \left\|x^{(t-1)} - x^{(t-2)}\right\| \\
&\le \ldots \\
&\le \lambda^t \left\|x^{(1)} - x^{(0)}\right\| .
\end{aligned}$$

Also wird für beliebiges $p \ge 1$

$$\begin{aligned}
\left\|x^{(t+p)} - x^{(t)}\right\| &\le \sum_{k=1}^{p} \left\|x^{(t+k)} - x^{(t+k-1)}\right\| \\
&\le \sum_{k=1}^{p} \lambda^{t+k-1} \left\|x^{(1)} - x^{(0)}\right\| \\
&= \left\|x^{(1)} - x^{(0)}\right\| \lambda^t \left(1 + \lambda + \lambda^2 + \ldots + \lambda^{p-1}\right) \\
&= \left\|x^{(1)} - x^{(0)}\right\| \frac{\lambda^t\left(1-\lambda^p\right)}{1-\lambda} .
\end{aligned} \tag{8.21}$$

Wegen $0 \le \lambda < 1$ konvergiert der Faktor bei $\left\|x^{(1)} - x^{(0)}\right\|$ für $t \to \infty$ und beliebige $p \ge 1$ gegen Null, also ist $x^{(t)}$ eine CAUCHY-Folge, $x^* = \lim_{t\to\infty} x^{(t)}$ existiert und es ist wegen der Abgeschlossenheit von D_0 sogar $x^* \in D_0$. Hält man in (8.21) t fest und betrachtet $p \to \infty$, so ergibt sich die Fehlerabschätzung (8.20). Nun ist x^* auch Fixpunkt, da in

$$\begin{aligned}\left\|T(x^*) - x^*\right\| &\le \left\|T(x^*) - T\left(x^{(t)}\right)\right\| + \left\|T\left(x^{(t)}\right) - x^*\right\| \\ &\le \lambda\left\|x^* - x^{(t)}\right\| + \left\|x^{(t+1)} - x^*\right\|\end{aligned}$$

die beiden Summanden rechts für $t \to \infty$ gegen Null gehen, somit $\left\|T(x^*) - x^*\right\| = 0$ und damit $T(x^*) = x^*$ wird. Angenommen, es gäbe zwei Fixpunkte $x^* = T(x^*)$ und $y^* = T(y^*)$ mit $x^* \ne y^*$. Dann wäre

$$\left\|x^* - y^*\right\| = \left\|T(x^*) - T(y^*)\right\| \le \lambda\left\|x^* - y^*\right\|,$$

also $\lambda \ge 1$, was einen Widerspruch bedeuten würde. □

Die Kontraktionseigenschaft (8.12) läßt sich ebenso wie (8.18) bei konkreten Aufgaben i. a. nur schwer überprüfen. Einfacher wird dies eventuell, wenn D_0 als eine Kugel gewählt wird. Aus (8.20) folgt für $t = 1$, daß x^* in einer Kugel

$$S_1 = \left\{x : \left\|x^{(1)} - x\right\| \le \delta_1\right\} \tag{8.22}$$

mit

$$\delta_1 = \frac{\lambda}{1-\lambda}\left\|x^{(1)} - x^{(0)}\right\| \tag{8.23}$$

liegt. Gehört diese Kugel S_1 zum eventuell größeren Kontraktionsgebiet D_1 mit $D_0 \subset D_1 \subset D_T$, dann gilt $T(S_1) \subset S_1$ wegen

$$\begin{aligned}\left\|T(x) - x^{(1)}\right\| &= \left\|T(x) - T\left(x^{(0)}\right)\right\| \\ &\le \lambda\left\|x - x^{(0)}\right\| \\ &\le \lambda\left(\left\|x - x^{(1)}\right\| + \left\|x^{(1)} - x^{(0)}\right\|\right) \\ &\le \lambda\delta_1 + \lambda\left\|x^{(1)} - x^{(0)}\right\| \\ &= \delta_1 .\end{aligned}$$

Damit haben wir fast bewiesen die

Folgerung 1: $T: D_T \subset B \to B$ sei auf $D_1 \subset D_T$ kontraktiv und es gelte $x^{(0)} \in D_1$ und für S_1 und δ_1 mit (8.22) und (8.23) gelte $S_1 \subset D_1$. Dann gilt $x^{(t)} \in S_1$, $t \geq 1$, und $\{x^{(t)}\}$ konvergiert gegen den einzigen Fixpunkt $x*$ von T in D_1. Weiter gelten (8.19) und (8.20).

Beweis: $T(S_1) \subset S_1$ wurde bereits gezeigt. Wendet man Satz 26 auf $D_0 = S_1$ an und startet die Iteration mit $x^{(1)}$, so gilt (1), (2), (3) und (8.20) wegen $\|T(x^{(1)}) - T(x^{(0)})\| = \|x^{(2)} - x^{(1)}\| \leq \lambda \|x^{(1)} - x^{(0)}\|$ jeweils für $t+1$ statt für t. □

Die *Kugelbedingung* $S_1 \subset D_1$ besagt, daß der *Kontraktionsbereich* hinreichend groß sein sollte, nämlich so groß, daß er neben $x^{(0)}$ ganz S_1 enthält. Da für δ_1 nach (8.23) auch

$$\delta_1 = \frac{\lambda}{1-\lambda} \left\| T(x^{(0)}) - x^{(0)} \right\|$$

geschrieben werden kann, ist $S_1 \subset D_1$ auch so interpretierbar, daß $x^{(0)}$ die Fixpunktgleichung $T(x) - x = 0$ bei gegebenem D_1 bereits so gut erfüllen soll, daß δ_1 genügend klein ist und S_1 in D_1 liegt. Somit läßt sich die Kugelbedingung sicher erfüllen, wenn $x^{(0)}$ hinreichend nahe bei einem Fixpunkt $x*$ von T liegt und in dessen Umgebung T kontraktiv ist. Dies formuliert genauer

Folgerung 2: $T: D_T \subset B \to B$ habe einen Fixpunkt $x*$ im Inneren von D_T, und T sei in einer Umgebung von $x*$ kontraktiv. Dann gibt es eine Kugel

$$S_0 = \left\{ x: \|x - x^{(0)}\| \leq \delta_0 \right\} \subset D_T$$

derart, daß das Iterationsverfahren (8.11) für jedes $x^{(0)} \in S_0$ gegen $x*$ konvergiert.

Beweis: D_1 sei die Kugel

$$D_1 = \{ x: \|x - x*\| \leq \rho_0 \}$$

mit einem Radius ρ_0 so, daß $D_1 \subset D_T$ gilt. T sei auf D_1 kontraktiv mit $0 \leq \lambda < 1$. Zu $x^{(0)} \in D_1$ wählen wir δ_0 mit $0 < \delta_0 \leq \rho_0 \min\left(1, \frac{1-\lambda}{2\lambda}\right)$ so, daß $S_0 \subset D_1 \subset D_T$ gilt.

Wir zeigen nun, daß für S_1 nach (8.22) mit Radius δ_1 nach (8.23) $S_1 \subset D_1$ gilt. Dann kann Folgerung 1 benutzt werden und wir sind fertig. Sei also $x \in S_1$. Hierfür gilt

$$\begin{aligned}
\|x - x^*\| &\le \|x - x^{(1)}\| + \|x^{(1)} - x^*\| \\
&= \|x - x^{(1)}\| + \|T(x^{(0)}) - T(x^*)\| \\
&\le \delta_1 \qquad + \lambda \|x^{(0)} - x^*\| \\
&= \frac{\lambda}{1-\lambda}\|x^{(1)} - x^{(0)}\| + \lambda\|x^{(0)} - x^*\| \\
&\le \frac{\lambda}{1-\lambda}\left(\|x^{(1)} - x^*\| + \|x^* - x^{(0)}\|\right) + \lambda\|x^{(0)} - x^*\| \\
&\le \frac{\lambda}{1-\lambda}\left(\lambda\|x^{(0)} - x^*\| + \|x^* - x^{(0)}\|\right) + \lambda\|x^{(0)} - x^*\| \\
&= \frac{2\lambda}{1-\lambda}\|x^{(0)} - x^*\| \\
&= \frac{2\lambda}{1-\lambda}\delta_0 \\
&\le \varrho_0 ,
\end{aligned}$$

d. h. $x \in D_1$ und somit $S_1 \subset D_1$. □

Setzt man in Folgerung 1 $D_1 = D_T = B$, so sind die Voraussetzungen für jedes $x^{(0)} \in B$ erfüllt. Somit erhalten wir die

<u>Folgerung 3:</u> Ist $T: B \to B$ kontraktiv auf ganz B, so hat T genau einen Fixpunkt $x^* \in B$, gegen den das Iterationsverfahren (8.11) für jeden Startwert $x^{(0)}$ konvergiert. Die Aussagen (8.19) über Konvergenzgeschwindigkeit und (8.20) über Fehlerabschätzung gelten unverändert.

Dies ist eine Situation, wie sie bei $B = \mathbb{R}^n$ und linearen Gleichungssystemen vorliegt. Die Bedingung (8.16) gilt für den ganzen $\mathbb{R}^n$ oder gar nicht. Diesen offenbar relativ angenehmen Fall wollen wir zunächst untersuchen.

Iterative Lösung linearer Gleichungssysteme

Wir wollen jetzt das lineare Gleichungssystem

$$Ax = b$$

mit nichtsingulärer Koeffizientenmatrix iterativ lösen. Mit einer regulären Zerlegung $A = M - N$ können wir das Iterationsverfahren (8.11) in der Form (8.17)

$$Mx^{(t+1)} = Nx^{(t)} + b\ ,$$

oder auch in der Form

$$x^{(t+1)} = Cx^{(t)} + d \tag{8.24}$$

mit $C = M^{-1}N$ und $d = M^{-1}b$ schreiben. Für die Konvergenz von (8.24) für beliebige Startwerte gegen die Lösung x^* war

$$\|C\| < 1 \tag{8.25}$$

hinreichend. Gefordert war auch, daß die Iteration einfach durchführbar, d. h. M einfach invertierbar war. Wir werden zunächst die technische Durchführung für zwei sehr naheliegende Möglichkeiten für M betrachten und dann eine Klasse von Matrizen angeben, für die bei beiden Varianten (8.25) erfüllt ist. Ausführlichere Betrachtungen werden in einer Vorlesung über Numerische Lineare Algebra angestellt.

Bei der ersten Möglichkeit setzen wir einfach $M = D$, wobei D die Diagonale von A ist. Damit D invertierbar ist, muß man eventuell die Zeilen und Spalten von A permutieren. Bei der genannten Klasse von Matrizen wird D immer invertierbar sein. Das entstehende Iterationsverfahren

$$Dx^{(t+1)} = (D - A)x^{(t)} + b \tag{8.26}$$

mit

$$C = I - D^{-1}A \tag{8.27}$$

heißt das *JACOBI-Verfahren*. In Koeffizientenschreibweise, die für eine Programmierung benötigt wird, lautet (8.26)

$$x_i^{(t+1)} = \frac{1}{a_{ii}}\left[b_i - a_{i1}x_1^{(t)} - \ldots - a_{i,i-1}x_{i-1}^{(t)} - a_{i,i+1}x_{i+1}^{(t)} - \ldots - a_{in}x_n^{(t)}\right] \ (i = 1,\ldots,n)\ , \tag{8.28}$$

und die Koeffizienten der Matrix C aus (8.27) sind

$$c_{ij} = \begin{cases} 0 & \text{für} \quad i = j\,, \\ -\dfrac{a_{ij}}{a_{ii}} & \text{für} \quad i \neq j \end{cases} \qquad (i, j = 1, \ldots, n)\,. \tag{8.29}$$

Für die Koeffizienten von d in (8.24) gilt

$$d_i = \frac{b_i}{a_{ii}} \; (i = 1, \ldots, n) \; . \tag{8.30}$$

Bei der zweiten Möglichkeit setzt man $M = D - L$, wobei L die negative, untere linke Dreiecksmatrix von A ohne die Diagonale ist. Dann ist $A = D - L - U$, wobei U die negative, obere rechte Dreiecksmatrix von A wieder ohne die Diagonale D ist. Das entstehende Iterationsverfahren

$$(D - L)x^{(t+1)} = Ux^{(t)} + b \tag{8.31}$$

heißt *GAUSS-SEIDEL-Verfahren*. Die Durchführung ist ebenso einfach wie vorher, da (8.31) nach $x^{(t+1)}$ mittels Vorwärtseinsetzung gelöst werden kann. (Hätte man $M = D - U$ gewählt, so würde Rückwärtseinsetzung zum Zuge kommen.) Die Matrix C in (8.24) ist hier

$$C = (D - L)^{-1} U \tag{8.32}$$

Die Koeffizientenschreibweise von (8.31) erhält man über

$$Dx^{(t+1)} = Lx^{(t+1)} + Ux^{(t)} + b$$

unter Beachtung der Definition von L und U zu

$$x_i^{(t+1)} = \frac{1}{a_{ii}} \left[b_i - a_{i1} x_1^{(t+1)} - \ldots - a_{i,i-1} x_{i-1}^{(t+1)} - a_{i,i+1} x_{i+1}^{(t)} - \ldots - a_{in} x_n^{(t)} \right] \; (i = 1, \ldots, n) \; . \tag{8.33}$$

Die Formel (8.33) unterscheidet sich von (8.28) nur dadurch, daß rechts für die Unbekannten $x_k^{(t)}$ $(k = 1, \ldots, i-1)$ schon die neu berechneten Werte $x_k^{(t+1)}$ eingesetzt werden. $(D - L)^{-1}$ muß also gar nicht gebildet werden. Trotzdem wollen wir für spätere Zwecke die Koeffizienten von $C = (D - L)^{-1} U$ ausrechnen und ebenso die von $d = (D - L)^{-1} b$.

Für $i=1$ kommen in (8.33) auf der rechten Seite keine Unbekannten mit dem *Iterationsindex* $t+1$ vor. Also ist

$$c_{11}=0,\ c_{1j}=-\frac{a_{1j}}{a_{11}}\ (j=2,\ldots,n),\ d_1=\frac{b_1}{a_{11}}\ . \tag{8.34}$$

Seien $x_2^{(t+1)},\ldots,x_{\ell-1}^{(t+1)}$ mittels (8.33) berechnet. Dann wird in Summenschreibweise $x_\ell^{(t+1)}$ nach (8.33) zu

$$\begin{aligned} x_\ell^{(t+1)} &= \frac{1}{a_{\ell\ell}}\left[b_\ell-\sum_{j=1}^{\ell-1}a_{\ell j}x_j^{(t+1)}-\sum_{i=\ell+1}^{n}a_{\ell i}x_i^{(t)}\right] \\ &= \frac{1}{a_{\ell\ell}}\left[b_\ell-\sum_{j=1}^{\ell-1}a_{\ell j}\left(\sum_{i=1}^{n}c_{ji}x_i^{(t)}+d_j\right)-\sum_{i=\ell+1}^{n}a_{\ell i}x_i^{(t)}\right] \\ &= \sum_{i=1}^{\ell}\left(\sum_{j=1}^{\ell-1}\frac{-a_{\ell j}c_{ji}}{a_{\ell\ell}}\right)x_i^{(t)}+\sum_{i=\ell+1}^{n}\left(\sum_{j=1}^{\ell-1}\frac{-a_{\ell j}c_{ji}}{a_{\ell\ell}}-\frac{a_{\ell i}}{a_{\ell\ell}}\right)x_i^{(t)}+\frac{1}{a_{\ell\ell}}\left[b_\ell-\sum_{j=1}^{\ell-1}a_{\ell j}d_j\right]. \end{aligned}$$

Wegen

$$x_\ell^{(t+1)}=\sum_{i=1}^{n}c_{\ell i}x_i^{(t)}+d_\ell$$

erhält man durch Koeffizientenvergleich zusätzlich zu (8.34) für $\ell\geq 2$

$$c_{\ell i}=\begin{cases}-\left(\sum_{j=1}^{\ell-1}a_{\ell j}c_{ji}\right)/a_{\ell\ell} & (i=1,\ldots,\ell)\\ -\left(\sum_{j=1}^{\ell-1}a_{\ell j}c_{ji}+a_{\ell i}\right)/a_{\ell\ell} & (i=\ell+1,\ldots,n)\end{cases} \tag{8.35}$$

und ebenfalls für $\ell\geq 2$

$$d_\ell=\left(b_\ell-\sum_{j=1}^{\ell-1}a_{\ell j}d_j\right)/a_{\ell\ell}\ . \tag{8.36}$$

Jetzt können wir $\|C\|<1$ beim JACOBI- und beim GAUSS-SEIDEL-Verfahren für die wichtige Klasse der streng diagonal dominanten Matrizen beweisen. Es gilt der

<u>Satz 27:</u> Die Matrix A des gegebenen Gleichungssystems $Ax = b$ sei *streng diagonal dominant*, d. h. es gilt

$$|a_{ii}| > \sum_{\substack{j=1 \\ j \neq i}}^{n} |a_{ij}| \quad (i = 1,\dots,n).$$

Dann konvergieren sowohl das JACOBI-Verfahren (8.26) bzw. (8.28) als auch das GAUSS-SEIDEL-Verfahren (8.31) bzw. (8.33).

Beweis: Für das JACOBI-Verfahren folgt mit (8.29) nach der Voraussetzung sofort

$$\|C\|_\infty = \max_i \sum_{j=1}^{n} |c_{ij}| = \max_i \sum_{\substack{j=1 \\ j \neq i}}^{n} \frac{|a_{ij}|}{|a_{ii}|} < 1.$$

Beim GAUSS-SEIDEL-Verfahren beweisen wir durch Induktion über die Zeilennummern von C nach (8.34) und (8.35). Wegen (8.34) folgt sofort

$$\sum_{j=1}^{n} |c_{1j}| < 1.$$

Nehmen wir an, daß

$$\sum_{i=1}^{n} |c_{ji}| < 1 \tag{8.37}$$

für alle $j < \ell \le n$ gilt. Dann wird mit (8.35)

$$\sum_{i=1}^{n} |c_{\ell i}| = \frac{1}{|a_{\ell\ell}|} \left| \sum_{i=1}^{\ell} \left(\sum_{j=1}^{\ell-1} a_{\ell j} c_{ji} \right) + \sum_{i=\ell+1}^{n} \left(\sum_{j=1}^{\ell-1} a_{\ell j} c_{ji} + a_{\ell i} \right) \right|$$

$$\le \frac{1}{|a_{\ell\ell}|} \left(\sum_{j=1}^{\ell-1} \left(\sum_{i=1}^{n} |c_{ji}| |a_{\ell j}| \right) + \sum_{i=\ell+1}^{n} |a_{\ell i}| \right).$$

Wegen der Induktionsannahme (8.37) folgt dann

$$\sum_{i=1}^{n} |c_{\ell i}| \le \frac{1}{|a_{\ell\ell}|} \left(\sum_{j=1}^{\ell-1} |a_{\ell j}| + \sum_{i=\ell+1}^{n} |a_{\ell i}| \right) < 1.$$

Damit gilt wieder

$$\|C\|_\infty = \max_\ell \sum_{i=1}^{n} |c_{\ell i}| < 1 .$$ □

Die Implementation des JACOBI-Verfahrens ist in der Subroutine JACOBI aus Abb. U40 und die des GAUSS-SEIDEL-Verfahrens ist in der Subroutine GAUSEI aus Abb. U41 zu finden. Dabei sind vollbesetzte Matrizen A

```
      SUBROUTINE JACOBI(A,B,X,Y,NDIM,N,EPS,MAX,NITER)
      REAL A(NDIM,N),B(N),X(N),Y(N)
      NITER=0
      DO 40 K=1,MAX
         NITER=K
         DO 20 I=1,N
            YI=B(I)
            DO 10 J=1,N
               IF(J.NE.I) YI=YI-A(I,J)*X(J)
10          CONTINUE
            Y(I)=YI/A(I,I)
20       CONTINUE
         C1=0.0
         C2=0.0
         DO 30 I=1,N
            YI=Y(I)
            C1=C1+ABS(YI)
            C2=C2+ABS(YI-X(I))
            X(I)=YI
30       CONTINUE
         IF(C2.LE.EPS*C1) RETURN
40    CONTINUE
      RETURN
      END
```

Abb. U40 JACOBI

```
      SUBROUTINE GAUSEI(A,B,X,NDIM,N,EPS,MAX,NITER)
      REAL A(NDIM,N),B(N),X(N)
      NITER=0
      DO 30 K=1,MAX
         NITER=K
         C1=0.0
         C2=0.0
         DO 20 I=1,N
            C=X(I)
            XI=B(I)
            DO 10 J=1,N
               IF(J.NE.I) XI=XI-A(I,J)*X(J)
10          CONTINUE
            XI=XI/A(I,I)
            C1=C1+ABS(XI)
            C2=C2+ABS(XI-C)
            X(I)=XI
20       CONTINUE
         IF(C2.LE.EPS*C1) RETURN
30    CONTINUE
      RETURN
      END
```

Abb. U41 GAUSEI

vorausgesetzt; für *dünnbesetzte Matrizen* mit Struktur sollten nur die von Null verschiedenen Elemente von A und ihre Position in der Matrix eingehen.

In beiden Subroutinen ist eine maximale Anzahl MAX von durchzuführenden Iterationen vorzugeben. Ist für $t <$ MAX die Fehlerabfrage

$$\left\| x^{(t+1)} - x^{(t)} \right\|_1 \leq \text{EPS} * \left\| x^{(t+1)} \right\|_1 \tag{8.38}$$

erfüllt, so wird mit NITER$= t$ abgebrochen.

Für streng diagonal dominante Matrizen ist nach Satz 27 die Konvergenz gewährleistet. Läßt man beliebige Matrizen zu, so gibt es leider Fälle, bei denen beide Verfahren konvergieren, beide Verfahren nicht konvergieren, das JACOBI-Verfahren konvergiert und das GAUSS-SEIDEL-Verfahren nicht und umgekehrt. Zum Beispiel tritt der letzte Fall für

$$A = \begin{pmatrix} 1 & 2 & -2 \\ 1 & 1 & 1 \\ 2 & 2 & 1 \end{pmatrix}$$

auf. Es ist also nicht so, daß das vom Ansatz her schlauere GAUSS-SEIDEL-Verfahren stets besser als das JACOBI-Verfahren konvergiert.

Es gibt eine ausführliche Theorie zur Konvergenz des *Relaxationsverfahrens*. Bei diesem wird $x^{(t+1)}$ als eine gewichtete Kombination von $x_i^{(t)}$ und dem Ergebnis $\tilde{x}_i^{(t+1)}$ des GAUSS-SEIDEL-Verfahrens definiert:

$$\tilde{x}_i^{(t+1)} = (1-\omega) x_i^{(t)} + \omega \tilde{x}_i^{(t+1)} . \tag{8.39}$$

ω heißt der *Relaxationsparameter*. Mit (8.33) wird aus (8.39) nach Multiplikation mit a_{ii}

$$a_{ii} x_i^{(t+1)} = (1-\omega) a_{ii} x_i^{(t)} + \omega \left[b_i - \sum_{j=1}^{i-1} a_{ij} x_j^{(t+1)} - \sum_{j=i+1}^{n} a_{ij} x_j^{(t)} \right] . \tag{8.40}$$

In Matrixschreibweise lautet (8.40) zunächst

$$Dx^{(t+1)} = (1-\omega) Dx^{(t)} + \omega \left[b + Lx^{(t+1)} + Ux^{(t)} \right] ,$$

woraus sich

$$(D-\omega L)x^{(t+1)} = \left[(1-\omega)D+\omega U\right]x^{(t)} + \omega b \tag{8.41}$$

ergibt. Die Matrix in der Fixpunktform (8.24) ist dann

$$C = C(\omega) = (D-\omega L)^{-1}\left[(1-\omega)D+\omega U\right]. \tag{8.42}$$

Nun kann man versuchen, ω so zu bestimmen, daß $\lambda = \|C(\omega)\|$ möglichst klein und $\lambda < 1$ wird. Hier gibt es bei bestimmten Matrizen erstaunliche Erfolge.

Nullstellenverfahren für Funktionen einer Variablen

1. Fixpunktverfahren

In diesem Abschnitt ändern wir einige Bezeichnungen zeitweise. Statt F schreiben wir f, statt T den Buchstaben g, statt der Norm $\|\ \|$ den Betrag $|\ |$ und statt $x^{(t)}$ schreiben wir x_t, da im Falle einer Variablen keine Verwechslung mit einer Vektorkomponente möglich ist und so zahlreiche Klammern eingespart werden. Definitionsbereiche für Funktionen f einer Veränderlichen sind i. a. Intervalle. Liegt für das Nullstellenproblem

$$f(x) = 0 \tag{8.43}$$

einer Funktion $f\colon I_f \subset \mathbb{R} \to \mathbb{R}$ eine Fixpunktform

$$x = g(x) \tag{8.44}$$

mit $g\colon I_g \subset \mathbb{R} \to \mathbb{R}$ vor, wobei I_g ein abgeschlossenes Intervall ist, auf dem g differenzierbar ist, so kann Satz 26 spezieller formuliert werden. Die vorausgesetzte Kontraktionseigenschaft (8.12) wird nämlich wegen des Mittelwertsatzes, also daß für alle $x, y \in I_g$ ein ξ mit $x < \xi < y$ existiert, so daß

$$g(x) - g(y) = g'(\xi)(x-y)$$

gilt, die Abschätzung

$$|g(x) - g(y)| \le \lambda |x-y| \ , \ \ \lambda = \max_{\xi \in I_g} |g'(\xi)| . \tag{8.45}$$

Somit gilt der

Satz 28: Ist $g: I_g \subset \mathbb{R} \to \mathbb{R}$ auf dem abgeschlossenen Intervall I_g differenzierbar, hat λ nach (8.45) die Eigenschaft $0 \le \lambda < 1$ und ist $g(I_g) \subset I_g$, so gilt:

(1) Es gibt genau einen Fixpunkt $x^* \in I_g$ mit $x^* = g(x^*)$.

(2) Für alle $x_0 \in I_g$ gilt $x_{t+1} = g(x_t) \in I_g$, $t = 0,1,2,\ldots$ und $\lim_{t\to\infty} x_t = x^*$.

(3) Die Konvergenzgeschwindigkeit wird durch die Ungleichung

$$|x_{t+1} - x^*| \le \lambda |x_t - x^*|, \; t \ge 0 \tag{8.46}$$

charakterisiert.

(4) Es gilt die Fehlerabschätzung

$$|x_t - x^*| \le \frac{\lambda^t}{1-\lambda} |x_1 - x_0|, \; t \ge 0 . \tag{8.47}$$

Auch die im Anschluß an Satz 26 aufgeführten Folgerungen lassen sich analog übertragen. Aus den Kugeln werden in $\mathbb{R}$ Intervalle.

Beispiel: Es sei das Nullstellenproblem

$$x - \frac{1}{2}\cos x = 0$$

zu lösen. Dann ist

$$x = g(x) = \frac{1}{2}\cos x$$

die sich kanonisch ergebende Fixpunktform. Nehmen wir $I_g = \left[0, \frac{\pi}{2}\right]$, so ist $g(I_g) = \left[0, \frac{1}{2}\right] \subset I_g$. Weiter gilt

$$\lambda = \max_{\xi \in I_g} \left| \frac{1}{2} \sin \xi \right| = \frac{1}{2} ,$$

d. h.

$$x_{t+1} = \frac{1}{2}\cos x_t,\ t \ge 0$$

konvergiert für alle $x_0 \in \left[0, \frac{\pi}{2}\right]$ gegen die eindeutige Lösung x^*.

Es läßt sich keine Konvergenzaussage machen, wenn für den Fixpunkt x^* die Aussage $|g'(x^*)| \ge 1$ gilt. So hat etwa

$$x = g_1(x) = 2 - e^x$$

den Fixpunkt $x^* \approx .44286$. Es gilt aber $g'_1(x^*) = -e^{.44286} < -1$, weshalb dieser Fixpunkt für g_1 nicht erreichbar oder, wie man sagt, *abstoßend* ist. Mit der Umformung

$$x = g_2(x) = \ln(2 - x)$$

allerdings läßt sich bei diesem Beispiel x^* *anziehend* machen. Für $I = [0,.7]$ und $x_0 = 0$ gilt nämlich $g_2(I) \subset I$ und es ist für $x \in I$

$$|g'_2(x)| = \left|\frac{-1}{2-x}\right| \le \frac{1}{1.3} < 1\ .$$

2. NEWTON-Verfahren

Durch spezielle Wahl von $g(x)$ erhält man weitere Verfahren, die, wie wir später sehen werden, u. U. schneller konvergieren. Ist allgemein h eine Funktion $h: I_g \subset \mathbb{R} \to \mathbb{R}$ mit

$$0 < |h(x)| < \infty,\ x \in I_g\ , \tag{8.48}$$

so stimmen die Fixpunkte von

$$x = g(x) = x - h(x)f(x) \tag{8.49}$$

offenbar mit den Nullstellen von (8.43) überein. Setzt man im einfachsten Fall

$$h(x) = m \ne 0 \tag{8.50}$$

und interpretiert für $f'(x_0) \neq 0$ die Zahl m als

$$m = \frac{1}{f'(x_0)},$$

so erhält man mit

$$x_{t+1} = x_t - \frac{f(x_t)}{f'(x_0)}, \quad t \geq 0 \tag{8.51}$$

das *NEWTON-Verfahren mit konstanter Steigung*. Hier wird in den Punkten $(x_t, f(x_t))$ jeweils eine Gerade

$$\frac{y - f(x_t)}{x - x_t} = f'(x_0) = m$$

mit konstanter Steigung angelegt und die Abszisse des Schnittpunktes mit der x-Achse $y = 0$ als x_{t+1} interpretiert.

Beim üblichen *NEWTON-Verfahren* setzt man

$$h(x) = \frac{1}{f'(x)}, \quad f'(x) \neq 0, \; x \in I_g \quad . \tag{8.52}$$

Dann erhält man

$$x_{t+1} = x_t - \frac{f(x_t)}{f'(x_t)}, \quad t \geq 0 \quad . \tag{8.53}$$

Hier wird in den Punkten $(x_t, f(x_t))$ jeweils eine Gerade

$$\frac{y - f(x_t)}{x - x_t} = f'(x_t)$$

mit der gleichen Steigung wie f in diesem Punkt angelegt und mit der x-Achse geschnitten, um x_{t+1} zu erhalten. Eine andere Herleitung ist die folgende. Sei x_t eine Näherung für die gesuchte Nullstelle. Dann wollen wir

$\Delta x_t = x_{t+1} - x_t$ so bestimmen, daß $x_t + \Delta x_t$ näherungsweise die Nullstelle x^* wird. Dies bedeutet nach TAYLOR

$$0 = f(x^*) = f(x_t + \Delta x_t) \approx f(x_t) + \Delta x_t f'(x_t),$$

was dann wieder (8.53) ergibt.

Mit Hilfe des Fixpunktsatzes 26 zeigen wir den

Satz 29: Sei f zweimal stetig differenzierbar und habe eine einfache Nullstelle x^* mit $f'(x^*) \neq 0$. Dann konvergiert das NEWTON-Verfahren (8.53) für alle Startwerte x_0, die hinreichend nahe bei x^* liegen.

Beweis: Es ist

$$g(x) = x - \frac{f(x)}{f'(x)},$$

also

$$g'(x) = 1 - \frac{[f'(x)]^2 - f(x)f''(x)}{[f'(x)]^2} = \frac{f(x)f''(x)}{[f'(x)]^2}. \tag{8.54}$$

Somit gilt

$$g'(x^*) = 0$$

und aus Stetigkeitsgründen ist $|g'(x^*)| < 1$ in einer geeigneten Umgebung von x^*, die so klein wählbar ist, daß sie durch g in sich abgebildet wird. □

Zusatz 1: Man kann in Satz 29 $f'(x^*) = 0$ zulassen, wenn wenigstens $f''(x^*) \neq 0$ ist.

Beweis: Nach *L'HOSPITAL* gilt für (8.54)

$$\begin{aligned}\lim_{x \to x^*} g'(x) &= \lim_{x \to x^*} \frac{f'(x)f''(x) + f(x)f'''(x)}{2f'(x)f''(x)} \\ &= \lim_{x \to x^*} \frac{[f''(x)]^2 + 2f'(x)f'''(x) + f(x)f^{\text{IV}}(x)}{2f'(x)f'''(x) + 2[f''(x)]^2} \\ &= \frac{1}{2},\end{aligned}$$

d. h. daß x^* auch in diesem Fall anziehender Fixpunkt ist. □

Zusatz 2: Gilt $f(x^*) = f'(x^*) = 0$, $f''(x^*) \neq 0$, handelt es sich also um eine *doppelte Nullstelle*, so gilt für

$$g(x) = x - 2\frac{f(x)}{f'(x)}$$

wieder $g'(x^*) = 0$. Die Funktion g mit dem so modifizierten NEWTON-Verfahren hat also einen anziehenden Fixpunkt.

Beweis: Mit L'HOSPITAL ergibt sich ähnlich wie oben die Behauptung. □

Man kann zeigen, daß für p-fache Nullstellen

$$g(x) = x - p\frac{f(x)}{f'(x)}$$

wieder zu $g'(x^*) = 0$ führt, aber diese Erkenntnis nützt wenig, da die Vielfachheit einer Nullstelle i. a. nicht bekannt ist. Mit geometrischen Überlegungen kommt man auf folgenden Satz über *monotone Konvergenz beim NEWTON-Verfahren* für eine Funktion einer Variablen.

Satz 30: Sei $f \in C^2(I)$ und $x^* \in I$ mit $f(x^*) = 0$. Ist f streng monoton wachsend in I, d. h. gilt für $x, y \in I$, daß aus $x < y$ folgt $f(x) < f(y)$ bzw. gilt gleichwertig $f'(x) > 0$ für $x \in I$ und ist f konvex in I bzw. gilt gleichwertig $f''(x) > 0$ für $x \in I$, dann konvergiert das NEWTON-Verfahren (8.53) für alle $x_0 \in I$ mit $x_0 > x^*$ gegen x^* und es gilt

$$x_0 > x_1 > x_2 > \ldots > x_t > \ldots > x^* \quad .$$

Beweis: Wegen $f'(x) > 0$ folgt für $x_0 > x^*$ die Eigenschaft $f(x_0) > f(x^*) = 0$, also ist $f(x_0) > 0$. Wegen $f'(x_0) > 0$ ist dann

$$x_1 = x_0 - \frac{f(x_0)}{f'(x_0)} < x_0 \quad .$$

Weiter gilt

$$x_1 - x^* = g(x_0) - g(x^*) = g'(\xi)(x_0 - x^*), \; x_0 < \xi < x^* \quad .$$

Wegen (8.54), $x^* < \xi < x_0$ und $f''(x) > 0$ gilt

$$g'(\xi) = \frac{f(\xi) f''(\xi)}{[f'(\xi)]^2} > 0 \quad ,$$

also wegen $x_0 - x^* > 0$ schließlich

$$x_1 - x^* > 0 \quad ,$$

somit insgesamt

$$x^* < x_1 < x_0 \quad .$$

Diese Argumentation kann für $x_2, x_3, \ldots$ wiederholt werden. Da $f'(x) > 0$ vorausgesetzt ist, ist x^* einfache Nullstelle. □

Als Beispiel zu Satz 29 betrachten wir die Funktion

$$f(x) = x^3 - 2x + 5$$

die in Abb. Z40 dargestellt ist. Es ist

$$f'(x) = 3x^2 - 2 \quad .$$

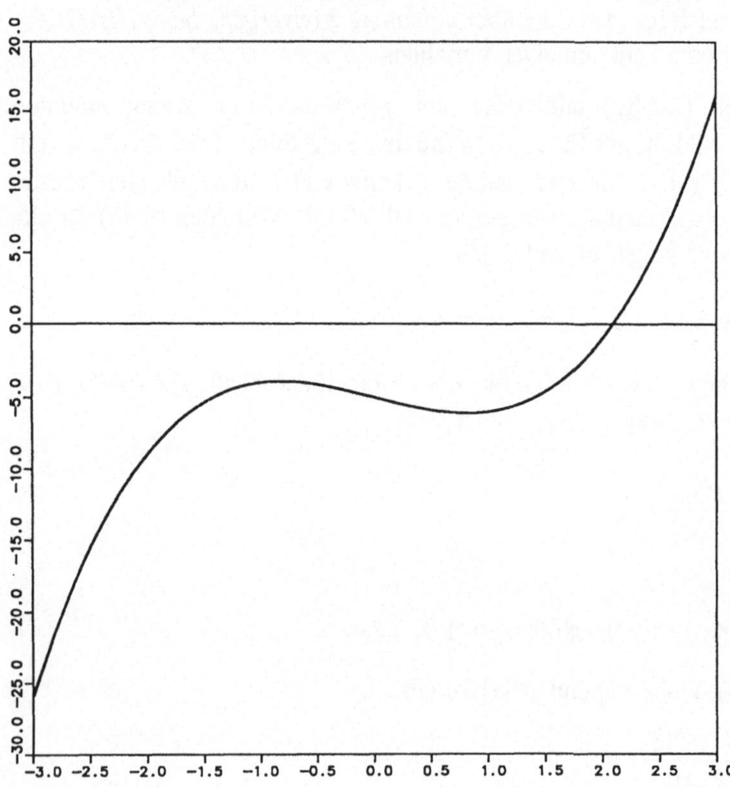

Abb. Z40

Das Programm für das NEWTON-Verfahren in doppelter Genauigkeit findet man in Abb. P5. Dort ist $x_0 = -.05$ gesetzt, eine Maximalanzahl von NMAX=100 Iterationen ist vorgesehen. Das Abbruchkriterium ist $|x_{t+1} - x_t|$<EPS= 10^{-15}. In Abb. B12 sieht man für $x_0 = 3$ die Ergebnisse der Iteration (N= t); hier liegt monotone Konvergenz vor, da nach Abb. Z40 f in [2,3] offenbar streng monoton wachsend und konvex ist. In Abb. B13 führt für $x_0 = 0$ die Iteration erst einmal weit von der gesuchten Nullstelle weg, bis schließlich Konvergenz eintritt. Man sieht in B12 und B13, daß sich ab einem

```
      PROGRAM S94A5
      DOUBLE PRECISION F1,GF1,X0,X1,EPS,FX
      EXTERNAL F1,GF1
      OPEN(11,FILE='H2')
      DATA NMAX /100/, EPS /1.D-15/, X0 /-5.0D-1/
      WRITE(11,100)
      N=0
   10 FX=F1(X0)
      WRITE(11,110) N,X0,FX
      N=N+1
      X1=X0-FX/GF1(X0)
      IF(DABS(X1-X0).LT.EPS) GOTO 20
      X0=X1
      IF(N.LT.NMAX) GOTO 10
   20 WRITE(11,110) N,X1,F1(X1)
  100 FORMAT(2X,'N',14X,'X',25X,'F(X)',/)
  110 FORMAT(I3,2D27.16)
      END

      FUNCTION F1(X)
      DOUBLE PRECISION X,X2,XM,F1
      F1=X*X*X-2.D0*X-5.D0
      RETURN
      END

      FUNCTION GF1 (X)
      DOUBLE PRECISION X,X2,GF1
      GF1=3.D0*X*X-2.D0
      RETURN
      END
```

Abb. P5

```
N            X                          F(X)

0     0.3000000000000000D+01     0.1600000000000000D+02
1     0.2360000000000000D+01     0.3424255999999998D+01
2     0.2127196780158816D+01     0.3710998462471951D+00
3     0.2095136036933634D+01     0.6526625953686195D-02
4     0.2094551673824268D+01     0.2146143142213106D-05
5     0.2094551481542347D+01     0.2320522246579415D-12
6     0.2094551481542327D+01    -0.9115971866258121D-15
7     0.2094551481542327D+01    -0.9115971866258121D-15
```

Abb. B12

N	X	F(X)
0	0.0000000000000000D+00	-0.5000000000000000D+01
1	-0.2500000000000000D+01	-0.1562500000000000D+02
2	-0.1567164179104478D+01	-0.5714632451465108D+01
3	-0.5025924450866802D+00	-0.4121769542222172D+01
4	-0.3820706467699333D+01	-0.5313248796236834D+02
5	-0.2549393391360609D+01	-0.1647075761402407D+02
6	-0.1608111499728228D+01	-0.5942389675017677D+01
7	-0.5761004336602439D+00	-0.4039002090544907D+01
8	-0.4597709583382232D+01	-0.9299525756923840D+02
9	-0.3083543146726698D+01	-0.2815197687028316D+02
10	-0.2022194255464368D+01	-0.9224908997054174D+01
11	-0.1123764107579553D+01	-0.4171612533995773D+01
12	0.1208651612395489D+01	-0.5651658150236491D+01
13	0.3580790044898694D+01	0.3375151520861053D+02
14	0.2655233198009928D+01	0.8409626867945763D+01
15	0.2216106307438952D+01	0.1451367274042948D+01
16	0.2102125015484797D+01	0.8489238234229540D-01
17	0.2094583576777310D+01	0.3582354394308165D-03
18	0.2094551482122239D+01	0.6472652086184083D-08
19	0.2094551481542327D+01	-0.9115971866258121D-15
20	0.2094551481542327D+01	-0.9115971866258121D-15

Abb. B13

gewissen t die Anzahl der richtigen Dezimalstellen beim Übergang von t auf $t+1$ verdoppelt. Dafür werden wir später eine Erklärung finden.

Liegt f' nicht vor oder kann f' nur schwer gebildet werden, so kann eine *diskretisierte Form des NEWTON-Verfahrens* eingesetzt werden. Nach (3.6) ist

$$f'(x) \approx \frac{f(x+h)-f(x-h)}{2h}$$

für genügend kleines h. Damit wird aus (8.53)

$$x_{t+1} = x_t - \frac{2h_t f(x_t)}{f(x_t+h_t)-f(x_t-h_t)} \tag{8.55}$$

Dabei sollten die von t abhängigen Schrittweiten nicht zu groß, wegen Auslöschungsfehlern im Nenner von (8.55) auch auch nicht zu klein gewählt werden. Eine Möglichkeit ist

$$h_t = \begin{cases} .0001, & \text{falls } |x_t| < .01, \\ .01|x_t|, & \text{falls } |x_t| \geq .01. \end{cases} \tag{8.56}$$

3. Sekantenverfahren

Hierbei wird f' gemäß (3.5) durch

$$f'(x) \approx \frac{f(x) - f(x-h)}{h}$$

approximiert, wobei h durch $-h$ ersetzt worden ist, und es wird

$$h_t = x_t - x_{t-1} \tag{8.57}$$

gesetzt. So wird aus dem NEWTON-Verfahren (8.53)

$$x_{t+1} = x_t - \frac{f(x_t)}{\dfrac{f(x_t) - f(x_{t-1})}{x_t - x_{t-1}}} \ , \tag{8.58}$$

was gegenüber (8.55) nur zwei (gegenüber drei) Funktionsauswertungen erfordert.

Das Zustandekommen dieses Verfahrens läßt sich auch so erklären, daß die Tangente in $(x_t, f(x_t))$ mit Steigung $f'(x_t)$ ersetzt wird durch eine Sekante durch die beiden Punkte $(x_{t-1}, f(x_{t-1}))$ und $(x_t, f(x_t))$, also durch

$$\frac{y - f(x_t)}{x - x_t} = \frac{f(x_t) - f(x_{t-1})}{x_t - x_{t-1}}$$

und der Schnittpunkt $x_{t-1} = x$ mit der x-Achse $y = 0$ als neue Näherung benutzt wird, weshalb man vom *Sekantenverfahren* spricht.

Da die Schrittweiten (8.57) zumindestens am Anfang der Iterationen gar nicht klein wie die in (8.56) sein müssen, tritt hier ein möglicherweise ganz anderes Konvergenzverhalten als beim NEWTON-Verfahren auf, das sich im Falle der Konvergenz allerdings angleicht, da dann $h_t \to 0$ in (8.57) gilt.

In der Darstellung (8.58) treten im Nenner rechts zwei auslöschungsgefährdete Differenzen von insbesondere gegen Ende der Iterationen nahezu gleichgroßen Zahlen auf. Schreibt man statt (8.58)

$$x_{t+1} = x_t - \frac{(x_{t-1} - x_t)\dfrac{f(x_t)}{f(x_{t-1})}}{1 - \dfrac{f(x_t)}{f(x_{t-1})}} \ , \tag{8.59}$$

so ist bei $f(x_t)-f(x_{t-1})$ für den wahrscheinlichen Fall $|f(x_t)|<|f(x_{t-1})|$ Auslöschung vermieden, und bei der anderen Differenz $x_{t-1}-x_t$ steht ein Multiplikationsfaktor mit einem fehlerverkleinernden Betrag kleiner als Eins. Sollte $|f(x_t)|\geq|f(x_{t-1})|$ sein, so vertauscht man rechts in (8.59) x_t und x_{t-1}, was allerdings auch eine Abänderung der Iteration bedeutet.

Zu beachten ist auch, daß das Sekantenverfahren keine Fixpunktgestalt (8.44) hat, sondern von der Form

$$x_{t+1}=g(x_{t-1},x_t),\ t\geq 1\ ,$$

also *zweistufig* ist. Insbesondere sind auch zwei Startwerte x_0 und x_1 erforderlich.

Statt einer Sekante durch zwei Punkte kann man beim *dreistufigen Verfahren von MULLER* eine Parabel durch drei Punkte $(x_{t-2},f(x_{t-2}))$, $(x_{t-1},f(x_{t-1}))$, $(x_t,f(x_t))$ legen und die Schnittpunkte mit der x-Achse bestimmen. Da es hier i. a. zwei Schnittpunkte gibt, wählt man denjenigen als x_{t+1}, der näher bei x_t liegt. Schlauer ist es, die inverse Interpolation aus Kapitel 2 durch die Punkte $(f(x_{x-2}),x_{t-2})$, $(f(x_{x-1}),x_{t-1})$, $(f(x_t),x_t)$ zu benutzen und den dann genau einen Schnittpunkt mit der x-Achse als gefundenen Wert für x_{t+1} zu nehmen.

4. Intervallhalbierung

Die bisher geschilderten Verfahren gehen von einem oder auch von zwei Startwerten und von einem Iterationsverfahren aus, von dem man hofft, daß die erzeugte Folge $\{x_t\}$ gegen eine Nullstelle x^* von $f(x)=0$ konvergiert. Jetzt untersuchen wir Methoden, die, falls ein Ausgangsintervall eine Nullstelle x^* enthält, eine Folge von immer kleiner werdenden Intervallen produzieren, die ebenfalls stets eine Nullstelle enthalten.

Ist f in $[x_0,x_1]$ stetig, so existiert dort mindestens eine Nullstelle x^*, falls

$$f(x_0)f(x_1)<0 \tag{8.60}$$

gilt. Man beachte jedoch, daß (8.60) nicht gilt, wenn z. B. x^* eine doppelte Nullstelle ist oder wenn f zwei dicht benachbarte Nullstellen in $[x_0,x_1]$ hat.

Aus

$$f(x_0)f(x_1) > 0$$

kann man nicht schließen, daß $[x_0, x_1]$ keine Nullstelle von f enthält, weshalb das Auffinden eines Intervalls $[x_0, x_1]$ mit der Eigenschaft (8.60) nicht einfach ist.

Im folgenden setzen wir jedoch (8.60) voraus. Dann ist das einfachste, von der Analysis her bekannte Verfahren die sogenannte sukzessive *Intervallhalbierung*: Man setzt

$$x_2 = \frac{1}{2}(x_0 + x_1) \tag{8.61}$$

und

$$\begin{aligned} &\text{ersetzt } x_1 \text{ durch } x_2, \text{ falls } f(x_0)f(x_2) < 0, \\ &\text{ersetzt } x_0 \text{ durch } x_2, \text{ falls } f(x_0)f(x_2) > 0. \end{aligned} \tag{8.62}$$

bzw. bricht ab, falls

$$|f(x_2)| < \tilde{\varepsilon} \tag{8.63}$$

gilt. Statt die Abfrage (8.63) anzuwenden, kann man auch vorher überlegen, wieviele Halbierungen benötigt werden, damit x^* auf $\pm\varepsilon$ genauer ist, d. h. $x_1 - x_0 \le 2\varepsilon$ wird. Sei L die Länge des Ausgangsintervalls. Dann entsteht bei der ersten Halbierung ein solches der Länge $L/2$, bei der zweiten ein solches der Länge $L/4$, also allgemein bei der n-ten Halbierung ein Intervall der Länge $L/2^n$. Die Forderung

$$L/2^n \le 2\varepsilon$$

liefert

$$n \ln\frac{1}{2} \le \ln(2\varepsilon) - \ln L$$

oder

$$n \ge \frac{\ln L - \ln(2\varepsilon)}{\ln 2},$$

weshalb man in einem Programm bei vorgegebenen ε insgesamt

$$n = \left\lceil \frac{\ln L - \ln(2\varepsilon)}{\ln 2} \right\rceil + 1 \tag{8.64}$$

Halbierungen durchführen wird. Dies geschieht so in der Subroutine BISECT aus Abb. U42. Das vorzugebende Ausgangsintervall heißt hier [A,B], und mit C wird die gefundene Nullstelle x^* bezeichnet. Natürlich muß (8.60) erfüllt gewesen sein.

Für das Beispiel

$$f(x) = x + e^x - 2 \tag{8.65}$$

und das Anfangsintervall $[x_0, x_1] = [0,1]$ mit $f(x_0) = -1,\ f(x_1) = e - 1$ erhält man so für $\varepsilon = 10^{-5}$ nach 16 Unterteilungen $x^* = .44286$.

```
      SUBROUTINE BISECT(F,A,B,C,EPS,IFLAG,N)
      IFLAG=0
      FA=F(A)
      FB=F(B)
      IF(SIGN(1.0,FA).EQ.SIGN(1.0,FB)) THEN
        IFLAG=1
        RETURN
      ELSE
        N=IFIX((ALOG(ABS(B-A))-ALOG(2.*EPS))/ALOG(2.))+1
        W=B-A
        DO 10 I=1,N
           C=A+(B-A)*0.5
           FC=F(C)
           W=W/2.
           IF(SIGN(1.0,FA).EQ.SIGN(1.0,FC)) THEN
             A=C
             FA=FC
           ELSE
             B=C
             FB=FC
           ENDIF
10      CONTINUE
        RETURN
      ENDIF
      END
```

Abb. U42 BISECT

5. Regula falsi und DEKKER-BRENT-Methode

Die Intervallhalbierungsmethode ist relativ langsam, was daher kommt, daß nur die Information über das Vorzeichen von Funktionswerten an den Intervallendpunkten und nicht deren Größe benutzt wird. Diese sowieso vorliegenden Informationen kann man dazu benutzen, beim Erfülltsein von (8.60) die Sekante von $(x_0, f(x_0))$ nach $(x_1, f(x_1))$ zu ziehen. Für stetiges f liegt dann der Schnittpunkt

$$x_2 = x_1 - \frac{f(x_1)}{\dfrac{f(x_1) - f(x_0)}{x_1 - x_0}}$$

mit der x-Achse in $[x_0, x_1]$. Ersetzt man x_0 oder x_1 wieder nach der Vorschrift (8.62), dann enthält das neue Intervall wieder eine Nullstelle x^*. Leider gibt es Fälle, bei denen auf diese Weise im Gegensatz zur Intervallhalbierung die Intervallängen nicht gegen Null konvergieren. Für das Beispiel (8.65) etwa ergibt sich für $x_0 = 0$ und $x_1 = 1$ die Intervallfolge

$$\begin{array}{l} [0, 1] \\ [.36788, 1] \\ [.43006, 1] \\ \vdots \\ [.44285, 1] \end{array}$$

Hierbei ändert sich der rechte Intervallrand niemals, was daran liegt, daß alle Sekantenschnittpunkte links von der Nullstelle liegen. Kombiniert man diese *Regula falsi* geschickt mit der Intervallhalbierung, so erhält man die *DEKKER-BRENT-Methode*, von der wir eine vereinfachte Variante angeben, die aber schon dafür sorgt, daß die Intervallängen gegen Null konvergieren.

Es bezeichne

x_{t-1} den vorher bestimmten Sekantenschnittpunkt,
x_t den soeben bestimmten Sekantenschnittpunkt,
y_t sei der zuletzt bestimmte Wert mit $f(x_t)f(y_t) < 0$,

d. h. eine Nullstelle x^* liegt zwischen x_t und y_t, also entweder im Intervall $[x_t, y_t]$ oder $[y_t, x_t]$. Wir beschreiben den Übergang von dem Tripel (x_{t-1}, x_t, y_t) auf das Tripel (x_t, x_{t+1}, y_{t+1}) so, daß eine Nullstelle x^* wieder zwischen x_{t+1} und y_{t+1} liegt, d. h. $f(x_{t+1})f(y_{t+1}) < 0$ gilt.

Wir setzen

(1) $x_t := x_{t-1}$

$$(2)\quad x_{t+1} := \begin{cases} x_t - d,\ d = \dfrac{f(x_t)}{\dfrac{f(x_t) - f(x_{t-1})}{x_t - x_{t-1}}}, & \text{falls } y_t \neq y_{t-2} \text{ und } x_{t+1} \text{ zwischen } x_t \text{ und } y_t \text{ liegt,} \\ x_t + \dfrac{1}{2}(x_t - y_t) = \dfrac{1}{2}(x_t + y_t), & \text{falls } y_t = y_{t-2} \text{ oder } x_{t+1} \text{ nicht zwischen } x_t \text{ und } y_t \text{ liegt,} \end{cases} \tag{8.66}$$

$$(3)\quad y_{t+1} := \begin{cases} x_t \text{ falls } f(x_t)f(x_{t+1}) < 0, \\ y_t \text{ sonst.} \end{cases}$$

Initiiert wird mit $x_0, x_1, y_1 = x_0$ und $y_{-1} = y_1 + 1$ $(y_1 \neq y_{-1})$. Bedingung (3) garantiert, daß das Intervall $[x_{t+1}, y_{t+1}]$ bzw. $[y_{t+1}, x_{t+1}]$ das kleinste bisher ermittelte Intervall ist, das eine Nullstelle x^* enthält. Die Festsetzung (2) bedeutet, daß für x_{t+1} der Sekantenschnittpunkt genommen wird, es sei denn, daß dieser außerhalb des Intervalls zwischen x_t und y_t liegt oder y_t sich zweimal nicht verändert hat, in welchem Fall dann die Intervallmitte x_{t+1} zugewiesen wird, wodurch sich y_t ändert.

Beim Beispiel (8.65) erhält man folgende Ergebnisse:

t	x_{t-1}	x_t	y_t	$f(x_{t-1})$
1	0	1	0	-1
2	1	.36788	1	1.71828
3	.36788	.43006	1	-.18745
4	.43006	.44315	.43006	-.03259
5	.44315	.44286	.43006	.00076
6	.44286	.44285	.44286	.00001
7				-.00001

Intervallhalbierung wurde hierbei nicht benutzt.

Beim Implementieren des Verfahrens ist etwas umständlich, daß $x_t < y_t$ oder $y_t < x_t$ gelten kann. Für $x_t < y_t$ bedeutet das Dazwischenliegen von x_{t+1}

$$x_t < x_t - d < y_t \text{ bzw. } x_t - y_t < d < 0 \text{ .}$$

Für $y_t < x_t$ dagegen bedeutet dies

$$y_t < x_t - d < x_t \text{ bzw. } x_t - y_t > d > 0$$

Das im zweiten Teil von (8.66) beschriebene Nichtdazwischenliegen bedeutet dann

$$\begin{aligned} &x_t < y_t\text{: } d > 0 \text{ oder } d < x_t - y_t\,, \\ &y_t < x_t\text{: } d < 0 \text{ oder } d > x_t - y_t\,. \end{aligned}$$

Dies läßt sich zu

$$\operatorname{sgn} d \neq \operatorname{sgn}(x_t - y_t) \text{ oder } |\mathrm{d}| > |x_t - y_t| \tag{8.67}$$

zusammenfassen. Somit läßt sich die Vorschrift (2) wie folgt implementieren. Wenn $y_k \neq y_{k-2}$, dann setze d wie in (8.66) beschrieben; ist (8.67) erfüllt, dann setze $d = \frac{1}{2}(x_t - y_t)$. Wenn $y_k = y_{k-2}$, setze ebenfalls $d = \frac{1}{2}(x_t - y_t)$. Mit $x_{k+1} := x_k - d$ erhält man dann entweder den Sekantenschnittpunkt oder den Halbierungspunkt.

Implementiert ist dies so in der Subroutine DBRSIM aus Abb. U43. Verbesserungsfähig ist DBRSIM bezüglich der Verwendung der numerisch günstigeren Form (8.59) der Sekantenregel, was aber u. U. eine Vertauschung von x_{t-1} und x_t erfordert und den Ablauf des Verfahrens kompliziert. Günstiger noch ist es, wenn man inverse quadratische Interpolation und Intervallhalbierung auf ähnliche Weise kombiniert. Eine entsprechende Subroutine ZEROIN ist in der Literatur zu finden.

Die in DBRSIM benutzte Konvergenzabfrage

$$|x_t - y_t| < \varepsilon_1 |x_t| \text{ oder } |f(x_t)| < \varepsilon_2$$

ist in mehrfacher Hinsicht problematisch. Wenn etwa durch Rundungsfehler bei kleinen Werten von $|f(x_{t+1})|$, wie sie gegen Ende der Iterationen auftreten

```
      SUBROUTINE DBRSIM(F,X0,X1,EPS1,EPS2,IFLAG,N)
      IFLAG=1
      Y1=X0
      Y0=Y1+1
      YM1=Y0
      F0=F(X0)
      F1=F(X1)
      N=0
      IF(F0*F1.GT.0.0) RETURN
      IFLAG=0
10    IF((ABS(X1-Y1).LE.EPS1*ABS(X1)).OR.(ABS(F(X1)).LE.EPS2)) RETURN
      IF(Y1.NE.YM1) THEN
          D=F1*(X1-X0)/(F1-F0)
          IF((SIGN(1.0,D).NE.SIGN(1.0,X1-Y1))
     +        .OR.(ABS(D).GT.ABS(X1-Y1))) D=.5*(X1-Y1)
      ELSE
          D=.5*(X1-Y1)
      ENDIF
      X0=X1
      F0=F1
      X1=X1-D
      F1=F(X1)
      YM1=Y0
      Y0=Y1
      IF(SIGN(1.0,F0).NE.SIGN(1.0,F1)) Y1=X0
      N=N+1
      GOTO 10
      RETURN
      END
```

Abb. U43 DBRSIM

sollen, $f(x_{t+1})$ ein falsches Vorzeichen erhält, so liefert die Ersetzungsregel (8.62) ein Intervall, daß das gesuchte x^* nicht mehr enthält. Deshalb dürfen ε_1 und ε_2 keinesfalls zu klein gewählt werden. Wegen der Möglichkeit $x_t = 0$ und von Auslöschungsfehlern bei $x_t - y_t$ ist außerdem

$$|x_t - y_t| < \varepsilon_1 |x_t| + \varepsilon_3, \;\; \varepsilon_3 \approx 1000\mu$$

geeigneter, wobei μ die relative Maschinengenauigkeit ist.

6. Konvergenzgeschwindigkeit

Beim Intervallhalbierungsverfahren haben wir schon gezeigt, wieviele Schritte zur Reduzierung der Länge des Ausgangsintervalls $L = |x_1 - x_0|$ auf 2ε benötigt werden. Dabei spielten Eigenschaften von f keinerlei Rolle.

Für das gewöhnliche Fixpunktverfahren für $x = g(x)$ weiß man aus Satz 28 gemäß (8.48) (bzw. allgemein aus Satz 26 gemäß (8.20) mit $\|\cdot\|$ statt $|\cdot|$), daß

$$|x_{t+1} - x^*| \le \lambda |x_t - x^*|, \; 0 \le \lambda < 1,$$

also

$$|x_{t+1} - x^*| \le \lambda^{t+1} |x_0 - x^*| \tag{8.68}$$

gilt. Ist also λ in der Nähe von Null, so konvergiert das Verfahren schneller, als wenn λ in der Nähe von Eins ist. Da auf der rechten Seite von (8.68) der Exponent Eins steht, spricht man von *linearer Konvergenz*.

Betrachten wir das NEWTON-Verfahren für zweimal stetig differenzierbares f und für $f'(x^*) \neq 0$. Dann hat g in

$$x = g(x) = x - \frac{f(x)}{f'(x)}$$

nach Satz 29 die Eigenschaft $g'(x^*) = 0$. Konvergiert die Folge $\{x_t\}$ gegen x^*, so gilt

$$|x_{t+1} - x^*| = |g(x_t) - g(x^*)| = |g'(\xi_t)| |x_t - x^*|$$

mit ξ_t zwischen x_t und x^*. Setzen wir

$$\lambda_t = |g'(\xi_t)|, \tag{8.69}$$

so gilt $\lambda_t \to 0$ für $t \to \infty$, da $g'(\xi_t) \to g'(x^*) = 0$. Somit gilt

$$|x_{t+1} - x^*| \le \lambda_t |x_t - x^*|, \; \lambda_t \to 0 \text{ für } t \to \infty. \tag{8.70}$$

Dies ist eine stärkere Aussage als (8.68), weshalb man von *überlinearer Konvergenz* spricht.

Für das NEWTON-Verfahren kann man sogar eine noch stärkere Aussage machen. Ist $f'(x^*) \neq 0$, so gilt nach dem Beweis für Satz 29 $g'(x^*) = 0$. Ist g zweimal stetig differenzierbar, so gilt die TAYLOR-Entwicklung

$$g(x) = g(x^*) + g'(x^*)(x - x^*) + \frac{1}{2} g''(\xi)(x - x^*)^2,$$

wobei ξ zwischen x und x^* liegt. Somit folgt

$$g(x) - x^* = \frac{1}{2} g''(\xi)(x - x^*)^2 \,,$$

bzw. für $x = x_t$

$$|x_{t+1} - x^*| < \alpha |x_t - x^*|^2 \tag{8.71}$$

mit

$$\alpha = \max_{\xi \in I} \left| \frac{1}{2} g''(\xi) \right|$$

für ein gewisses Intervall I. Hierbei spricht man von *quadratischer Konvergenz*. Nehmen wir z. B. $\alpha = 1$ an, so wird für $|x_t - x^*| \approx .1$ danach $|x_{t+1} - x^*| \approx .01$, $|x_{t+2} - x^*| \approx .0001$ und $|x_{t+3} - x^*| \approx .00000001$, d. h. die Anzahl der richtigen Dezimalziffern verdoppelt sich bei jedem Schritt, falls x_t in der Nähe von x^* ist. Dies erklärt, weshalb das NEWTON-Verfahren i. a. mit wenigen Iterationen auskommt, falls es konvergiert, während das gewöhnliche Fixpunktverfahren wegen (8.68) für $\lambda \to 1$ viele Iterationen benötigt.

Sekanten-Verfahren, Regula falsi und DEKKER-BRENT-Methode können zusammen analysiert werden, da sie alle zweistufig sind. Bei DEKKER-BRENT kommt erschwerend hinzu, daß man nicht von vornherein weiß, ob die Intervallhalbierung zum Zuge kommt oder nicht. Für die Konvergenzordnung erwartet man, daß sie zwischen Eins und Zwei liegt, da einerseits mehr Aufwand pro Iteration als beim gewöhnlichen Fixpunktverfahren, jedoch weniger als beim NEWTON-Verfahren getrieben werden muß. Die genaue Analyse ist etwas mühsam und letztlich unergiebig.

Ein linear konvergentes Fixpunktverfahren, insbesondere wenn die Kontraktionskonstante in der Nähe von Eins liegt, benötigt relativ viele Iterationen. Diese große Anzahl kann eventuell durch folgende Überlegungen reduziert werden.

Es ist

$$x_{t+1} - x^* = g(x_t) - g(x^*) = g'(\xi_t)(x_t - x^*)$$

mit ξ_t zwischen x_t und x^* und analog

$$x_t - x^* = g'(\xi_{t-1})(x_{t-1} - x^*)$$

mit ξ_{t-1} zwischen x_{t-1} und x^*. Unterstellt man, was gegen Ende der Iterationen sicher richtig ist, daß

$$g'(\xi_t) \approx g'(\xi_{t-1}) \approx \lambda < 1 ,$$

so kann man aus den beiden näherungsweise erfüllten Gleichungen

$$\begin{aligned} x_{t+1} - x^* &= \lambda(x_t - x^*) , \\ x_t \; - x^* &= \lambda(x_{t-1} - x^*) \end{aligned}$$

λ und x^* eliminieren. Für x^* ergibt sich

$$x^* = \frac{x_{t-1}x_{t+1} - x_t^2}{x_{t+1} - 2x_t + x_{t-1}} . \tag{8.72}$$

Man kann nun $x_{t+2} = x^*$ setzen und das Verfahren z. B. für x_t, x_{t+1}, x_{t+2} wiederholen. Gegen Ende der Iterationen bringt diese *AITKEN-Extrapolation* spürbare Erfolge, auch wenn in Zähler und Nenner Auslöschungseffekte auftreten, die diese zunichtemachen können.

Welches Verfahren man für ein konkretes Nullstellenproblem anwenden wird, hängt nicht nur mit der Konvergenzordnung, sondern auch mit dem erforderlichen Aufwand pro Iteration zusammen. Ist f' einfach bildbar und sind gute Startwerte verfügbar, so wird man sicher das NEWTON-Verfahren bevorzugen. Um mehrere Nullstellen von f zu bestimmen, muß man mit verschiedenen Startwerten bzw. Anfangsintervallen arbeiten. Diese so zu bestimmen, daß man alle Nullstellen erhält, ist nicht einfach. Man stelle sich nur eine Funktion mit den Nullstellen .0001, .0002, .0003, 1.0, 25.0, 25.0001, 100000 vor!

Nullstellenverfahren für Funktionensysteme mehrerer Variabler

Gegeben sei jetzt ein nichtlineares Gleichungssystem

$$F(x) = 0 \text{ bzw. } f_i(x_1, \ldots, x_n) = 0 \;\; (i = 1, \ldots, n) , \tag{8.73}$$

das auf die Fixpunktgestalt

$$x = G(x) \text{ bzw. } x_i = g_i(x_1,\ldots,x_n) \ (i = 1,\ldots,n) \tag{8.74}$$

gebracht worden sei. Wendet man den Mittelwertsatz für Funktionen mehrerer Veränderlicher auf $G\colon D_G \subset \mathbb{R}^n \to \mathbb{R}^n$ an, so liefert dies

$$g_i(x) - g_i(y) = \sum_{j=1}^{n} \frac{\partial g_i}{\partial x_j}\left(\xi^{(i)}\right)\left(x_j - y_j\right) \ (i = 1,\ldots,n) \ ,$$

wobei $\xi^{(i)}$ ein Punkt auf der Strecke von x nach y ist. Somit gilt

$$\begin{aligned} |g_i(x) - g_i(y)| &\le \sum_{j=1}^{n} \left|\frac{\partial g_i}{\partial x_j}\left(\xi^{(i)}\right)\right| |x_j - y_j| \\ &\le \|x - y\|_\infty \sum_{j=1}^{n} \left|\frac{\partial g_i}{\partial x_j}\left(\xi^{(i)}\right)\right| . \end{aligned} \tag{8.75}$$

Verlangt man nun

$$\left|\frac{\partial g_i}{\partial x_j}(x)\right| \le \frac{\lambda}{n} ,$$

wobei $0 \le \lambda < 1$ und x aus einem Gebiet $D_0 \subset D_G$ mit $G(D_0) \subset D_0$ ist, und bedenkt, daß (8.75) für jedes i gilt, so haben wir

$$\|G(x) - G(y)\|_\infty \le \lambda \|x - y\|_\infty .$$

Die Voraussetzungen von Satz 26 sind erfüllt und die (lineare) Konvergenz des Iterationsverfahrens

$$x_i^{(t+1)} = g_i\left(x_1^{(t)},\ldots,x_n^{(t)}\right) \ (i = 1,\ldots,n) \tag{8.78}$$

ist gewährleistet.

Ähnlich wie bei den linearen Gleichungssystemen kann man ein GAUSS-SEIDEL-Verfahren mit

$$x_i^{(t+1)} = g_i\left(x_1^{(t+1)},\ldots,x_{i-1}^{(t+1)}, x_i^{(t)},\ldots,x_n^{(t)}\right) \tag{8.79}$$

definieren. Wie dort ist es für beliebiges G unklar, ob (8.78) und (8.79) beide, beide nicht oder nur eines von beiden konvergieren bzw. konvergiert.

Wie bei einer Variablen kann man aus (8.73) eine Fixpunktgestalt erhalten, indem man

$$x = G(x) = x - H(x)F(x)$$

setzt, wobei $H\colon \operatorname{Im} F \subset \mathbb{R}^n \to \mathbb{R}^n$ eine Matrix mit

$$0 < \|H(x)\| < \infty$$

ist. Setzt man, die Invertierbarkeit vorausgesetzt,

$$H(x) = J^{-1}(x),$$

wobei

$$J(x) = \left(\frac{\partial f_i}{\partial x_j}\right)_{i,j=1,\dots,n}^{(x)}$$

die *JACOBI-Matrix* der partiellen Ableitungen ist, so hat man wieder das NEWTON-Verfahren

$$x^{(t+1)} = x^{(t)} - J^{-1}\left(x^{(t)}\right)F\left(x^{(t)}\right),\ t \geq 0 \tag{8.80}$$

wo bei jedem Schritt ein lineares Gleichungssystem

$$J\left(x^{(t)}\right)\Delta x^{(t)} = -F\left(x^{(t)}\right)$$

zu lösen ist, was mit PSGAUSS/SOLVE erfolgen kann. Wie bei einer Veränderlichen kann die Herleitung auch über

$$0 = F(x^*) = F\left(x^{(t)} + \Delta x^{(t)}\right) \approx F\left(x^{(t)}\right) + J\left(x^{(t)}\right)\Delta x^{(t)}$$

erfolgen. Wir weisen für das NEWTON-Verfahren jetzt

$$\frac{dG}{dx}(x^*) = 0 \tag{8.81}$$

für ein x^* mit $F(x^*)=0$ nach und können dann wieder quadratische Konvergenz zeigen. Für die j-te Spalte von $\frac{dG}{dx}$ gilt

$$\frac{\partial G}{\partial x_j}=\frac{\partial x}{\partial x_j}-\frac{\partial}{\partial x_j}\left[J^{-1}(x)F(x)\right]$$

$$=\frac{\partial x}{\partial x_j}-J^{-1}(x)\frac{\partial F}{\partial x_j}(x)-\frac{\partial J^{-1}(x)}{\partial x_j}F(x).$$

Für x^* verschwindet aber wegen $F(x^*)=0$ der letzte Term, und die beiden ersten sind wegen der Definition der JACOBI-Matrix eine Differenz des j-ten Einheitsvektors, womit also (8.81) nachgewiesen ist. Damit fehlt in der TAYLOR-Entwicklung der Term mit den Ableitungen $\frac{\partial g_i}{\partial x_j}$ und es gilt

$$g_i(x)-g_i(x^*)=\frac{1}{2}\sum_{j=1}^{n}\sum_{k=1}^{n}\frac{\partial^2 g_i}{\partial x_j \partial x_k}\left(\xi^{(i)}\right)\left(x_j-x_j^*\right)\left(x_k-x_k^*\right) \quad . \tag{8.82}$$

Gilt nun

$$\max_{i,j,k}\left|\frac{\partial^2 g_i}{\partial x_j \partial x_k}(x)\right|<\frac{2}{n^2}\alpha \quad ,$$

wobei x im Konvergenzbereich liegt, so erhalten wir aus (8.82) mit $x=x^{(t+1)}$ analog zu (8.71) die Abschätzung

$$\left\|x^{(t+1)}-x^*\right\|_\infty \le \alpha\left\|x^{(t)}-x^*\right\|_\infty^2 \quad , \tag{8.83}$$

also quadratische Konvergenz. Natürlich muß die Existenz von $J^{-1}(x)$ für $x=x^*$ und in einer Umgebung von x^* vorausgesetzt werden.

Für das Beispiel (8.13) konvergiert das NEWTON-Verfahren z. B. für $x^{(0)}=(3,3,3)^T$ in 6 Schritten zur Lösung (8.14).

Häufig ist es zweckmäßig, auch bei einer Variablen, eine sogenannte *Dämpfung* beim NEWTON-Verfahren einzubauen. Gilt

$$\left\|F\left(x^{(t+1)}\right)\right\| \ge \left\|F\left(x^{(t)}\right)\right\| \quad ,$$

so ist davon auszugehen, daß die Iteration keine Verbesserung, sondern eher einer Verschlechterung gebracht hat. In solchen Fällen setzt man

$$x_\beta^{(t+1)} = x^{(t)} + \beta \Delta x^{(t)}$$

und versucht, z. B. für die Folge $\beta = \frac{1}{2}, \frac{1}{4}, \frac{1}{8}, \ldots$ zu erreichen, daß

$$\left\| F\left(x_\beta^{(t+1)}\right) \right\| \le \left(1 - \frac{\beta}{2}\right) \left\| F\left(x^{(t)}\right) \right\|$$

wird. Meistens sorgt diese Strategie dafür, daß Konvergenz überhaupt eintritt oder schneller erfolgt, wenn auch auf Kosten eines größeren Gesamtaufwands; manchmal versagt sie auch, insbesondere wenn β zu klein gewählt werden muß. Mit dem Startwert $x^{(0)} = (33, -12, 17)$, der recht weit von der Lösung (8.14) entfernt ist, konvergiert das so gedämpfte NEWTON-Verfahren in 38 Iterationen.

Ist die JACOBI-Matrix nicht einfach bildbar, so kann man die partiellen Ableitungen wieder durch Differenzenquotienten mit Schrittweiten wie in (8.56) approximieren. Es gibt auch eine mehrdimensionale Version des Sekantenverfahrens, die Ableitungen nicht benötigt. Leider lassen sich das Intervallhalbierungsverfahren und die DEKKER-BRENT-Methode nicht in mehrere Dimensionen übertragen.

Nullstellen von Polynomen

In diesem Abschnitt wollen wir einige Methoden zur Berechnung von allen oder einzelnen Nullstellen eines Polynoms

$$p(z) = a_n z^n + a_{n-1} z^{n-1} + \ldots + a_1 z + a_0 \qquad (8.84)$$

diskutieren. Da selbst für $a_i \in \mathbb{R}$ $(i = 0, \ldots, n)$ Nullstellen x_i komplex sein können, haben wir z statt x geschrieben. Ist p ein Polynom von Grad n, so ist stets $a_n \neq 0$; deshalb könnte man o. B. d. A. $a_n = 1$ voraussetzen. Weiter kann man $a_0 \neq 0$ voraussetzen, denn sonst wäre $z = 0$ eine Nullstelle, die nicht numerisch berechnet werden müßte. Bei reellen Koeffizienten ist mit $z \in \mathbb{C}$ auch $\bar{z} \in \mathbb{C}$ Nullstelle, d. h. es treten nur Paare konjugiert komplexer

Nullstellen auf; für ungerades n gibt es deshalb wenigstens eine reelle Nullstelle. Hat man $a_i \in \mathbb{C}$ $(i = 0,\ldots,n)$ vorliegen, so kann man reelle Koeffizienten erzwingen, indem man das Polynom $p(z)\overline{p}(z)$ vom Grad $2n$ betrachtet, wobei $\overline{p}$ die Koeffizienten $\overline{a}_i$ hat. Man kann aber auch alle zu besprechenden Algorithmen für komplexe a_i verwenden, obwohl wir der Einfachheit halber stets reelle a_i voraussetzen.

In der Algebra-Vorlesung lernt man, daß Nullstellen von Polynomen für allgemeine Koeffizienten nur bis zum Grad vier durch analytische Ausdrücke mit Wurzeln als Funktionen der Koeffizienten angebbar sind. Für Polynome vom Grad $n \geq 5$ müssen i. a. numerische Verfahren angewandt werden.

1. NEWTON-Verfahren zur simultanen Berechnung aller Nullstellen

Im folgenden setzen wir stets voraus, daß die gesuchten Nullstellen alle verschieden sind. Am Anfang des nächsten Abschnitts werden wir zeigen, wie man dies erreichen kann.

Betrachtet man

$$P(z;x) = P(z;x_1,\ldots,x_n) = a_n \prod_{i=1}^{n} (z - x_i), \tag{8.85}$$

wobei $p(x_i) = 0$ $(i = 1,\ldots,n)$ gelten sollen, multipliziert rechts aus, so folgt wegen

$$p(z) \equiv P(z;x_1,\ldots,x_n)$$

für alle z durch Koeffizientenvergleich

$$s_i(x) = s_i(x_1,\ldots,x_n) = (-1)^i a_{n-i} / a_n \quad (i = 1,\ldots,n), \tag{8.86}$$

wobei die s_i die symmetrischen Grundfunktionen

$$\begin{aligned}
s_1(x) &= x_1 + x_2 + \ldots + x_n \\
s_2(x) &= x_1x_2 + \ldots + x_1x_n + x_2x_3 + \ldots + x_2x_n + \ldots + x_{n-1}x_n \\
s_3(x) &= x_1x_2x_3 + x_1x_2x_4 + \ldots + x_{n-2}x_{n-1}x_n \\
&\vdots \\
s_n(x) &= x_1x_2 \cdots x_n
\end{aligned}$$

der unbekannten Nullstellen sind.

Wir wollen auf das nichtlineare Gleichungssystem (8.86) das NEWTON-Verfahren aus dem letzten Abschnitt anwenden. Nach (8.80) erhalten wir

$$\sum_{k=1}^{n} \frac{\partial s_i}{\partial x_k}\left(x^{(t)}\right)\Delta x_k^{(t)} = -\left[s_i\left(x^{(t)}\right) + (-1)^{i+1} a_{n-i} / a_n\right] \quad (i = 1,\ldots,n)\,. \tag{8.87}$$

Mit Hilfe von (8.85) werden wir diese Bestimmungsgleichungen für $\Delta x^{(t)} = x^{(t+1)} - x^{(t)}$ so umformen können, daß die explizite Bestimmung der partiellen Ableitungen $\frac{\partial s_i}{\partial x_k}$ vermieden werden kann. Dazu schreiben wir für (8.85)

$$P(z;x_1,\ldots,x_n) = a_n\left[z^n + \sum_{i=1}^{n}(-1)^i s_i(x_1,\ldots,x_n) z^{n-i}\right]\,.$$

Hieraus ergibt sich

$$\frac{\partial P}{\partial x_k}(z;x) = a_n \sum_{i=1}^{n}(-1)^i \frac{\partial s_i}{\partial x_k}(x) z^{n-i}\,. \tag{8.88}$$

Multipliziert man nun die i-te Gleichung in (8.87) mit $(-1)^i z^{n-i}$, summiert alle Gleichungen auf und multipliziert das Ergebnis noch mit a_n, so haben wir

$$\begin{aligned} a_n \sum_{i=1}^{n}\sum_{k=1}^{n}(-1)^i \frac{\partial s_i}{\partial x_k} z^{n-i}\Delta x_k^{(t)} \\ = -a_n \sum_{i=1}^{n}(-1)^i s_i\left(x^{(t)}\right) z^{n-i} + \sum_{i=1}^{n} a_{n-i} z^{n-i} \\ = -a_n\left[z^n + \sum_{i=1}^{n}(-1)^i s_i\left(x^{(t)}\right) z^{n-i}\right] + \sum_{i=0}^{n} a_i z^i\,. \end{aligned}$$

Benutzt man nun (8.88), (8.85) und (8.84), so ergibt sich

$$\sum_{k=1}^{n} \frac{\partial P}{\partial x_k}\left(z;x^{(t)}\right)\Delta x_k^{(t)} = p(z) - P\left(z;x^{(t)}\right)\,. \tag{8.89}$$

Nach (8.85) ist andererseits

$$\frac{\partial P}{\partial x_k}(z;x) = -a_n \prod_{i\neq k}(z - x_i)\,,$$

weshalb sich aus (8.89)

$$-a_n \sum_{k=1}^{n} \prod_{i \neq k} \left(z - x_i^{(t)}\right) \Delta x_k^{(t)} = p(z) - P\left(z; x^{(t)}\right)$$

ergibt. Setzt man nun hierin der Reihe nach $z = x_i^{(t)}$ $(i = 1,\ldots,n)$ ein, so bleibt links jeweils nur ein Summand übrig, rechts wird $P\left(x_i^{(t)}; x^{(t)}\right) = 0$ und wir haben

$$-a_n \prod_{k \neq i} \left(x_i^{(t)} - x_k^{(t)}\right) \Delta x_i^{(t)} = p\left(x_i^{(t)}\right),$$

was schließlich

$$\Delta x_i^{(t)} = -\frac{p\left(x_i^{(t)}\right)}{a_n \prod_{k \neq i} \left(x_i^{(t)} - x_k^{(t)}\right)}$$

ergibt. Damit läßt sich das NEWTON-Verfahren (8.87) in der Form

$$x_i^{(t+1)} = x_i^{(t)} - \frac{p\left(x_i^{(t)}\right)}{a_n \prod_{k \neq i} \left(x_i^{(t)} - x_k^{(t)}\right)} \quad (i = 1,\ldots,n) \tag{8.90}$$

schreiben, die sehr einfach ist.

Auch eine GAUSS-SEIDEL-Variante

$$x_i^{(t+1)} = x_i^{(t)} - \frac{p\left(x_i^{(t)}\right)}{a_n \prod_{k<i} \left(x_i^{(t)} - x_k^{(t+1)}\right) \prod_{k>i} \left(x_i^{(t)} - x_k^{(t)}\right)} \tag{8.91}$$

ist denkbar.

Die Durchführbarkeit der beiden Verfahren ist gesichert, wenn die Nenner in (8.90) bzw. (8.91) nicht verschwinden. Dies entspricht der Nichtsingularität der JACOBI-Matrix in (8.87). Setzt man voraus, daß alle Nullstellen einfach sind, was sich o. B. d. A. erzwingen läßt, wie wir im nächsten Abschnitt sehen werden, so wird dies praktisch nicht auftreten, wenn auch die Startwerte $x_i^{(0)}$ alle verschieden sind.

In der Subroutine KERNER aus Abb. U44 ist das Verfahren (8.90) implementiert. Startwerte $x^{(0)}$ werden beim Aufruf im Feld X erwartet. Es werden maximal ITMAX Iterationen durchgeführt. Vorher wird abgebrochen, falls

$$\sum_{i=1}^{n} \frac{\left|\Delta x_i^{(t)}\right|}{\left|x_i^{(t+1)}\right|} < \varepsilon$$

erreicht wird. Diese Fehlerabfrage ist für $a_0 \neq 0$ i. a. unproblematisch, da dann $x_i \neq 0$ $(i = 1,\ldots,n)$ gilt. Das Ergebnis findet sich dann wieder in X.

Es verbleibt die Frage nach geeigneten Startwerten. Da die gesuchten Nullstellen komplex sein können, macht es keinen Sinn, mit $x_i^{(0)} \in \mathbb{R}$ zu starten. Dann würden in (8.90) oder auch (8.91) alle Näherungen $x_i^{(t+1)}$ ebenfalls reell bleiben, weshalb das NEWTON-Verfahren niemals konvergieren könnte, wenn wenigstens ein Paar konjugiert komplexer Nullstellen vorhanden ist. Also nimmt man stets komplexe Startwerte. Da ein Koeffizientenkriterium z. B.

$$|x_k| \leq R = \max\left(\left|\frac{a_0}{a_n}\right|, \max_{k=1,\ldots,n-1}\left(1 + \left|\frac{a_k}{a_n}\right|\right)\right) \tag{8.92}$$

```
      SUBROUTINE KERNER(N,A,X,EPS,ITMAX,IFLAG)
      COMPLEX P,R,S,X(N)
      REAL A(0:N)
      IFLAG=1
      IF(A(0).EQ.0.0) RETURN
      IFLAG=2
      IT=0
10    Q=0.
      DO 30 I=1,N
         R=A(N)
         P=R
         DO 20 K=1,N
            R=R*X(I)+A(N-K)
            IF(K.NE.I) P=P*(X(I)-X(K))
20       CONTINUE
         IF(CABS(P).LT.EPS) RETURN
         S=R/P
         X(I)=X(I)-S
         Q=Q+CABS(S)/CABS(X(I))
30    CONTINUE
      IT=IT+1
      IF(Q.GE.EPS .AND. IT.LE.ITMAX) GOTO 10
      ITMAX=IT
      IFLAG=0
      RETURN
      END
```

Abb. U44 KERNER

liefert, wie im nächsten Kapitel gezeigt wird, liegt es nahe, $x_k^{(0)} \in \mathbb{C}$ auf einem Kreis um den Ursprung mit einem Radius

$$r = R / \alpha, \ \alpha > 1 \tag{8.93}$$

zu wählen. In der Subroutine STARTW aus Abb. U45 ist $\alpha = 2$ gesetzt. Der Verteilung der $x_k^{(0)}$ auf diesem Kreis erfolgt dort gemäß

$$\begin{aligned} \operatorname{Re} x_k^{(0)} &= r \cos\left(\frac{2\pi k}{n}\right), \\ & \qquad (k = 1,\dots,n) \\ \operatorname{Im} x_k^{(0)} &= r \sin\left(\frac{2\pi k}{n}\right). \end{aligned} \tag{8.94}$$

Für das Beispiel

$$p(z) = z^9 - 9z^8 + 9z^7 - 8z^6 + z^3 - 9z^2 + 3z - 1$$

haben wir $R = 10$, was $r = 5$ ergibt. Die Startwerte und Ergebnisse für die Nullstellen für $\varepsilon = 10^{-6}$ nach 18 Iterationen finden sich in Abb. B14.

Die Erfahrung zeigt, daß man bei Koeffizienten a_i mit sehr unterschiedlicher Größenordnung α größer wählen muß, um eine vernünftige Anzahl von

```
      SUBROUTINE STARTW(N,A,X)
      COMPLEX X(N)
      REAL A(0:N)
      R=ABS(A(0)/A(N))
      DO 10 I=1,N-1
         RI=1+ABS(A(I)/A(N))
         IF(RI.GE.R) R=RI
10    CONTINUE
      R=R/2.
      DO 20 I=1,N
         C=8*ATAN(1.0)*(I)/N
         XR=R*COS(C)
         XI=R*SIN(C)
         X(I)=CMPLX(XR,XI)
20    CONTINUE
      RETURN
      END
```

Abb. U45 STARTW

```
Startwerte:                  0.38302E+01    0.32139E+01
                             0.86824E+00    0.49240E+01
                            -0.25000E+01    0.43301E+01
                            -0.46985E+01    0.17101E+01
                            -0.46985E+01   -0.17101E+01
                            -0.25000E+01   -0.43301E+01
                             0.86824E+00   -0.49240E+01
                             0.38302E+01   -0.32139E+01
                             0.50000E+01    0.87423E-06

IFLAG = 0

Vorgeg. Genauigkeit:        0.1E-05

Anzahl der Iterationen:     18

Nullstellen:                 0.16675E+00    0.29805E+00
                             0.86138E+00    0.62592E+00
                             0.21429E+00    0.10683E+01
                            -0.74242E+00    0.49505E+00
                             0.16675E+00   -0.29805E+00
                            -0.74242E+00   -0.49505E+00
                             0.21429E+00   -0.10683E+01
                             0.86138E+00   -0.62592E+00
                             0.80000E+01   -0.62875E-15
```

Abb. B14

Iterationen zu erhalten. Empirisch hat das Verfahren so immer konvergiert, jedoch kann Divergenz für sehr spezielle Startwerte nicht ausgeschlossen werden.

2. NEWTON-Verfahren zur Berechnung von einer oder zwei Nullstellen

Im letzten Abschnitt hatten wir nur paarweise verschiedene, d. h. nur einfache Nullstellen zugelassen. Wir zeigen jetzt zunächst, wie man diese auch für den jetzigen Abschnitt gültige Voraussetzung stets garantieren kann. Enthält die Zerlegung (8.85) einen k-fachen Faktor $(z-\tilde{x})^k$ und ist k maximal, so heißt $\tilde{x}$ eine k-fache Nullstelle des Polynoms p, wobei gleichgültig ist, ob $a_n \neq 1$ oder $a_n = 1$ ist. Es gilt also

$$p(z) = (z-\tilde{x})^k q(z) \;,$$

wobei q ein Polynom vom Grad $n-k$ und $\tilde{x}$ nicht Nullstelle von q ist. Dann wird

$$\begin{aligned} p'(z) &= k(z-\tilde{x})^{k-1} q(z) + (z-\tilde{x})^k q'(z) \\ &= (z-\tilde{x})^{k-1}\left[kq(z) + (z-\tilde{x})q'(z)\right]. \end{aligned}$$

Damit ist $\tilde{x}$ $(k-1)$-fache Nullstelle von p'. Analog wird gefolgert, daß $\tilde{x}$ $(k-i)$-fache Nullstelle der i-ten Ableitung $p^{(i)}$ von p ist $(i=1,\ldots,k-1)$. Somit findet man bei bekanntem k die Nullstelle $\tilde{x}$, indem man den größten gemeinsamen Teiler von p und $p^{(k-1)}$ feststellt. Dies geschieht mit dem von den natürlichen Zahlen her bekannten Algorithmus, den wir anhand eines Beispiels für $k=2$ in Erinnerung rufen.

Sei

$$p(z)=z^4-4z^3+3z^2+4z-4\,.$$

Dann ist

$$p'(z)=4z^3-12z^2+6z+4$$

und die Annahme einer doppelten Nullstelle führt zu den Schritten:

(1) $p(z):p'(z)=\frac{1}{4}z-\frac{1}{4}$, Rest $-\frac{3}{2}z^2+\frac{9}{2}z-3$,

(2) $p'(z):\left(-\frac{3}{2}z^2+\frac{9}{2}z-3\right)=-\frac{8}{3}z$, Rest $-2z+4$,

(3) $\left(-\frac{3}{2}z^2+\frac{9}{2}z-3\right):(-2z+4)=\frac{3}{4}z-\frac{3}{4}$, Rest 0.

Somit ist $(-2z+4)$ der größte gemeinsame Teiler und es ist $\tilde{x}=2$ eine doppelte Nullstelle. Es genügt dann, die (einfachen) Nullstellen von

(4) $p(z):(z-2)^2=z^2-1$

zu bestimmen. Ist k von vornherein nicht bekannt, so wendet man im Erfolgsfalle für p und p' denselben Algorithmus für p' und p'', p'' und p''' usw. an.

Im folgenden setzen wir also voraus, daß das Polynom (8.84) nur einfache Nullstellen hat, von denen für den Augenblick wenigstens eine reell sei, was z. B. für ungerades n stets der Fall ist. Dann kann man das NEWTON-Verfahren für eine Variable, also

$$z_{t+1}=z_t-\frac{p(z_t)}{p'(z_t)},\quad t\geq 0 \tag{8.94}$$

für $z_0 \in \mathbb{R}$ einsetzen. Dabei kommt uns das HORNER-Schema aus Kapitel 2 zu Hilfe, das dort für Polynome der Gestalt (2.2) hergeleitet wurde, die sich allerdings leicht von (8.84) unterscheidet. Jedenfalls konnten wir mit der Subroutine HORNER für ein Polynom vom Grad $n-1$ (hier n) simultan Funktionswert und erste Ableitung an einer Stelle ausrechnen. So benötigt man zur Implementation von (8.94) höchstens 10 Statements. Wollte man mit (8.94) eine komplexe Nullstelle suchen, so ist $z_0 \in \mathbb{C}$ zu verlangen und bei der Subroutine HORNER ein COMPLEX Statement für T, P und PP einzufügen, im Falle komplexer Koeffizienten a_i auch für A(N), d. h. im Fall (8.84) für A(0:N) einzufügen.

Gehen wir weiterhin von reellen Koeffizienten a_i aus, so können für geraden Grad n lauter Paare von konjugiert komplexen Nullstellen x und $\bar{x}$ auftreten. Man kann die Rechnung mit komplexen Zahlen vermeiden, wenn man die in der Zerlegung (8.85) auftretenden Faktoren

$$(z-x)(z-\bar{x}) = z^2 - \alpha x + \beta \tag{8.95}$$

mit den (unbekannten) reellen Größen

$$\alpha = 2\operatorname{Re} x,\ \beta = (\operatorname{Re} x)^2 + (\operatorname{Im} x)^2 = |x|^2$$

abspaltet, aus denen man dann die Nullstellen gemäß

$$\gamma = \sqrt{\beta - \left(\frac{\alpha}{2}\right)^2},\ x = \frac{\alpha}{2} + i\gamma,\ \bar{x} = \frac{\alpha}{2} - i\gamma,\ i^2 = -1 \tag{8.96}$$

berechnen kann.

Um ein Paar (α,β) zu bestimmen, setzen wir jetzt o. B. d. A. $a_n = 1$ voraus und betrachten somit

$$p(z) = z^n + a_{n-1}z^{n-1} + \ldots + a_1 z + a_0\ . \tag{8.97}$$

Dividieren wir dieses Polynom durch das quadratische Polynom (8.95), so erhalten wir mit

$$q(z) = z^{n-2} + b_{n-3}z^{n-3} + \ldots + b_1 z + b_0 \tag{8.98}$$

vom Grad $n-2$ und als Rest ein lineares Polynom $cx+d$, d. h. es gilt

$$p(z)=\left(z^2-\alpha z+\beta\right)q(z)+cz+d\,. \tag{8.99}$$

Unser Ziel ist es, α und β so zu bestimmen, daß $c=d=0$ wird. Dann sind x und $\bar{x}$ nach (8.96) für $\gamma>0$ zwei gesuchte konjugierte komplexe Nullstellen.

Multipliziert man in (8.99) aus und vergleicht die Koeffizienten mit denen von (8.97), so ergibt sich

$$\begin{aligned}
a_{n-1} &= -\alpha+b_{n-3}\,,\\
a_{n-2} &= \beta-\alpha b_{n-3}+b_{n-4}\,,\\
a_{n-3} &= \beta b_{n-3}-\alpha b_{n-4}+b_{n-5}\,,\\
&\vdots\\
a_1 &= \beta b_1-\alpha b_0+c\,,\\
a_0 &= \beta b_0+d\,.
\end{aligned}$$

Hier kann man nach den unbekannten Größen auflösen und erhält der Reihe nach

$$\begin{aligned}
b_{n-3} &= a_{n-1}+\alpha\,,\\
b_{n-4} &= a_{n-2}+\alpha b_{n-3}-\beta\,,\\
b_{n-5} &= a_{n-3}+\alpha b_{n-4}-\beta b_{n-3}\,,\\
&\vdots\\
b_k &= a_{k+1}+\alpha b_{k+1}-\beta b_{k+2}\,,\\
&\vdots\\
b_0 &= a_2+\alpha b_1-\beta b_2\,,
\end{aligned} \tag{8.100}$$

und schließlich

$$\begin{aligned}
c &= c(\alpha,\beta)=a_1+\alpha b_0-\beta b_1\,,\\
d &= d(\alpha,\beta)=a_0-\beta b_0\,.
\end{aligned} \tag{8.101}$$

Alle Koeffizienten b_k $(k = 0,\ldots,n-3)$ und c und d sind Funktionen der Unbekannten α und β. Das sogenannte *BAIRSTOW-Verfahren* besteht nun darin, das NEWTON-Verfahren auf die zwei nichtlinearen Gleichungen

$$\begin{aligned} c(\alpha,\beta) &= 0\,, \\ d(\alpha,\beta) &= 0 \end{aligned} \tag{8.102}$$

mit den zwei Unbekannten α und β anzuwenden. Dazu benötigen wir neben der Funktionswerteberechnung nach (8.100) und (8.101) die Berechnung der JACOBI-Matrix

$$\begin{pmatrix} \dfrac{\partial c}{\partial \alpha} & \dfrac{\partial c}{\partial \beta} \\[2ex] \dfrac{\partial d}{\partial \alpha} & \dfrac{\partial d}{\partial \beta} \end{pmatrix} \tag{8.103}$$

für bestimmte Werte von α und β. Dazu differenzieren wir die Gleichungen (8.100) nach α und dann nach β. Es wird

$$\begin{aligned}
&\frac{\partial b_{n-3}}{\partial \alpha} = 1\,, \\
&\frac{\partial b_{n-4}}{\partial \alpha} = \alpha \frac{\partial b_{n-3}}{\partial \alpha} + b_{n-3}\,, \\
&\frac{\partial b_{n-5}}{\partial \alpha} = \alpha \frac{\partial b_{n-4}}{\partial \alpha} + b_{n-4} - \beta \frac{\partial b_{n-3}}{\partial \alpha}\,, \\
&\vdots \\
&\frac{\partial b_k}{\partial \alpha} = \alpha \frac{\partial b_{k+1}}{\partial \alpha} + b_{k+1} - \beta \frac{\partial b_{k+2}}{\partial \alpha}\,, \\
&\vdots \\
&\frac{\partial b_0}{\partial \alpha} = \alpha \frac{\partial b_1}{\partial \alpha} + b_1 - \beta \frac{\partial b_2}{\partial \alpha}\,, \\
&\frac{\partial c}{\partial \alpha} = \alpha \frac{\partial b_0}{\partial \alpha} + b_0 - \beta \frac{\partial b_1}{\partial \alpha}\,, \\
&\frac{\partial d}{\partial \alpha} = -\beta \frac{\partial b_0}{\partial \alpha}
\end{aligned} \tag{8.104}$$

und

$$\frac{\partial b_{n-3}}{\partial \beta} = 0\,,$$

$$\frac{\partial b_{n-4}}{\partial \beta} = \alpha \frac{\partial b_{n-3}}{\partial \beta} - 1\,,$$

$$\frac{\partial b_{n-5}}{\partial \beta} = \alpha \frac{\partial b_{n-4}}{\partial \beta} - b_{n-3} - \beta \frac{\partial b_{n-3}}{\partial \beta}\,,$$

$$\vdots$$

$$\frac{\partial b_k}{\partial \beta} = \alpha \frac{\partial b_{k+1}}{\partial \beta} - b_{k+2} - \beta \frac{\partial b_{k+2}}{\partial \beta}\,, \tag{8.105}$$

$$\vdots$$

$$\frac{\partial b_0}{\partial \beta} = \alpha \frac{\partial b_1}{\partial \beta} - b_2 - \beta \frac{\partial b_2}{\partial \beta}\,,$$

$$\frac{\partial c}{\partial \beta} = \alpha \frac{\partial b_0}{\partial \beta} - b_1 - \beta \frac{\partial b_1}{\partial \beta}\,,$$

$$\frac{\partial d}{\partial \beta} = -b_0 - \beta \frac{\partial b_0}{\partial \beta}\,.$$

Somit lassen sich die für die JACOBI-Matrix (8.103) benötigten Werte ebenso wie die Funktionswerte mittels der Rekursionen (8.104) und (8.105) einfach ausrechnen. Die für das NEWTON-Verfahren angewandt auf (8.102) benötigten Werte sind somit bei jeder Iteration berechenbar; die Nichtsingularität von (8.103) ist erforderlich. Wenn das NEWTON-Verfahren für bestimmte Startwerte $\left(\alpha^{(0)},\beta^{(0)}\right)$ konvergiert, so hat man für eine Lösung (α^*,β^*) auch die Koeffizienten von q, indem man diese Werte in (8.100) einsetzt. Es verbleibt die Frage der Startwerte. Von deren Wahl hängt im Falle der Konvergenz auch ab, ob ein Paar $(x,\bar{x})$ oder ein anderes Paar $(y,\bar{y})$ gefunden wird. Häufig kommt man mit $\alpha^{(0)} = \beta^{(0)} = 0$ zurecht, obwohl Konvergenz so nicht garantiert ist.

Beachtenswert ist, daß das BAIRSTOW-Verfahren auch funktionieren kann, wenn keine konjugiert komplexen Nullstellen vorliegen. Ist nämlich in (8.96) $\beta - \left(\frac{\alpha}{2}\right)^2 < 0$, so sind x und $\bar{x}$ zwei verschiedene reelle Nullstellen. (Der Fall $\beta - \left(\frac{\alpha}{2}\right)^2 = 0$ kann nach unserer Voraussetzung über nur einfache Nullstellen nicht auftreten.) Sucht man also nicht nur eine Nullstelle, so kann man stets gleich das BAIRSTOW-Verfahren anwenden und gleich quadratische (statt lineare) Faktoren abspalten. Ist ein quadratischer Faktor (8.95) bestimmt, so wird dasselbe Verfahren auf das Polynom q angewandt, von diesem wieder ein quadratischer Faktor abgespalten usw., bis ein quadratisches oder lineares Polynom übrig bleibt. Wegen der bei der Abspaltung unvermeidbaren Rundungsfehler muß allerdings damit gerechnet werden, daß die Koeffizienten in den jeweiligen Polynomen q leicht verfälscht sind. Wegen der möglicherweise sehr schlechten Kondition von Polynomnullstellen bezüglich Änderung in den Koeffizienten (siehe Ende Kapitel 1) muß dann damit gerechnet werden, daß die Nullstellen durch die sukzessive Abspaltung mehr und mehr verfälscht werden. Da steht das Verfahren aus dem letzten Abschnitt günstiger da, weil stets nur die Koeffizienten des Ausgangspolynoms benutzt werden.

Der Anordnung der Abschnitte beim allgemeinen reellen Nullstellenproblem entsprechend müßten jetzt Intervallmethoden folgen. Dies ist deswegen so nicht möglich, da für komplexes z kein Vorzeichen von $p(z)$ definiert werden kann. Es gibt jedoch einige sehr effiziente, aber auch sehr komplizierte Methoden zur Lokalisierung von komplexen Nullstellen, bei denen statt Intervalle Kreisscheiben benutzt werden. Hierbei werden Kenntnisse aus der Funktionentheorie benutzt, die wir hier nicht voraussetzen.

9. Eigenwertprobleme

Wir halten dieses Kapitel sehr klein und geben nur einige *Eigenwertabschätzungen* und mit der *Potenzmethode* das wichtigste numerische Verfahren an.

Eigenwertabschätzungen

Sei $A \in \mathbb{R}^{n \times n}$ gegeben und gesucht sei ein Paar (λ, x) mit $x \neq 0$ derart, daß

$$Ax = \lambda x \tag{9.1}$$

gilt. Selbst bei reellem A können Eigenvektor x und Eigenwert λ komplex sein. Da mit x auch αx, $\alpha \neq 0$, Eigenvektor ist, ist x nicht eindeutig bestimmt. Um $x = 0$ auszuschließen ist eine Normierungsbedingung wie z. B.

$$\bar{x}^T x = \|x\|_2^2 = 1 \tag{9.2}$$

erforderlich. Zusammen bilden (9.1) und (9.2) ein nichtlineares Gleichungssystem mit $n+1$ Gleichungen für die $n+1$ Unbekannten $\lambda, x_1, \ldots, x_n$, die für reelles λ alle reell sind, für komplexes λ aber alle komplex sein können.

Wir wollen zunächst obere Schranken für die Eigenwerte $\{\lambda_1, \ldots, \lambda_n\} =: \lambda(A)$ bestimmen. Ist $\| \;\|$ eine durch eine Vektornorm im $\mathbb{C}^n$ induzierte Matrixnorm, so gilt

$$\|\lambda x\| = |\lambda| \|x\| = \|Ax\| \leq \|A\| \, \|x\|$$

und folglich

$$|\lambda| \leq \|A\|, \; \lambda \in \lambda(A) \; . \tag{9.3}$$

Ist $X \in \mathbb{R}^{n \times n}$ eine nichtsinguläre Matrix, so haben A und $X^{-1}AX$ die gleichen Eigenwerte. Es gilt der

Satz 31: Sei $X^{-1}AX = D+E$, wobei D eine Diagonalmatrix $D = diag(d_1,\dots,d_n)$ mit $d_i \neq \lambda \in \lambda(A)$ ist und $diag\ E = 0$ ist. Dann gilt

$$\lambda(A) \subset \bigcup_{i=1}^{n} K_i \ , \tag{9.4}$$

wobei die

$$K_i = \left\{ z \in \mathbb{C} : |z - d_i| \le \sum_{j=1}^{n} |e_{ij}| \right\} \tag{9.5}$$

die *GERSCHGORIN-Kreise* sind. Die Aussage (9.4) bedeutet, daß alle Eigenwerte in der Vereinigung dieser Kreise liegen.

Beweis: Für $\lambda \in \lambda(A)$ ist $D - \lambda I$ nach Voraussetzung nichtsingulär. Die Matrix $D - \lambda I + E = X^{-1}AX - \lambda I$ jedoch ist singulär. Somit existiert ein Vektor $x \neq 0$ mit

$$0 = [(D-\lambda I)+E]x = (D-\lambda I)[I + (D-\lambda I)^{-1}E]x \ .$$

Also gilt

$$-x = (D-\lambda I)^{-1}Ex$$

und somit

$$\|x\| = \|(D-\lambda I)^{-1}Ex\| \le \|(D-\lambda I)^{-1}E\| \ \|x\| \ ,$$

d. h.

$$\|(D-\lambda I)^{-1}E\| \ge 1 \ . \tag{9.6}$$

Wählt man nun $\| \ \| = \| \ \|_\infty$, so gilt

$$\|(D-\lambda I)^{-1}E\|_\infty = \sum_{j=1}^{n} \frac{|e_{kj}|}{|d_k - \lambda|}$$

für ein $k \in \{1,\dots,n\}$, was zusammen mit (9.6) die Behauptung liefert. □

Für $X = I$ kann die Abschätzung (9.4) ziemlich schlecht sein, wie die beiden Beispiele

$$A_1 = \begin{pmatrix} 33 & 16 & 72 \\ -24 & -10 & -57 \\ -8 & -4 & -17 \end{pmatrix}, \quad A_2 = \begin{pmatrix} 8 & -1 & -5 \\ -4 & 4 & -2 \\ 18 & -5 & -7 \end{pmatrix}$$

zeigen. Es ist $\lambda(A_1) = \{1, 2, 3\}$ und $\lambda(A_2) = \{1, 2+4i, 2-4i\}$. Die GERSCHGORIN-Kreise und die Eigenwerte sind in den Abb. Z41 und Z42 visualisiert. Man muß sich also bei der Bestimmung von geeigneten Matrizen X schon etwas Mühe machen. Wählt man für X Diagonalmatrizen, so ändern sich die Mittelpunkte $d_k = a_{kk}$ der Kreise nicht. Da A und A^T dieselben Eigenwerte haben, kann man den Satz auch auf A^T anwenden.

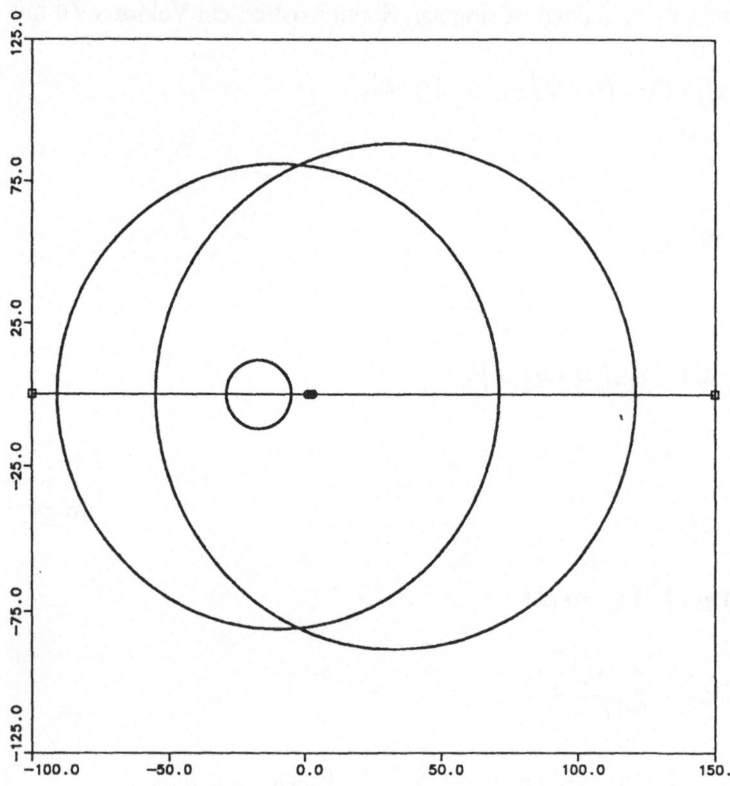

Abb. Z41

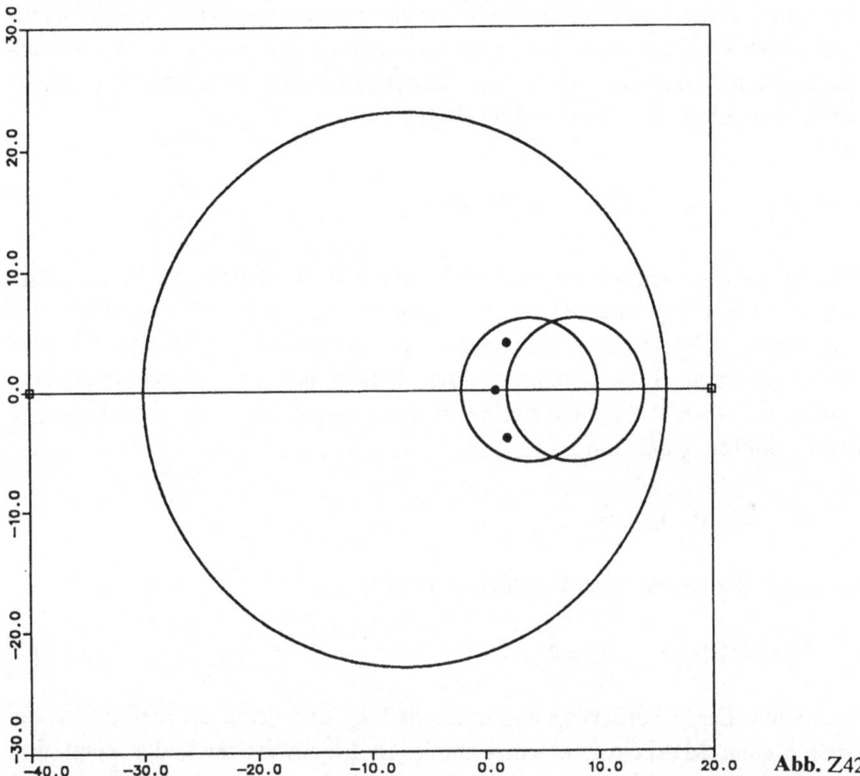

Abb. Z42

Wir wollen jetzt mit Satz 31 die Behauptung (8.92) aus dem letzten Kapitel beweisen. Für die Matrix

$$A=\begin{pmatrix} 0 & & & & & -a_0/a_n \\ 1 & 0 & & & & -a_1/a_n \\ & 1 & 0 & & & -a_2/a_n \\ & & & & & \\ & & & 1 & 0 & -a_{n-2}/a_n \\ & & & & 1 & -a_{n-1}/a_n \end{pmatrix}$$

gilt

$$\det(A-zI)=(-1)^n\left(a_n z^n+a_{n-1}z^{n-1}+\ldots+a_1 z+a_0\right)/a_n$$

wie man mit dem LAPLACEschen Entwicklungssatz angewandt auf die letzte Spalte von $A - zI$ feststellt. Damit sind die Eigenwerte von A Nullstellen des Polynoms p (8.84) und umgekehrt. Wendet man Satz 31 aber auf A an, so ergibt sich gerade die Abschätzung (8.92).

Potenzverfahren und inverse Iteration

Im folgenden wollen wir das praktisch wichtigste Verfahren zur Bestimmung von einzelnen Eigenwerten einer reellen Matrix diskutieren, nämlich das sogenannte Potenzverfahren und das besonders effiziente inverse Potenzverfahren. Das Potenzverfahren beruht auf drei Voraussetzungen. Erstens sei $A \in \mathbb{R}^{n \times n}$ diagonalisierbar, d. h. es existieren n linear unabhängige Eigenvektoren $u_i \in \mathbb{C}^n$ mit

$$Au_i = \lambda_i u_i \quad (i = 1,\ldots,n)\,, \tag{9.6}$$

wobei für die zugehörigen Eigenwerte zweitens

$$|\lambda_1| > |\lambda_2| \geq |\lambda_3| \geq \ldots \geq |\lambda_n| > 0 \tag{9.7}$$

gelten soll. Diese Forderung impliziert, daß λ_1 (und damit u_1) reell ist, da bei einer reellen Matrix mit einem komplexen Eigenwert auch der konjugiert komplexe mit gleichem Betrag auftreten würde. Drittens sei $v^{(0)} \in \mathbb{R}^n$ ein Startvektor, in dessen Darstellung

$$v^{(0)} = a_1 u_1 + \ldots + a_n u_n,\; a_i \in \mathbb{C} \quad (i = 1,\ldots,n) \tag{9.8}$$

bezüglich der Basis aus Eigenvektoren $a_1 \neq 0$ gelte. Wir betrachten die Folge

$$v^{(t)} = Av^{(t-1)} = A^t v^{(0)}, \quad t \geq 1\,. \tag{9.9}$$

Setzt man hier (9.8) ein, so wird

$$\begin{aligned} v^{(t)} &= a_1 A^t u_1 + \ldots + a_n A^t u_n \\ &= a_1 \lambda_1^t u_1 + \ldots + a_n \lambda_n^t u_n \\ &= \lambda_1^t \left[a_1 u_1 + a_2 \left(\frac{\lambda_2}{\lambda_1} \right)^t u_2 + \ldots + a_n \left(\frac{\lambda_n}{\lambda_1} \right)^t u_n \right]. \end{aligned} \tag{9.10}$$

Wegen der Voraussetzung (9.7) gilt $(\lambda_j/\lambda_1)^t \to 0$ $(j = 2,\ldots,n)$, weshalb wegen $a_1 \neq 0$ die Vektoren $v^{(t)}/\lambda_1^t$ gegen ein Vielfaches des gesuchten Eigenvektors u_1 konvergieren. Aus numerischen Gründen wird man dafür sorgen, daß die Proportionalitätsfaktoren nicht zu groß bzw. zu klein werden, etwa durch geeignete Normierung. Die Bezeichnung *Potenzverfahren* kommt von der Vorschrift (9.9).

Wie kann man nun auch λ_1 erhalten bzw. während der Iteration Näherungen $\lambda_1^{(t)}$ mitbestimmen? Wegen (9.10) gilt

$$w^{(t+1)} := Av^{(t)} \approx a_1\lambda_1^{t+1}u_1 = \lambda_1 v^{(t)} \tag{9.11}$$

für größere t. Somit folgt

$$\left\|w^{(t+1)}\right\|_2 \approx \left\|\lambda_1 v^{(t)}\right\|_2 = |\lambda_1|\,, \tag{9.12}$$

wenn man für eine gewünschte Normierung

$$\left\|v^{(t)}\right\|_2 = 1 \tag{9.13}$$

sorgt. Nach (9.12) stellen die Werte

$$\lambda_1^{(t)} := \operatorname{sgn}\lambda_1 \left\|w^{(t+1)}\right\|_2 \tag{9.14}$$

Näherungen für λ_1 dar und $w^{(t+1)}$ bzw. $v^{(t)}$ sind solche für u_1. Um das Vorzeichen von λ_1 zu erhalten, betrachten wir (9.11) komponentenweise. Es ist

$$w_i^{(t+1)} \approx \lambda_1 v_i^{(t)} \ (i = 1,\ldots,n)\,. \tag{9.15}$$

Für genügend großes t ist also für $v_i^{(t)} \neq 0$

$$\operatorname{sgn}\lambda_1 = \operatorname{sgn}\left(\frac{w_i^{(t+1)}}{v_i^{(t)}}\right) \ (i = 1,\ldots,n)\,. \tag{9.16}$$

Um hier eine Division durch Null zu vermeiden, wählt man ein k so, daß

$$\left|v_k^{(t)}\right| = \max_{i=1,\ldots,n} \left|v_i^{(t)}\right|.$$

Dann erhalten wir aus (9.14) mit (9.16) schließlich

$$\lambda_1^{(t)} = \operatorname{sgn}\left(\frac{w_k^{(t+1)}}{v_k^{(t)}}\right) \left\|w^{(t+1)}\right\|_2 \tag{9.17}$$

als Näherungen für λ_1 bei großen Werten von t. Um die Normierung (9.13) zu erhalten, setzen wir für $w^{(t+1)}$ aus (9.11)

$$v^{(t+1)} = \frac{1}{\left\|w^{(t+1)}\right\|_2} \cdot w^{(t+1)} .$$

Insgesamt ergibt sich somit folgender Algorithmus:

(1) Wähle $v^{(0)} \in \mathbb{R}^n$ mit $a_1 \neq 0$ in (9.8). Setze $s_1 := 0$, $t = 0$.

(2) Setze $w^{(t+1)} := Av^{(t)}$, $t \geq 0$.

(3) Berechne $s_2 := \left\|w^{(t+1)}\right\|_2$.

(4) Wenn $|s_2 - s_1| \geq \varepsilon |s_2|$ und $t <$ITMAX, so setze $s_1 := s_2$, $v^{(t+1)} := w^{(t+1)}/s_2$, $t := t+1$ und gehe nach (2).

(5) Wähle k gemäß $\left|v_k^{(t)}\right| = \max_i \left|v_i^{(t)}\right|$, setze $\lambda_1 = \operatorname{sgn}\left(w_k^{(t+1)}/v_k^{(t)}\right)s_2$, $u_1 := v^{(t)}$, ITMAX$=t$. STOP.

Wenn alle vorgegebenen ITMAX Iterationen ausgeführt sind, muß das Verfahren noch nicht konvergiert haben! Die Konvergenzgeschwindigkeit wird durch das Verhältnis λ_2/λ_1 bestimmt. Ist $|\lambda_2/\lambda_1|$ nahe bei Eins, so ist die Konvergenz sehr langsam und umso schneller, je kleiner dieser Quotient ist.

In der Subroutine MAXEWT aus Abb. U46 ist der Algorithmus so implementiert. Der Startvektor $v^{(0)}$ wird im Feld X erwartet. Wird die vorgegebene Maximalanzahl von Iterationen nicht erreicht, so enthält ITMAX nach erfolgtem Aufruf von MAXEWT die tatsächlich durchgeführte Anzahl von Iterationen, ZEW(ITMAX) die Näherung für λ_1 und X den normierten Vektor $v^{(t)} \approx u_1$. Die Werte (ZEW(K), K=1, ITMAX-1) sind die Näherungswerte $\left|\lambda_1^{(t)}\right|$.

```
      SUBROUTINE MAXEWT (NDIM,N,A,X,HX,ZEW,EPS,ITMAX,IFLAG)
      REAL A(NDIM,N),X(N),HX(N),ZEW(ITMAX)
      IFLAG=0
      IT=0
      S1=0.0
   10 S2=0.0
      DO 30 I=1,N
         H=0.0
         DO 20 J=1,N
            H=H+A(I,J)*X(J)
   20    CONTINUE
         HX(I)=H
         S2=S2+H*H
   30 CONTINUE
      S2=SQRT(S2)
      ZEW(IT)=S2
      IF((ABS(S1-S2)).LT.(EPS*S2)) THEN
        ITMAX=IT
        MAX=1
        XMAX=ABS(X(1))
        DO 40 I=2,N
          IF(ABS(X(I)).GT.XMAX) THEN
            MAX=I
            XMAX=ABS(X(I))
          END IF
   40   CONTINUE
        ZEW(IT)=SIGN(1.0,HX(MAX)/X(MAX))*S2
        RETURN
      END IF
      S1=S2
      S2=1.0/S2
      DO 50 I=1,N
         X(I)=HX(I)*S2
   50 CONTINUE
      IT=IT+1
      IF(IT.LE.ITMAX) GOTO 10
      IFLAG=1
      RETURN
      END
```

Abb. U46 MAXEWT

Bei den folgenden Beispielen war stets $\varepsilon = 10^{-6}$, ITMAX$=200$ und $v^{(0)} = (1, 1, \ldots, 1)^T$ gewählt worden. Für die Matrix

$$A_1 = \begin{pmatrix} 4 & 1 & 1 \\ 2 & 4 & 1 \\ 0 & 1 & 4 \end{pmatrix}$$

mit $\lambda(A_1) = \{3, 3, 6\}$ wurde in 16 Iterationen $\lambda_1 = 6.00000$ erreicht, für

$$A_2 = \begin{pmatrix} 33 & 16 & 72 \\ -24 & -10 & -57 \\ -8 & -4 & -17 \end{pmatrix}$$

mit $\lambda(A_2) = \{1, 2, 3\}$ in 31 Iterationen $\lambda_1 = 3.00000$. Im ersten Fall war $\lambda_2/\lambda_1 = 1/2$, im zweiten $\lambda_2/\lambda_1 = 2/3$, was sich in der unterschiedlichen Anzahl von Iterationen bemerkbar macht. Für

$$A_3 = \begin{pmatrix} 8 & -1 & -5 \\ -4 & 4 & -2 \\ 18 & -5 & -7 \end{pmatrix}$$

mit $\lambda(A_3) = \{1, 2+4i, 2-4i\}$ ist die Voraussetzung (9.7) verletzt, und das Verfahren konvergiert nicht. Die Wahl von $v^{(0)}$ ist i. a. unproblematisch, da durch Rundungsfehler der ausgeschlossene Fall $a_1 = 0$ sozusagen während der Iteration korrigiert wird.

Da für die nichtsinguläre Matrix A gilt, daß mit dem Eigenwert λ von A dann $1/\lambda$ Eigenwert von A^{-1} ist, kann man das Potenzverfahren im Fall

$$|\lambda_1| \geq |\lambda_2| \geq \ldots \geq |\lambda_{n-1}| > |\lambda_n| > 0$$

auf A^{-1} anwenden, um den betragskleinsten Eigenwert von A zu erhalten. Wegen

$$\frac{1}{|\lambda_n|} > \frac{1}{|\lambda_{n-1}|} \geq \frac{1}{|\lambda_{n-2}|} \geq \ldots \geq \frac{1}{|\lambda_1|} > 0$$

ist nämlich die Voraussetzung (9.7) für A^{-1} erfüllt. Natürlich bildet man in Schritt (2) nicht $w^{(t+1)} = A^{-1}v^{(t)}$, sondern löst in jeder Iteration das lineare Gleichungssystem $Aw^{(t+1)} = v^{(t)}$, was nur eine LU-Zerlegung mit PSGAUSS und ITMAX Aufrufe von SOLVE erfordert.

Die eigentlichen Stärken, d. h. die schnellere Konvergenz und die Bestimmung auch von anderen als dem betragsgrößten oder betragskleinsten Eigenwert samt zugehörigem Eigenvektor, tritt zutage, wenn man $\mu \in \mathbb{R}$ in der Nähe des zu bestimmenden (reellen und einfachen) Eigenwerts λ_k wählt und mit $(A - \mu I)^{-1}$ iteriert. Für hinreichend kleines $\varepsilon > 0$ gilt nämlich $|\lambda_k - \mu| < \varepsilon$ und $|\lambda_j - \mu| > \varepsilon$ $(j = 1,\ldots,n;\ j \neq k)$. Somit ist für die Matrix $(A - \mu I)^{-1}$ wegen

$$\frac{1}{|\lambda_k - \mu|} > \frac{1}{|\lambda_j - \mu|} \quad (j \neq k)$$

die erforderliche Voraussetzung (9.7) erfüllt. Die inverse Potenzmethode für $A - \mu I$ liefert eine Näherung

$$z = \frac{1}{\lambda_k - \mu}$$

für den betragskleinsten Eigenwert z von $A - \mu I$, womit sich

$$\lambda_k = \frac{1}{z} + \mu$$

ergibt. Der zu λ_k gehörige Eigenvektor u_k von A ist mit dem zu z gehörenden Eigenvektor von $(A - \mu I)^{-1}$ identisch, denn aus $Au_k = \lambda_k u_k$ folgt

$$Au_k - \mu I u_k = \lambda_k u_k - \mu u_k,$$

also

$$\frac{1}{\lambda_k - \mu} u_k = (A - \mu I)^{-1} u_k \ .$$

In der Subroutine INVITE aus Abb. U47 wird die inverse Potenziteration für $A - \mu I$ durchgeführt. MY bedeutet μ. PSGAUSS/SOLVE lösen die auftretenden linearen Gleichungssysteme. Auch hier muß nur eine LU-Zerlegung von $A - \mu I$ mit PSGAUSS durchgeführt werden.

Das Beispiel in Abb. B15 zeigt eine 5×5 Matrix mit 5 reellen Eigenwerten. Für $\mu = 10(k-1)$ $(k = 1,\dots,26)$ sind die jeweils erreichten Eigenwerte von A und die für $\varepsilon = 10^{-6}$ benötigte Anzahl von Iterationen (wieder bei den Startwerten $v^{(0)} = (1, 1, \dots, 1)^T$) angegeben. Weiß man wie z. B. bei symmetrischen Matrizen, daß alle Eigenwerte reell sind, so kann man auf diese Weise alle Eigenwerte durch Abtasten finden. Das Verfahren konvergiert umso schneller, je näher μ an einem reellen Eigenwert λ_k liegt. Im Prinzip kann man μ sogar im Laufe der Iteration ändern, z. B. durch Näherungen $\lambda_k^{(t)}$ ersetzen, um schnellere Konvergenz zu erreichen. Der Preis sind allerdings weitere LU-Zerlegungen von fast singulären Matrizen.

```
      SUBROUTINE INVITE (NDIM,N,A,X,MY,ZEW,EPS,ITMAX,HX,IPVT,IFLAG)
      REAL A(NDIM,N),X(N),HX(N),ZEW(ITMAX),MY
      INTEGER IPVT(N)
      IFLAG=0
      S1=0.0
      IT=1
      DO 10 I=1,N
         A(I,I)=A(I,I)-MY
   10 CONTINUE
      CALL PSGAUSS(NDIM,N,A,IPVT)
   20 DO 30 I=1,N
         HX(I)=X(I)
   30 CONTINUE
      CALL SOLVE (NDIM,N,A,X,IPVT)
      S2=0.0
      DO 40 I=1,N
         H=X(I)
         S2=S2+H*H
   40 CONTINUE
      S2=SQRT(S2)
      ZEW(IT)=S2
      IF((ABS(S1-S2)).LT.(EPS*S2)) THEN
        ITMAX=IT
        MAX=1
        HMAX=ABS(HX(1))
        DO 50 I=2,N
           IF(ABS(HX(I)).GT.HMAX) THEN
             MAX=I
             HMAX=ABS(HX(I))
           END IF
   50   CONTINUE
        S2=SIGN(1.0,X(MAX)/HX(MAX))*S2
        ZEW(IT)=1.0/S2+MY
        DO 60 I=1,N
           X(I)=HX(I)
   60   CONTINUE
        RETURN
      END IF
      S1=S2
      S2=1.0/S2
      DO 70 I=1,N
         X(I)=X(I)*S2
   70 CONTINUE
      IT=IT+1
      IF(IT.LE.ITMAX) GOTO 20
      IFLAG=1
      RETURN
      END
```

Abb. U47 INVITE

```
Matrix:

       122.0       41.0       40.0       26.0       25.0
        40.0      170.0       25.0       14.0       24.0
        27.0       26.0      172.0        7.0        3.0
        32.0       22.0        9.0      106.0        6.0
        31.0       28.0       -2.0       -1.0      165.0
```

MY	ZEW(ITMAX)	Iterationen	tatsaechlicher Wert
0.0	77.69733	25	
10.0	77.69730	23	
20.0	77.69726	21	
30.0	77.69723	19	
40.0	77.69723	16	
50.0	77.69720	14	77.69719
60.0	77.69720	11	
70.0	77.69719	8	
80.0	77.69719	7	
90.0	77.69719	22	
100.0	112.15419	20	
110.0	112.15419	7	112.15419
120.0	112.15419	21	
130.0	134.68646	12	
140.0	134.68646	9	134.68646
150.0	134.68646	81	
160.0	167.48488	15	
170.0	167.48488	8	
180.0	167.48488	13	167.48488
190.0	167.48488	22	
200.0	167.48486	63	
210.0	242.97726	28	
220.0	242.97726	10	
230.0	242.97728	7	242.97727
240.0	242.97728	5	
250.0	242.97728	6	

Abb. B15

10. Anfangs- und Randwertprobleme für gewöhnliche Differentialgleichungen

Problemstellung, Existenz- und Eindeutigkeitsaussagen

Viele Probleme aus den Naturwissenschaften und der Technik führen auf Differentialgleichungen. Wird eine differenzierbare Funktion $y = y(x)$ einer reellen Veränderlichen x (in den Anwendungen meistens die Zeit) gesucht, deren Ableitung y' nach x einer Gleichung der Form

$$y'(x) = f(x, y(x)) \tag{10.1}$$

genügen soll, so handelt es sich um eine gewöhnliche Differentialgleichung. (Bei partiellen Differentialgleichungen, die wir hier nicht betrachten werden, liegen mehrere Veränderliche, i. a. zwei oder drei sowie eine Gleichung vor, in der auch partielle Ableitungen nach den verschiedenen Veränderlichen auftreten.) Im allgemeinen besitzt (10.1) unendlich viele Funktionen y als Lösung (z. B. sind für $y' = y$ die Funktionen $y = ce^x$, wobei c eine beliebige Konstante ist, Lösungen) oder auch gar keine. Durch zusätzliche Bedingungen kann man eine gewisse Lösung aus der Menge aller Lösungen aussondern, z. B. durch eine Anfangsbedingung

$$y(x_0) = y_0 \ . \tag{10.2}$$

Allgemeiner kann man auch Systeme von gewöhnlichen Differentialgleichungen betrachten. Dann sind in (10.1) y, y' und f als Vektoren zu betrachten, deren n Komponenten Funktionen von $x \in \mathbb{R}$ bzw. x und $y_1, \ldots, y_n$ sind, und für y_0 aus (10.2) gilt $y_0 \in \mathbb{R}^n$.

Neben den bisher betrachteten gewöhnlichen Differentialgleichungen erster Ordnung, bei denen nur Ableitungen erster Ordnung der unbekannten Funktion y vorkamen, treten gewöhnliche Differentialgleichungen k-ter Ordnung der Form

$$y^{(k)}(x) = f\left(x, y(x), y'(x), \ldots, y^{(k-1)}(x)\right) \tag{10.3}$$

auf, die jedoch durch Einführung der Hilfsfunktionen

$$z_i(x) = y^{(i-1)}(x) \quad (i = 1,\dots,k) \tag{10.4}$$

auf ein äquivalentes System von gewöhnlichen Differentialgleichungen

$$z' = \begin{pmatrix} z'_1 \\ \vdots \\ z'_{k-1} \\ z'_k \end{pmatrix} = \begin{pmatrix} z_2 \\ \vdots \\ z_k \\ f(x, z_1, \dots, z_k) \end{pmatrix} \tag{10.5}$$

zurückgeführt werden können. Läßt man in (10.3) nur Funktionen (und nicht Vektoren von Funktionen) zu, so kann man sich also auf (10.1) beschränken, wenn man je nach Situation y und f als Funktionen bzw. Vektoren von Funktionen zuläßt. Wir werden im folgenden keinen Unterschied machen. Ein Anfangswertproblem für (10.3) erhält man durch die Bedingungen

$$y^{(i)}(x_0) = y_{i0} \quad (i = 0,\dots,k-1) \ , \tag{10.6}$$

die für (10.5) in

$$z_i(x_0) = y_{i-1,0} \quad (i = 1,\dots,k) \tag{10.7}$$

übergehen.

Neben Anfangswertproblemen für Systeme von Differentialgleichungen erster Ordnung werden wir auch Randwertprobleme für gewöhnliche Differentialgleichungen zweiter Ordnung betrachten. Gesucht ist hier $y = y(x)$ mit

$$y''(x) = f(x, y(x), y'(x)) \tag{10.8}$$

und mit den Randbedingungen

$$y(x_0) = y_0,\ y(x_1) = y_1,\ x_0 \neq x_1 \ . \tag{10.9}$$

Im folgenden sei ein System (10.1) von gewöhnlichen Differentialgleichungen mit den Anfangsbedingungen (10.2) gegeben. Wie man aus der Analysis-Vorlesung weiß, gelten folgende Feststellungen. Ist f auf $G = \{(x, y),$

$-\infty < a \le x \le b < \infty, y \in \mathbb{R}^n\}$ definiert und *LIPSCHITZ-stetig*, d. h. existiert eine Konstante L mit

$$\|f(x,y_1) - f(x,y_2)\| \le L\,\|y_1 - y_2\| \qquad (10.10)$$

für alle $x \in [a,b]$ und alle $y_1, y_2 \in \mathbb{R}^n$, dann existiert zu jedem $x \in [a,b]$ und jedem $y_0 \in \mathbb{R}^n$ genau eine Funktion $y = y(x)$, die stetig differenzierbar in $[a,b]$ ist, die dem Differentialgleichungssystem (10.1) und den Anfangsbedingungen (10.2) genügt. Die *LIPSCHITZ-Bedingung* (10.10) ist wegen des Mittelwertsatzes insbesondere dann erfüllt, wenn die partiellen Ableitungen $\frac{\partial f_i}{\partial y_j}(i,j = 1,\ldots,n)$ auf G existieren, stetig und beschränkt sind. Weiter hängt, falls (10.10) gilt, die Lösung von (10.1) stetig von y_0 ab, unter Zusatzvoraussetzungen, die allerdings schwieriger zu verifizieren sind, sogar stetig differenzierbar von y_0 ab.

Bei Randwertproblemen gibt es kaum allgemeine Existenz- und Eindeutigkeitssätze. Bei (10.8) und (10.9) können Fälle auftreten, wo keine, genau eine oder mehrere Lösungen auftreten, wie das folgende Beispiel zeigt. Für die gewöhnliche Differentialgleichung zweiter Ordnung

$$y'' = -y$$

ist die allgemeine Lösung

$$y(x) = a\sin x + b\cos x, \quad a,b \text{ beliebig.}$$

Fordert man

$$y(0) = 0,\; y(\pi/2) = 1 \;,$$

so ist

$$y(x) = \sin x$$

die einzige Lösung. Schreibt man

$$y(0) = 0,\; y(\pi) = 0$$

vor, so gibt es unendlich viele Lösungen

$$y(x) = a \sin x, \quad a \text{ beliebig.}$$

Schließlich gibt es für

$$y(0) = 0, \; y(\pi) = 1$$

keine Lösung. Hat man z. B. aber eine lineare Differentialgleichung, treten y, y' und y'' also nur linear auf, gilt also

$$\begin{aligned} & y'' = B(x)y' + C(x)y + D(x), \; x \in [a,b] \\ & y(a) = \alpha, \; y(b) = \beta, \end{aligned} \tag{10.11}$$

so gibt es Existenz- und Eindeutigkeitsaussagen.

Im folgenden beschäftigen wir uns mit einigen Algorithmen zur Lösung von Differentialgleichungssystemen erster Ordnung (10.1) mit Anfangswerten (10.2) und mit der Lösung von Randwertaufgaben der Gestalt

$$\begin{aligned} & y'' = f(x, y, y'), \\ & y(a) = \alpha, \; y(b) = \beta, \end{aligned} \tag{10.12}$$

die den Spezialfall (10.11) beinhalten.

Anfangswertprobleme

1. Methode der TAYLOR-Reihenentwicklung

Ist die Lösung von (10.1) genügend oft differenzierbar, so können wir

$$y(x+h) = y(x) + hf(x,y) + \frac{1}{2!}h^2 y''(x) + \ldots + \frac{1}{k!}h^k y^{(k)}(x) + \ldots \tag{10.13}$$

schreiben. Ist h hinreichend klein und können $y(x), \ldots, y^{(k)}(x)$ berechnet werden, so kann man $y(x+h)$ so approximieren, zunächst für $x = x_0$, dann für $x = x_0 + h$, $x = x_0 + 2h$ usw.

Bricht man schon für $k=1$ ab, so hat man mit

$$y(x+h)=y(x)+hf(x,y) \tag{10.14}$$

das *Verfahren von EULER*. Dieses kann nicht sehr genau arbeiten, da nur zwei Terme in der Entwicklung (10.13) benutzt werden. Will man mehr Terme zulassen, so muß die gegebene Differentialgleichung differenziert werden können. Nach der Kettenregel gilt

$$y''=f_x+f_y f \ , \tag{10.15}$$

$$y'''=f_{xx}+f_{yx}f+(f_x+f_y f)f_y+f(f_{yx}+f_{yy}f) \ , \tag{10.16}$$

usw.

Bei der Schreibweise (10.16) müssen wir voraussetzen, daß es sich nur um eine einzige Differentialgleichung handelt.

Für das Beispiel

$$y'=1+x^3+y^2, \ y(0)=0 \tag{10.17}$$

ergibt sich etwa

$$y''=3x^2+2yy' \ ,$$
$$y'''=6x+2yy''+2y'^2 \ ,$$
$$y^{\text{IV}}=6+2yy'''+6y'y'' \ , \text{ usw.}$$

Dabei haben wir momentan überall die Argumente weggelassen. Wählt man im Beispiel (10.17) $h=1/128=.0078125$ (exakte Darstellung in Computern mit Zahlenbasis $\beta=2$!), so ergeben sich Werte

$$k=1: \quad y(.25)=.25093, \quad y(1)=1.24617 \ ,$$
$$k=4: \quad y(.25)=.25634, \quad y(1)=1.99179 \ .$$

Jetzt stellt sich die Frage nach der Genauigkeit der Näherungswerte. Natürlich werden bei gleichem h die Werte für $k=4$ genauer sein. Da wir $\frac{1}{5!}h^5y^{(5)}(x)+\ldots$ vernachlässigt haben und $h^5=2^{-35}\approx\frac{1}{3}10^{-10}$ ist, kann man hoffen, daß alle angegebenen Stellen für $k=4$ richtig sind. Zur Kontrolle könnte man mit $x_0=1$ und $y_0=1.99179$ starten und mit $h=-1/128$ zu $x=0$ zurückrechnen und sehen, ob $y(0)=0$ wieder herauskommt. Man kann die Rechnung für $h, h/2, h/4, \ldots$ durchführen, bis sich die Ergebnisse gleichen. Man kann für festes h die Ergebnisse für k und $k+1$, $k+1$ und $k+2$, usw. vergleichen und abbrechen, wenn diese sich nicht mehr unterscheiden.

Dabei muß man bei jedem Schritt $x := x+h$ drei Sorten von Fehlern unterscheiden: den *lokalen Abbruchfehler*, der vom Abbrechen der TAYLOR-Reihenentwicklung herrührt (für $k=1$ von der Ordnung $O(h^2)$, für $k=4$ von der Ordnung $O(h^5)$), vom *akkumulierten Abbruchfehler*, der dadurch zustandekommt, daß bei jedem neuen Schritt schon mit Näherungswerten $y(x+h), y(x+2h), \ldots$ gestartet wird und ein einmal begangener Fehler sich so in allen Schritten fortpflanzt, und schließlich den *Rundungsfehler*, der für eine größere Anzahl von Schritten nicht vernachlässigt werden kann.

Wir werden gleich einfacher aussehende Methoden besprechen, wollen jedoch festhalten, daß die Methode der TAYLOR-Reihenentwicklung für häufig partiell nach x und y differenzierbares f beim Einsatz von automatischer Differentiation (z. B. MAPLE) nicht unterschätzt werden darf. Mit z. B. $k=25$ läßt sich eventuell hohe Genauigkeit mit nicht zu kleiner Schrittweite h erreichen.

2. RUNGE-KUTTA-Verfahren

Bei dieser Gruppe von Verfahren wird die eventuell mühsame oder gar nicht mögliche Berechnung von höheren partiellen Ableitungen von f vermieden. Vergleichbare Genauigkeit wird angestrebt, indem f an weiteren Argumentepaaren (x,y) berechnet wird.

Betrachten wir die TAYLOR-Reihenentwicklung (10.13) für $k=2$ und setzen (10.15) ein, so erhalten wir

$$y(x+h) = y + hf + \frac{1}{2}h^2\left(f_x + f_y f\right) + O\left(h^3\right) \quad . \tag{10.18}$$

Entwickelt man andererseits f in eine TAYLOR-Reihe in den zwei Variablen x und y, so ergibt sich

$$f(x+h, y+hf) = f + hf_x + hff_y + O\left(h^2\right) \quad . \tag{10.19}$$

Damit wird aus (10.18)

$$\begin{aligned} y(x+h) &= y+\frac{1}{2}h\left(f+hf_x+hf_y f\right) \\ &= y+\frac{1}{2}hf+\frac{1}{2}hf(x+h,y+hf)+O\left(h^3\right), \end{aligned}$$

d. h. $y(x+h)$ wird berechnet nach der Vorschrift

$$\begin{aligned} &y(x+h)=y(x)+\frac{1}{2}(F_1+F_2)+O\left(h^3\right), \\ &F_1=hf(x,y),\ F_2=hf(x+h,y+F_1). \end{aligned} \tag{10.20}$$

(In allen Formeln stehen rechts bei y das Argument x und bei f, f_x und f_y die Argumente x und y.)

Dies ist ein spezielles *RUNGE-KUTTA-Verfahren zweiter Ordnung*, das auch unter dem Namen von *HEUN* firmiert. Allgemeine RUNGE-KUTTA-Verfahren zweiter Ordnung erhält man, wenn man statt (10.19)

$$f(x+\alpha h,\ y+\beta hf)=f+\alpha hf_x+\beta hff_y+O\left(h^3\right) \tag{10.21}$$

mit Parametern α und β wählt. Dann wird

$$y(x+h)=y+w_1hf+w_2hf(x+\alpha h,\ y+\beta hf)+O\left(h^3\right) \tag{10.22}$$

angesetzt mit zwei weiteren Parametern w_1 und w_2. Mit (10.21) wird hieraus

$$y(x+h)=y+w_1hf+w_2h\left(f+\alpha hf_x+\beta hff_y\right)+O\left(h^3\right) .$$

Durch Vergleich der Koeffizienten dieser Formel mit denen von (10.18) erhält man die Bedingungen

$$\begin{aligned} &w_1+w_2=1, \\ &w_2\alpha=\frac{1}{2}, \\ &w_2\beta=\frac{1}{2}. \end{aligned} \tag{10.23}$$

Dies ist ein nichtlineares Gleichungssystem mit drei Gleichungen und vier Unbekannten. Mit (10.20), wo $\beta = 1$ vorgeschrieben wurde, was $w_2 = w_1 = \frac{1}{2}$, $\alpha = 1$ impliziert, haben wir eine Lösung. Eine andere ist $w_1 = 0$, $w_2 = 1$, $\alpha = \beta = \frac{1}{2}$; die entsprechende Methode heißt das *modifizierte EULER-Verfahren.*

Auf analoge Art, wenn auch sehr viel mühsamer, erhält man eines der möglichen *RUNGE-KUTTA-Verfahren vierter Ordnung*, nämlich

$$\begin{aligned} y(x+h) &= y(x) + \frac{1}{6}(F_1 + 2F_2 + 2F_3 + F_4) + O(h^5), \\ F_1 &= hf(x,y), \\ F_2 &= hf\left(x + \frac{1}{2}h, y + \frac{1}{2}F_1\right), \\ F_3 &= hf\left(x + \frac{1}{2}h, y + \frac{1}{2}F_2\right), \\ F_4 &= hf(x+h, y+F_3). \end{aligned} \tag{10.24}$$

Gegenüber (10.20) bzw. allgemeiner (10.22) werden jetzt vier statt zwei Auswertungen von f benötigt, dafür ist der lokale Abbruchfehler aber von der Größe $O(h^5)$ statt von $O(h^3)$.

Für das Anfangswertproblem

$$y' = (x+y)^2,\ y(0) = 0$$

mit der exakten Lösung

$$y(x) = tg\ x - x$$

enthält die Abbildung B16 einen Vergleich der bisher besprochenen Verfahren für die Schrittweite $h = .03125$. Die erste Spalte enthält die x-Werte, die zweite den zugehörigen y-Wert für die exakte Lösung, die dritte den mit dem EULER-Verfahren (10.14), die vierte den mit dem RUNGE-KUTTA-Verfahren zweiter Ordnung (10.20) und die fünfte Spalte den mit dem RUNGE-KUTTA-Verfahren vierter Ordnung (10.24) erzielten Näherungswert. Die Ergebnisse des EULER-Verfahrens sind offenbar

0.0000000E+00	0.0000000E+00	0.0000000E+00	0.0000000E+00	0.0000000E+00
0.3125000E-01	0.1017650E-04	0.3051758E-04	0.1525879E-04	0.1017625E-04
0.6250000E-01	0.8150757E-04	0.1525879E-03	0.9165714E-04	0.8150707E-04
0.9375000E-01	0.2756272E-03	0.4272461E-03	0.2908285E-03	0.2756265E-03
0.1250000E+00	0.6551366E-03	0.9155273E-03	0.6753722E-03	0.6551356E-03
0.1562500E+00	0.1284107E-02	0.1678467E-02	0.1309357E-02	0.1284106E-02
0.1875000E+00	0.2228611E-02	0.2777100E-02	0.2258849E-02	0.2228609E-02
0.2187500E+00	0.3557281E-02	0.4272461E-02	0.3592473E-02	0.3557279E-02
0.2500000E+00	0.5341921E-02	0.6225586E-02	0.5382024E-02	0.5341920E-02
0.2812500E+00	0.7658172E-02	0.8697510E-02	0.7703125E-02	0.7658171E-02
0.3125000E+00	0.1058624E-01	0.1174927E-01	0.1063596E-01	0.1058624E-01
0.3437500E+00	0.1421174E-01	0.1544189E-01	0.1426611E-01	0.1421174E-01
0.3750000E+00	0.1862658E-01	0.1983643E-01	0.1868546E-01	0.1862657E-01
0.4062500E+00	0.2393005E-01	0.2499390E-01	0.2399324E-01	0.2393005E-01
0.4375000E+00	0.3023002E-01	0.3097534E-01	0.3029727E-01	0.3023002E-01
0.4687500E+00	0.3764436E-01	0.3784180E-01	0.3771532E-01	0.3764436E-01
0.5000000E+00	0.4630249E-01	0.4565430E-01	0.4637672E-01	0.4630249E-01
0.5312500E+00	0.5634737E-01	0.5447388E-01	0.5642429E-01	0.5634737E-01
0.5625000E+00	0.6793767E-01	0.6436157E-01	0.6801654E-01	0.6793767E-01
0.5937500E+00	0.8125049E-01	0.7537842E-01	0.8133034E-01	0.8125048E-01
0.6250000E+00	0.9648444E-01	0.8758545E-01	0.9656405E-01	0.9648444E-01
0.6562500E+00	0.1138636E+00	0.1010437E+00	0.1139413E+00	0.1138636E+00
0.6875000E+00	0.1336418E+00	0.1158142E+00	0.1337157E+00	0.1336418E+00
0.7187500E+00	0.1561088E+00	0.1319580E+00	0.1561761E+00	0.1561088E+00
0.7500000E+00	0.1815965E+00	0.1495361E+00	0.1816539E+00	0.1815965E+00
0.7812500E+00	0.2104879E+00	0.1686096E+00	0.2105310E+00	0.2104879E+00
0.8125000E+00	0.2432276E+00	0.1892395E+00	0.2432507E+00	0.2432276E+00
0.8437500E+00	0.2803351E+00	0.2114868E+00	0.2803307E+00	0.2803351E+00
0.8750000E+00	0.3224216E+00	0.2354126E+00	0.3223798E+00	0.3224216E+00
0.9062500E+00	0.3702118E+00	0.2610779E+00	0.3701197E+00	0.3702118E+00
0.9375000E+00	0.4245720E+00	0.2885437E+00	0.4244122E+00	0.4245720E+00
0.9687500E+00	0.4865467E+00	0.3178711E+00	0.4862961E+00	0.4865466E+00
0.1000000E+01	0.5574077E+00	0.3491211E+00	0.5570349E+00	0.5574077E+00

Abb. B16

unbrauchbar. Die des Verfahrens zweiter Ordnung sind nicht zu verachten, wenn es auf Schnelligkeit ankommt und die Schrittweite klein genug ist.

Die Abbildung B17 enthält die erhaltenen Näherungswerte beim RUNGE-KUTTA-Verfahren vierter Ordnung für verschiedene Schrittweiten beim Anfangswertproblem

$$y' = 100(\sin x - y),\ y(0) = 0 \quad .$$

Die erste Spalte enthält die x-Werte und die restlichen Spalten enthalten die gefundenen Funktionswerte der Reihe nach für $h = 0.015$, $h = 0.020$, $h = 0.025$ und $h = 0.030$. Man beachte die für die offenbar zu große Schrittweite $h = 0.030$ auftretende numerische Instabilität.

0.3000000E+00	0.2859353E+00	0.2859250E+00	0.2859285E+00	0.5264570E+00
0.5999997E+00	0.5563273E+00	0.5563066E+00	0.5561886E+00	0.6360754E+01
0.8999994E+00	0.7770243E+00	0.7769948E+00	0.7768205E+00	0.1409795E+03
0.1199999E+01	0.9283123E+00	0.9282765E+00	0.9280617E+00	0.3387658E+04
0.1499999E+01	0.9966770E+00	0.9966381E+00	0.9964021E+00	0.8181109E+05
0.1799999E+01	0.9760117E+00	0.9759732E+00	0.9757369E+00	0.1976212E+07
0.2099999E+01	0.8681621E+00	0.8681277E+00	0.8679121E+00	0.4773753E+08
0.2400001E+01	0.6827607E+00	0.6827350E+00	0.6825585E+00	0.1153152E+10
0.2700003E+01	0.4363694E+00	0.4363558E+00	0.4362336E+00	0.2785562E+11
0.3000005E+01	0.1509980E+00	0.1509982E+00	0.1509408E+00	0.6728828E+12

Abb. B17

Die drei prinzipiell möglichen Fehler haben wir schon bei der Methode der TAYLOR-Reihenentwicklung erwähnt. Wir wollen jetzt diskutieren, auf welche beiden Arten sich der lokale Abbruchfehler bei RUNGE-KUTTA-Verfahren unter Kontrolle halten läßt. Beim Verfahren vierter Ordnung wird der Fehler qualitativ durch Ch^5 beschrieben, wobei C eine unbekannte Konstante ist. Um C zu schätzen, nehmen wir an, daß sich C im Intervall $[x,x+h]$ nicht ändert. Dann gilt für den exakten Wert $y(x+h)$

$$u+Ch^5=y(x+h)=v+2C\left(\frac{h}{2}\right)^5 \quad .$$

wobei u die mit der Schrittweite h und v die mit zwei Schritten der Länge $\frac{h}{2}$ berechneten Näherungen sind. Aus dieser Annahme ergibt sich

$$Ch^5=\frac{16}{15}(v-u) \quad .$$

Somit kann man den lokalen Abbruchfehler durch $|u-v|$ schätzen und die Schrittweite verkleinern, wenn dieser oberhalb einer gewissen vorzugebenden Schranke liegt, bzw. die Schrittweite vergrößern, wenn er unterhalb einer weiteren Schranke ist. Der akkumulierte Abbruchfehler wird dann von der Wahl der beiden Schranken, die nicht unkritisch ist, abhängen.

Diese Schrittweitensteuerung ist die eine Möglichkeit zur Kontrolle des lokalen Abbruchfehlers, die andere ist die des Vergleichs von Ergebnissen von zwei RUNGE-KUTTA-Verfahren, deren Ordnungen sich um Eins unterscheiden. Nähme man z. B. ein Verfahren der Ordnung vier mit fünf Auswertungen und ein solches der Ordnung fünf mit sechs Auswertungen von $f(x,y)$, so würde dies jedoch insgesamt elf Auswertungen erfordern, was sehr unökonomisch wäre. Wie wir beim Verfahren zweiter Ordnung gesehen haben, besteht allerdings bei der Wahl der Parameter ein durch ein nichtlineares Gleichungssystem mit mehr Unbekannten als Gleichungen bedingter Spielraum. Es ist FEHLBERG gelungen, ein Verfahren der Ordnung vier mit fünf Auswertungen von $f(x,y)$ und ein solches der Ordnung fünf mit denselben fünf Auswertungen und einer zusätzlichen sechsten zu finden. Nennen wir die Ergebnisse an der Stelle $x+h$ der beiden Verfahren u und v, so gilt für das *RUNGE-KUTTA-FEHLBERG-Verfahren*:

$$u(x+h)=y(x)+\frac{25}{216}F_1+\frac{1408}{2565}F_3+\frac{2197}{4104}F_4-\frac{1}{5}F_5 \ . \tag{10.25}$$

wobei

$$\begin{aligned}
F_1&=hf(x,y)\\
F_2&=hf\left(x+\frac{1}{4}h,y+\frac{1}{4}F_1\right)\\
F_3&=hf\left(x+\frac{3}{8}h,y+\frac{3}{32}F_1+\frac{9}{32}F_2\right)\\
F_4&=hf\left(x+\frac{12}{13}h,y+\frac{1932}{2197}F_1-\frac{7200}{2197}F_2+\frac{7296}{2197}F_3\right)\\
F_5&=hf\left(x+h,y+\frac{439}{216}F_1-8F_2+\frac{3680}{513}F_3-\frac{845}{4104}F_4\right)
\end{aligned} \tag{10.26}$$

und

$$v(x+h)=y(x)+\frac{16}{135}F_1+\frac{6656}{12825}F_3+\frac{28561}{56430}F_4-\frac{9}{50}F_5+\frac{2}{55}F_6 \ , \tag{10.27}$$

wobei

$$F_6=hf\left(x+\frac{1}{2}h,y-\frac{8}{27}F_1+2F_2-\frac{3544}{2565}F_3+\frac{1859}{4104}F_4-\frac{11}{40}F_5\right) \ . \tag{10.28}$$

Der Wert $v(x+h)$ wird als Ergebnis akzeptiert, wenn die Schätzung für den Abbruchfehler, nämlich

$$\varepsilon=|v(x+h)-u(x+h)| \tag{10.29}$$

klein genug ist. Insgesamt ergibt sich folgendes adaptives Verfahren:

(1) Man wähle Werte $\varepsilon_{min}, \varepsilon_{max}, h_{min}, h_{max}, x_{max}$ für gewisse Unter- und Obergrenzen.

(2) Zu gegebenem x und $y = y(x)$ berechne man mit einer Schrittweite h die Werte $y(x+h) := v(x+h)$ nach (10.27) und ε nach (10.29).

(3) Ist $\varepsilon_{min} \le \varepsilon \le \varepsilon_{max}$, dann wird die Schrittweite h beibehalten, $x := x+h$, $y := y(x+h)$ gesetzt und nach (2) gegangen, falls nicht $x > x_{max}$ geworden ist, in welchem Fall das Verfahren abgebrochen wird.

(4) Ist $\varepsilon < \varepsilon_{min}$, dann wird h verdoppelt.

(5) Ist $\varepsilon > \varepsilon_{max}$, dann wird h halbiert.

(6) Ist $h_{min} \le h \le h_{max}$, dann wird Schritt (2) mit dem neuen Wert für h wiederholt, andernfalls abgebrochen.

Die Wahl der Steuerparameter $\varepsilon_{min}, \varepsilon_{max}, h_{min}, h_{max}$ muß sorgfältig erfolgen, sonst kann es z. B. passieren, daß die Schrittweite für ein gewisses x fortlaufend halbiert und wieder verdoppelt wird, weil ε_{min} und ε_{max} für die behandelte Differentialgleichung oder das behandelte Differentialgleichungssystem zu klein sind.

Randwertprobleme

1. Einfaches Schießverfahren

Wie angekündigt betrachten wir jetzt Randwertprobleme der Form

$$y'' = f(x,y,y'),\ y(a) = \alpha,\ y(b) = \beta \tag{10.30}$$

mit der gesuchten Funktion $y = y(x)$ einer Variablen x. Die grundlegende Idee des einfachen Schießverfahrens besteht darin, eine zweite Anfangsbedingung $y'(a) = u$ mit einer Unbekannten u hinzuzufügen und u so zu bestimmen versuchen, daß $y(b) = \beta$ für die Lösung des Anfangswertproblems

$$y'' = f(x,y,y'),\ y(a) = \alpha,\ y'(a) = u \tag{10.31}$$

erreicht wird. Bezeichnet man mit $y(b;u)$ den für das Anfangswertproblem (10.31) erreichten Wert der Lösung in b, so ist also das Nullstellenproblem

$$F(u) = y(b;u) - \beta = 0 \tag{10.32}$$

zu lösen. Ist das Anfangswertproblem eindeutig lösbar, was wir voraussetzen, so ist F eine Funktion. Wegen der am Kapitelanfang gemachten Bemerkungen wird F als stetig bzw. sogar als stetig differenzierbar vorausgesetzt. Zur Berechnung eines Wertes $F(u)$ wird (10.31) in ein System von zwei gewöhnlichen Differentialgleichungen erster Ordnung

$$\begin{aligned} z'_1 &= z_2\,, & z_1(a) &= \alpha\,, \\ z'_2 &= f(x,z_1,z_2)\,, & z_2(a) &= u \end{aligned} \tag{10.33}$$

umgewandelt und dann z. B. ein RUNGE-KUTTA-Verfahren zur Lösung eingesetzt. Zur Bestimmung einer (von mehreren möglichen) Nullstellen können prinzipiell alle Verfahren aus Kapitel 8 eingesetzt werden, auch wenn F nicht explizit gegeben ist.

Beispiel: Sei

$$y'' = 1 + yy',\ y(0) = 1,\ y(0.6) = 2$$

gegeben. Das System (10.33) lautet dann

$$\begin{aligned} z'_1 &= z_2\,, & z_1(0) &= 1\,, \\ z'_2 &= 1 + z_1 z_2\,, & z_2(0) &= u\,. \end{aligned}$$

Mit $u_1 = 0$ und $u_2 = 1$ erhält man mit $h = 0.01$ und dem RUNGE-KUTTA-Verfahren vierter Ordnung (10.24)

$$F(u_1)F(u_2) < 0$$

und kann daher das Intervallhalbierungsverfahren benutzen. Dies ergibt $u = .84632$ (exakter Wert $u = .84644$). Gleichzeitig werden Näherungen für die gesuchte Funktion y an den Stellen $x = 0.01k$ $(k = 1,\ldots,60)$ geliefert.

Neben der Intervallhalbierung kann man natürlich auch das DEKKER-BRENT-Verfahren oder inverse quadratische bzw. kubische Interpolation benutzen. Beim NEWTON-Verfahren ist $F'(u)$ zu berechnen, was, wie sich herausstellt, die Lösung einer weiteren Differentialgleichung zweiter Ordnung erfordert, weshalb man wohl besser die diskretisierte Form (8.55) oder das Sekantenverfahren einsetzt.

Dabei ist immer daran zu denken, daß keine oder auch mehrere Lösungen vorhanden sein können. So gibt es etwa für das Beispiel

$$y''=\frac{3}{2}y^2,\ y(0)=4,\ y(1)=1$$

zwei Nullstellen $u_1=-8.00000$ und $u_2=-35.8585$. Die beiden zugehörigen Funktionen sind, wie man an diesen Werten für die Steigung der Funktion in $x=0$ sieht, ziemlich verschieden. Für u_1 ist es

$$y(x)=\frac{4}{(1+x)^2}$$

während zu u_2 eine komplizierte transzendente Funktion gehört.

Besonders einfach wird das Schießverfahren, wenn eine lineare Differentialgleichung (10.11) der Form

$$\begin{aligned} &y''=B(x)y'+C(x)y+D(x),\\ &y(a)=\alpha,\ y(b)=\beta \end{aligned} \tag{10.34}$$

vorliegt. Dann ist das Anfangswertproblem

$$\begin{aligned} &y''=B(x)y'+C(x)y+D(x),\\ &y(a)=\alpha,\ y'(a)=u \end{aligned} \tag{10.35}$$

so zu lösen, daß u Nullstelle von (10.32) wird. Hierbei sind B, C und D in $[a,b]$ stetige Funktionen. Hier kann man mit nur zwei Auswertungen von F an Stellen u_1 und u_2, d. h. dem Lösen von zwei Anfangswertproblemen auskommen. Ist nämlich y_1 eine Lösung von (10.35) für $u=u_1$ und ist y_2 eine solche für $u=u_2$, so ist

$$y_3(x)=\lambda y_1(x)+(1-\lambda)y_2(x) \tag{10.36}$$

ebenfalls Lösung der Differentialgleichung, wie man durch Einsetzen feststellt, und es gilt $y_3(a) = \alpha$. Jetzt wählen wir den Parameter λ so, daß

$$\beta = y_3(b) = \lambda y_1(b) + (1-\lambda) y_2(b)$$

wird. Dies ergibt

$$\lambda = \frac{\beta - y_2(b)}{y_1(b) - y_2(b)} ,$$

womit (10.36) schon vollständig und eindeutig bestimmt ist.

2. Diskretisierungsverfahren

Dies ist eine ganz andere Methode, um Näherungswerte von $y(x)$ an äquidistanten Abszissen $x_1, \dots, x_n$ im Intervall $[a,b]$ zu berechnen. Es sei

$$x_i = a + ih,\ h = \frac{b-a}{n+1}\ (i = 0, \dots, n+1) \ . \tag{10.37}$$

Diese Abszissen umfassen $x_0 = a$ und $x_{n+1} = b$, wo $y(a)$ und $y(b)$ nach (10.30) bekannt sind. Wir approximieren die Werte für die erste und zweite Ableitung von y durch Vernachlässigung der Fehlerterme in den Formeln

$$y'(x) = \frac{1}{2h}\big(y(x+h) - y(x-h)\big) - \frac{1}{6}h^2 y'''(\xi) \ , \tag{10.38}$$

$$y''(x) = \frac{1}{h^2}\big(y(x+h) - 2y(x) + y(x-h)\big) - \frac{1}{12}h^2 y^{\text{iv}}(\eta) \tag{10.39}$$

nach (3.8) und (3.10), wobei ξ und η zwischen $x-h$ und $x+h$ liegen, in den Abszissen x_i. Schreiben wir $y(x_i) = y_i$, so ergibt dies

$$\frac{1}{h^2}(y_{i-1} - 2y_i + y_{i+1}) = f\left(x_i, y_i, \frac{1}{2h}(y_{i+1} - y_{i-1})\right)\ (i = 1, \dots, n) \ . \tag{10.40}$$

Zusammen mit den Randbedingungen

$$y_0 = \alpha,\ y_{n+1} = \beta \tag{10.41}$$

haben wir dann ein i. a. nichtlineares Gleichungssystem mit n Gleichungen für die n Unbekannten $y_1,\dots,y_n$. Da in jeder Gleichung (10.40) für $i = 1,n$ zwei und für $i = 2,\dots,n-1$ jeweils nur drei Unbekannte auftreten, liegt eine tridiagonale Struktur vor. Somit liegt ein Fixpunktverfahren der Gestalt

$$\begin{aligned} &\frac{1}{h^2}\left(y_{i-1}^{(t+1)} - 2y_i^{(t+1)} + y_{i+1}^{(t+1)}\right) = f\left(x_i, y_i^{(t)}, \frac{1}{2h}\left(y_{i+1}^{(t)} - y_{i-1}^{(t)}\right)\right), \\ &\qquad y_0^{(t)} = \alpha,\ y_{n+1}^{(t)} = \beta,\ t \geq 0 \end{aligned} \tag{10.42}$$

nahe. Die links auftretende Matrix

$$\frac{1}{h^2}\begin{pmatrix} -2 & 1 & & & \\ 1 & -2 & 1 & & \\ & 1 & -2 & 1 & \\ & & \ddots & \ddots & \ddots \\ & & & 1 & -2 \end{pmatrix}$$

ist symmetrisch, invertierbar und muß beim Verfahren (10.42) nur einmal LU-zerlegt werden. Die Konvergenz des Verfahrens hängt natürlich von f ab und kann nicht allgemein diskutiert werden.

Liegt eine lineare Differentialgleichung (10.34) vor, so wird die Situation sehr viel einfacher. Führt man die Abkürzungen

$$\begin{aligned} a_i &= -\left(1 + \frac{h}{2} B_{i+1}\right) && (i = 0,\dots,n-1), \\ d_i &= 2 + h^2 C_i && (i = 1,\dots,n), \\ c_i &= -1 + \frac{h}{2} B_i && (i = 1,\dots,n), \\ b_i &= -h^2 D_i && (i = 1,\dots,n) \end{aligned} \tag{10.43}$$

ein, worin $B_i = B(x_i)$, $C_i = C(x_i)$, $D_i = D(x_i)$ ist, so wird aus (10.40) und (10.41) das lineare Gleichungssystem

$$\begin{aligned} d_1 y_1 + c_1 y_2 &= b_1 - a_0 \alpha, \\ a_{i-1} y_{i-1} + d_i y_i + c_i y_{i+1} &= b_i \ (i = 2,\dots,n-1), \\ a_{n-1} y_{n-1} + d_n y_n &= b_n - c_n \beta. \end{aligned} \tag{10.44}$$

Ist h so klein, daß

$$\left|\frac{1}{2}hB_i\right| < 1 \quad (i = 1,\ldots,n) \tag{10.45}$$

gilt, und ist

$$c_i > 0\,, \tag{10.46}$$

was bei der Forderung $C(x) > 0,\ x \in [a,b]$ erfüllt ist, so ist die Koeffizientenmatrix von (10.44) streng diagonal dominant, denn es gilt dann

$$|d_i| = |2 + h^2 C_i| > \left|1 + \frac{1}{2}hB_i\right| + \left|1 - \frac{1}{2}hB_i\right| = |a_{i-1}| + |c_i| = 2 \quad .$$

Weiter halten wir für (10.45) und (10.46) fest, daß wegen (10.43)

$$|d_i| - |a_{i-1}| - |c_i| = h^2 C_i \tag{10.47}$$

wird.

Wir haben jetzt Existenz und Eindeutigkeit einer Lösung des diskretisierten Systems (10.44) unter den Voraussetzungen (10.45) und (10.46) bei einer linearen Differentialgleichung zweiter Ordnung und wollen jetzt untersuchen, ob für $h \to 0$ die Lösung des diskretisierten Problems gegen die des Randwertproblems konvergiert.

Mit (10.38) und (10.39) gelten für die Werte $\tilde{y}_i = y(x_i)$ der exakten Lösung von (10.34) die Gleichungen

$$\begin{aligned}\frac{1}{h^2}(\tilde{y}_{i-1} - 2\tilde{y}_i + \tilde{y}_{i+1}) - \frac{1}{12}h^2 y^{iv}(\xi_i) \\ = B_i\left[\frac{1}{2h}(\tilde{y}_{i+1} - \tilde{y}_{i-1}) - \frac{1}{6}h^2 y'''(\eta_i)\right] + C_i\tilde{y}_i + D_i \quad (i = 1,\ldots,n).\end{aligned} \tag{10.48}$$

Die diskretisierte Lösung genügt andererseits den Gleichungen

$$\frac{1}{h^2}(y_{i-1} - 2y_i + y_{i+1}) = B_i\left[\frac{1}{2h}(y_{i+1} - y_{i-1})\right] + C_i y_i + D_i \quad (i = 1,\ldots,n)\quad , \tag{10.49}$$

was eine andere Schreibweise von (10.44) ist.

Subtrahiert man nun (10.49) von (10.48) und führt die Fehler

$$e_i = \tilde{y}_i - y_i \quad (i = 1,\ldots,n)$$

ein, so haben wir

$$\frac{1}{h^2}(e_{i-1} - 2e_i + e_{i+1}) = C_i e_i + B_i\left[\frac{1}{2h}(e_{i+1} - e_{i-1})\right] + h^2 g_i \qquad (10.50)$$

mit

$$g_i = \frac{1}{12} y^{\text{iv}}(\xi_i) - \frac{1}{6} y'''(\eta_i) \quad . \qquad (10.51)$$

Mit den früher eingeführten Koeffizienten (10.43) wird hieraus

$$a_{i-1} e_{i-1} + d_i e_i + c_i e_{i+1} = -h^4 g_i \quad . \qquad (10.52)$$

Ist $e = (e_1,\ldots,e_n)^T$ und sei i ein Index, für den

$$|e_i| = \|e\|_\infty =: \lambda \qquad (10.53)$$

gilt. Dann erhalten wir aus (10.52) die Abschätzung

$$|d_i|\,|e_i| \le h^4 |g_i| + |c_i|\,|e_{i+1}| + |a_{i-1}|\,|e_{i-1}| \quad .$$

Mit (10.53) und (10.47) wird hieraus der Reihe nach

$$\begin{aligned} &|d_i|\lambda \le h^4 \|g\|_\infty + |c_i|\lambda + |a_{i-1}|\lambda \,, \\ &\lambda(|d_i| - |c_i| - |a_{i-1}|) \le h^4 \|g\|_\infty \,, \\ &h^2 C_i \lambda \le h^4 \|g\|_\infty \,, \\ &\|e\|_\infty \le h^2 \frac{\|g\|_\infty}{\inf C(x)} \,. \end{aligned} \qquad (10.54)$$

Nun war $C(x) > 0$ vorausgesetzt, und wegen (10.51) gilt unabhängig von h

$$\|g\|_\infty \le \frac{1}{12}\|y^{\text{iv}}(x)\|_\infty + \frac{1}{6}\|y'''(x)\|_\infty \quad . \qquad (10.55)$$

Sind also die dritten und vierten Ableitungen von y in $[a,b]$ zusätzlich beschränkt, so ist $\|e\|_\infty = O(h^2)$ für $h \to 0$.

Verzeichnis der Abbildungen

Subroutinen

Programme

Literatur

A. Lehrbücher und Monographien

[1] ALEFELD, G., HERZBERGER, J.: Introduction to Interval Computations, Academic Press, New York 1983.

[2] ATKINSON, K.: Elementary Numerical Analysis, Wiley, New York 1985.

[3] BLUM, E. K.: Numerical Analysis and Computation - Theory and Practice, Addison-Wesley Publ. Co., Menlo Park 1972.

[4] BRANHAM, R. L.: Scientific Data Analysis: An Introduction to Overdetermined Systems, Springer-Verlag, New York 1990.

[5] CHENEY, W., KINCAID, D.: Numerical Mathematics and Computing, Brooks/Cole Publ. Co., Monterey, zweite Auflage 1985.

[6] COLLATZ, L.: Funktionalanalysis und Numerische Mathematik, Springer-Verlag, Berlin 1964.

[7] CONTE, S. D., de BOOR, C.: Elementary Numerical Analysis, McGraw Hill, New York 3rd ed. 1980.

[8] DEUFLHARD, P., HOHMANN, A.: Numerische Mathematik - Eine algorithmisch orientierte Einführung, Walter de Gruyter-Verlag, Berlin 1991.

[9] ELDEN, L., WITTMEYER-KOCH, L.: Numerical Analysis - An Introduction, Academic Press, San Diego 1990.

[10] EVANS, D. J. (ed.): Software for Numerical Mathematics, Academic Press, New York 1974.

[11] FORSYTHE, G. E., MOLER, C. B.: Computer-Verfahren für lineare algebraische Systeme, R. Oldenbourg-Verlag, München 1971.

[12] FORSYTHE; G. E., MALCOLM, M. A., MOLER, C. B.: Computer Methods for Mathematical Computations, Prentice Hall, Englewood Cliffs 1977.

[13] GANDER, W.: Computermathematik, Birkhäuser-Verlag, Basel 1985.

[14] HÄMMERLIN, G., HOFFMANN, K.-H.: Numerische Mathematik, Springer-Verlag, Heidelberg, 3. Auflage 1992.

[15] IMSL Library Reference Manual, Houston 1990.

[16] ISAACSON, E., KELLER, H. B.: Analyse numerischer Verfahren, Verlag Harri Deutsch, Frankfurt a. M. 1973.

[17] KAHANER, D., MOLER, C., NASH, S.: Numerical Methods and Software, Prentice Hall, Englewood Cliffs 1989.

[18] KIELBASINSKI, A., SCHWETLICK, H.: Numerische lineare Algebra, Verlag Harri Deutsch, Frankfurt a. M. 1988.

[19] KINCAID, D., CHENEY, W.: Numerical Analysis, Brooks/Cole Publ. Co., Pacific Grove 1991.

[20] KÖCKLER, N.: Numerische Algorithmen in Softwaresystemen, Verlag B. G. Teubner, Stuttgart 1990.

[21] KULISCH, U.: Grundlagen des numerischen Rechnens, B. I.-Wissenschaftsverlag, Mannheim 1976.

[22] KULISCH, U., MIRANKER, W. L.: Computer Arithmetic in Theory and Practice, Academic Press, London 1981.

[23] LAWSON, C. L., HANSON, R. J.: Solving Least Squares Problems, Prentice-Hall, Englewood Cliffs 1974.

[24] MAESS, G.: Vorlesungen über Numerische Mathematik I - Lineare Algebra, Birkhäuser-Verlag, Basel 1985.

[25] MAESS, G.: Vorlesungen über Numerische Mathematik II - Analysis, Akademic-Verlag, Berlin 1988.

[26] NAG Fortran Library Manual, Downers Grove 1990.

[27] OPFER, G.: Numerische Mathematik für Anfänger, Vieweg-Verlag, Braunschweig 1993.

[28] ORTEGA, J. M.: Numerical Analysis - A Second Course, Academic Press, New York 1972.

[29] PRESS, W. H., FLANNERY, B. P., TEUKOLSKY, S. A., VETTERLING, W. T.: Numerical Recipes, Cambridge University Press, New York 1986.

[30] RALSTON, A., RABINOWITZ, P.: A First Course in Numerical Analysis, McGraw Hill, New York 1978.

[31] RICE, J. K., RICE, J. R.: Introduction to Computing with FORTRAN, Holt, Rinehart and Winston, Inc., New York 1973.

[32] RICE, J. R.: Matrix Computations and Mathematical Software, McGraw-Hill Book Co., New York 1981.

[33] RICE, J. R.: Numerical Methods, Software, and Analysis, McGraw-Hill Book Company, Tokyo 1983.

[34] SCHABACK, R., WERNER, H.: Numerische Mathematik, Springer-Verlag, 4. Auflage 1992.

[35] SCHWARZ, H. R.: Numerische Mathematik, B. G. Teubner-Verlag, Stuttgart, 2. Auflage 1988.

[36] SCHWETLICK, H.: Numerische Lösung nichtlinearer Gleichungen, R. Oldenbourg-Verlag, München 1979.

[37] SHAMPINE, L. F., ALLEN, R. C.: Numerical Computing: An Introduction, Saunders, Philadelphia 1973.

[38] SPÄTH, H.: Algorithmen für elementare Ausgleichsmodelle, R. Oldenbourg-Verlag, München 1973.

[39] SPÄTH, H.: Algorithmen für multivariable Ausgleichsmodelle, R. Oldenbourg-Verlag, München 1974.

[40] SPÄTH, H.: Mathematische Software zur linearen Regression, R. Oldenbourg-Verlag, München 1987.

[41] SPÄTH, H.: Eindimensionale Spline-Interpolations-Algorithmen, R. Oldenbourg-Verlag, München 1990.

[42] SPÄTH, H.: Zweidimensionale Spline-Interpolations-Algorithmen, R. Oldenbourg-Verlag, München 1991.

[43] STOER, J.: Numerische Mathematik I, Springer-Verlag, Berlin, 5. Auflage 1989.

[44] STOER, J., BULIRSCH, R.: Numerische Mathematik II, Springer-Verlag, Berlin, 3. Auflage 1990.

[45] VANDERGRAFT, J. S.: Introduction to Numerical Computations, Academic Press, New York, 2nd edition 1983.

B. Ausgewählte Originalarbeiten

[1] BRAESS, D., SPÄTH, H.: Maßnahmen zur globalen Konvergenzerzwingung beim Newtonschen Verfahren für spezielle nichtlineare Gleichungs-systeme, ZAMM 47, 409 - 410 (1967).

[2] BUS, J. C. P., DEKKER, T. J.: Two Efficient Algorithms with Guaranted Convergence for Finding a Zero of a Function, ACM Trans. Math. Softw. 1, 330 - 345 (1975).

[3] CODY, W. J.: Algorithm 665: MACHAR - A Subroutine to Dynamically Determine Machine Parameters, ACM Trans. Math. Softw. 14, 303 - 311 (1988).

[4] FEHLBERG, E.: Klassische Runge-Kutta Formeln fünfter und siebenter Ordnung mit Schrittweitenkontrolle, Computing 4, 93 - 106 (1969).

[5] FORSYTHE, G. E.: Generation and Use of Orthogonal Polynomials for Data-Fitting with a Digital Computer, SIAM J. 5, 74 - 88 (1957).

[6] FRAIGNIAUD, P.: The Durand-Kerner Polynomials Roots-Finding Method in Case of Multiple Roots, BIT 31, 112 - 123 (1991).

[7] KARPINSKI, R.: Paranoia - A Floating-Point Benchmark, BYTE 10, 223 - 235 (1985).

[8] PASQUINI, L., TRIGANTE, D.: A Globally Convergent Method for Simultaneously Finding Polynomial Roots, Math. Comput. 44, 135 - 149 (1985).

[9] PRAGER, W., OETTLI, W.: Compatibility of Approximate Solution of Linear Equations with Given Error Bounds for Coefficients and Right Hand Sides, Num. Math. 6, 405 - 409 (1964).

[10] SPÄTH, H., MEIER, J.: Flexible Smoothing With Periodic Cubic Splines and Fitting With Closed Curves, Computing 40, 293 - 300 (1988).

[11] SPÄTH, H.: Modified Gram-Schmidt for Solving Linear Least Squares Problems is Equivalent to Gaussian Elimination for the Normal Equations, Zastosowania Mat. 20, 587 - 589 (1990).

[12] WERNER, W.: Polynomial Interpolation: Lagrange versus Newton, Math. Comput. 43, 205 - 217 (1984).

Stichwortverzeichnis

Q

R

S

T

U

V

Z